冷凝锅炉热工性能
试验原理与计算方法

齐国利　高建民 等◎著

科学出版社
北　京

内 容 简 介

本书研究了天然气燃烧产生烟气在典型换热表面上的流动、传热规律，含有不凝气体氛围下的水蒸气凝结特性，换热器表面冷凝液薄膜形成、分布、迁移、融合规律，水蒸气，含液滴烟气温度测试方法和气-液两相热量分配关系等；提出采用逆向抽气协同伴热的饱和湿烟气温度和湿度测量方法及冷凝锅炉热工性能试验方法和效率计算方法；引入不确定度评定方法解决了烟气温度、成分等参数随时间、空间连续变化的问题，但其随机不确定度和系统不确定度容易引起歧义。

本书可供特种设备检验检测人员、锅炉性能试验人员，以及高等院校工程热物理试验研究、锅炉设计和制造企业、锅炉使用单位参考。

图书在版编目(CIP)数据

冷凝锅炉热工性能试验原理与计算方法/齐国利等著. —北京：科学出版社，2022.4

ISBN 978-7-03-067551-4

Ⅰ. ①冷…　Ⅱ. ①齐…　Ⅲ. ①冷凝-锅炉-热工试验-研究　Ⅳ. ①TK226

中国版本图书馆 CIP 数据核字（2020）第 260353 号

责任编辑：任加林 / 责任校对：马英菊
责任印制：吕春珉 / 封面设计：东方人华

科学出版社出版
北京东黄城根北街 16 号
邮政编码：100717
http://www.sciencep.com

北京中科印刷有限公司印刷
科学出版社发行　各地新华书店经销
*
2022 年 4 月第　一　版　开本：B5（720×1000）
2022 年 4 月第一次印刷　印张：12 3/4
字数：236 000

定价：98.00 元

（如有印装质量问题，我社负责调换〈中科〉）
销售部电话 010-62136230　编辑部电话 010-62137026（BA08）

本书撰写人员

齐国利　高建民　刘雪敏　王　林
常勇强　张松松　管　坚

序

自国务院发布《大气污染防治行动计划》以来，小容量的燃煤锅炉被逐步淘汰，这部分燃煤锅炉，除了一部分被生物质锅炉和大容量锅炉替代外，大部分被燃油气锅炉替代，特别是京津冀、长三角、珠三角、汾渭平原等地区，绝大多数燃煤锅炉被天然气锅炉代替。天然气作为清洁燃料，其锅炉烟气排放中颗粒物和 SO_2 浓度极低，NO_x 在采用低氮燃烧技术的条件下，一般可达到 80mg/m^3 以下甚至更低，因此在不采用脱硫脱硝装置的情况下，较好地实现了锅炉的超低排放。

天然气的主要成分是 CH_4，1mol CH_4 燃烧可生成 2mol H_2O，如果这部分水蒸气汽化潜热被有效利用，无疑会显著提高锅炉效率。一般而言，天然气锅炉在排烟温度高于 100℃的条件下，锅炉热效率多在 95%以下（燃料使用低位发热量），如果排烟温度低于 60℃，其锅炉热效率多在 98%以上（燃料使用低位发热量），因此，提高天然气的利用效率，使用冷凝锅炉是重要的节能手段。近年来冷凝锅炉使用比例明显增加，未来将成为燃气锅炉的主要炉型。

冷凝锅炉虽然在世界范围内使用时间较长，但冷凝锅炉热工性能试验方法依然不健全，仅能使用正平衡方法进行测试。实际上，使用正平衡方法的不确定度明显高于使用反平衡方法的不确定度，大概是 3 倍的关系，另外，反平衡测试更能反映锅炉的运行情况，也有利于指导锅炉运行。冷凝锅炉不能使用反平衡法的原因是：当尾部烟气发生冷凝时，温度和冷凝量均无法准确测量。烟气温度不能准确测量的原因是：冷凝后，湿烟气组成包括干烟气、水蒸气和液滴，使用热电偶等测温设备直接测量，实际测量的温度可能是液滴温度，并不是真实烟气温度。冷凝量无法准确测量的原因是：冷凝后一部分水蒸气释放汽化潜热后冷凝成液滴收集下来，另一部分释放汽化潜热的水蒸气以液滴的形式随烟气排出锅炉，导致不能完全收集冷凝液。因此，解决冷凝锅炉温度和湿度准确测量是提高测量精度的重要手段。

另外，对于锅炉热工性能试验，仅给出测量结果只是完成了全部测试工作的一半，测量结果的质量评定是另一半重要的工作。美国、欧洲联盟（简称欧盟）等锅炉性能试验标准，都给出了结果的不确定度评定方法，我国现行有关锅炉性能试验标准对测量结果质量没有给出评定方法。

《冷凝锅炉热工性能试验原理与计算方法》的作者从实际需求出发，系统研究了锅炉排烟中水蒸气凝结特性，不同换热形式，不同温度条件下的传热、传质动态变化规律，气–液两相烟气温度测试方法和热量分配关系，分析了冷凝烟气中烟气、水蒸气、液滴分离规律，建立了锅炉热效率不确定度分析模型，开发了烟气、水蒸气凝结条件下的温度、湿度测量技术，提出了冷凝锅炉热效率计算方法和不确定度评定方法，起草了行业标准《冷凝锅炉热工性能试验方法》（NB/T 47066—2018）。该标准建立了完整的不确定度评定方法，这对于我国标准与国际标准接轨具有重要意义，有利于促进我国冷凝锅炉的出口。

齐国利和高建民带领的研究团队在 10 余年上述研究和成果推广应用的基础上，以服务于特种设备检验检测和工程应用为宗旨，求真务实，不断创新，把研究成果转化成标准和仪器设备，解决了困扰行业多年的问题，产生了显著的社会、经济效益，并在培养服务于检验检测行业人才方面做出了有益探索。该书形成的过饱和烟气湿度测量方法也可以应用于脱硫、脱硝等烟气带水率的检测，对解决环保测量问题具有重要意义。

吴少华

哈尔滨工业大学教授

2020 年 5 月于哈尔滨

前　言

近 10 年，我国的能源消费结构发生了很大的变化，天然气的消费量增加了 2 倍多，其中有很大一部分用于冬季供热。这些变化也体现在锅炉数量及燃料的使用上，如锅炉数量从 2008 年的 57.82 万台增加到 2013 年的 64.12 万台，随后出现下降趋势，到 2017 年下降到 44.56 万台；燃气锅炉新产品型号从 2012 年的 245 个，缓慢上升到 2016 年的 375 个，在 2017 年急剧上升达到 895 个。锅炉使用燃料变化的根本原因是大气污染物减排的需要，从《国务院关于印发大气污染防治行动计划的通知》（国发〔2013〕37 号）到 2018 年 6 月 16 日《中共中央 国务院关于全面加强生态环境保护 坚决打好污染防治攻坚战的意见》，淘汰小型燃煤锅炉，加大清洁能源的使用，因此燃气锅炉显著增多，特别是在京津冀、长三角、珠三角等地，能源结构发生了巨大变化。

随着燃气锅炉的增多，为了提高其能效，越来越多的燃气锅炉都采用冷凝锅炉，充分回收烟气中水蒸气的汽化潜热。对于冷凝锅炉，在进行热工性能试验时，国内外都没有合适的标准可以参考。大家熟知的热工性能试验标准主要有：我国的《电站锅炉性能试验规程》（GB/T 10184—2015）、《工业锅炉热工性能试验规程》（GB/T 10180—2017），美国《锅炉性能试验规程》（*Fired Steam Generators Performance Test Codes*，ASME PTC 4 — 2013），欧盟标准《锅壳锅炉-第 11 部分：验收测试》（*Shell Boilers-Part 11*：*Acceptance Tests*，BS EN 12953-11：2003）、《水管锅炉和辅助设备-第 15 部分：验收测试》（*Water-tube Boilers and Auxiliary Installations-Part 15*：*Acceptance Tests*，BS EN 12952-15：2003）。这些标准对于锅炉尾部烟气温度和湿度的测量，都是基于未饱和湿烟气的，对于像燃气冷凝锅炉这类饱和湿烟气温度和湿度的测量，都未给出相应的测试方法。对此，一些热工性能试验人员认为可以使用正平衡方法进行测量。但从测量不确定度角度讲，使用反平衡方法，若各种损失是总输入热量的 5%，则其 1%的测量不确定度会对效率产生 0.05%的不确定度；使用正平衡方法，测量燃料量、蒸汽流量的 1%的不确定度会对锅炉效率产生 1%的不确定度。ASME PTC 4—2013 对通过正平衡方法和反平衡方法测量锅炉效率的不确定度进行了描述，证明反平衡方法的不确定度明显小于正平衡方法。此外，采用正平衡方法还有无法分析效率低的原因、不能将试验结果修正到标准或保证条件等缺点。

本书在国家重点研发计划项目“高耗能特种设备能效检测与评价关键技术研究”（项目编号：2017YFF0209800）、国家质检公益项目“基于锅炉排烟中水蒸气凝结条件和物联网热工测试技术研究”（项目编号：201410030）的支持下，研究了天然气燃烧产生烟气在典型换热表面上的流动、传热规律，含有不凝气体氛围下的水蒸气凝结特性，换热器表面冷凝液薄膜形成、分布、迁移、融合规律，水蒸气，含液滴烟气温度测试方法和气-液两相热量分配关系等。基于凝结水滴的惯性和巴塞特-布西内斯克-奥森（Basset-Boussinesq-Ossen，BBO）方程中液滴对流体介质跟随性降低的特性，提出采用逆向抽气协同伴热的饱和湿烟气温度和湿度测量方法；基于温湿度测量方法，提出冷凝锅炉热工性能试验方法和效率计算方法。首次在我国热工性能试验标准中引入不确定度评定方法，该不确定度评定方法是国际标准化组织标准《测量中不确定度的表达指南》（*Guide to the Expression of Uncertainty in Measurement*）和 ASME PTC 19.1 标准的有机结合，吸收了 ASME PTC 4—2013 中的连续变量模型，解决了烟气温度、成分等参数随时间、空间或两者连续变化的问题；但其随机不确定度和系统不确定度容易引起歧义，因此本书又协调了国际标准 *Guide to the Expression of Uncertainty in Measurement*，使用 A 类不确定度和 B 类不确定度进行评定。

本书既可以单独使用，也可以作为《冷凝锅炉热工性能试验方法》（NB/T 47066—2018）的释义使用，希望能帮助读者更好地理解标准。

本书的编写分工为：第 1、3、7 章由中国特种设备检测研究院齐国利撰写，第 2 章由中国特种设备检测研究院张松松撰写，第 4 章由辽宁省检验检测认证中心王林撰写，第 5 章由哈尔滨工业大学高建民撰写，第 6 章由中国特种设备检测研究院刘雪敏与齐国利撰写，第 8 章由中国特种设备检测研究院常勇强撰写。管坚负责全书统稿工作并对部分内容进行了修改、补充和整理。

在本书的编写过程中，国家市场监督管理总局特种设备安全监察局冷浩处长提供了支持与帮助，哈尔滨工业大学吴少华教授认真审阅并对书稿提出了宝贵的修改意见，哈尔滨工业大学（威海）李岩老师对第 5 章研究工作提供了技术支持，哈尔滨工业大学研究生韩建伟、王丕领、王志强、孙志浩、于经纬、刘文斌对第 5 章研究内容提供了数据支持。作者在此一并致以诚挚的谢意。

由于作者水平有限，书中难免存在不足之处，恳请读者批评指正。

作　者

2020 年 5 月

目　　录

第1章　中国工业锅炉产品总体状况分析

中国工业锅炉在数量、容量、炉型和使用燃料等方面近10年发生了较大的变化，在数量上从2009年的59.52万台，逐步增加到2013年的64.12万台，这5年也是中国经济快速增长的时期，锅炉作为重要工业设备反映了国民经济增长的实质。从2014年开始工业锅炉数量快速下降，到2017年56万台，下降了近20万台，主要是国家法律和环保政策等要求，包括《大气污染防治行动计划》（简称《行动计划》，即“大气十条”）中的“基本淘汰每小时10蒸吨及以下的燃煤锅炉”、2015年公布的《中华人民共和国大气污染防治法》、2017年环境保护部会同京津冀及周边地区大气污染防治协作小组及有关单位制定的《京津冀及周边地区2017年大气污染防治工作方案》、国环规大气〔2017〕2号《关于发布〈高污染燃料目录〉的通知》、发改能源〔2017〕2100号《关于印发北方地区冬季清洁取暖规划（2017—2021年）的通知》等。具体的锅炉数量如图1-1所示[1-7]。从2017年到2018年，工业锅炉数量下降趋势明显趋缓，主要原因可能是国家针对燃煤锅炉的环保要求已经基本落实，尽管在2018年6月16日《中共中央 国务院关于全面加强生态环境保护 坚决打好污染防治攻坚战的意见》、国发〔2018〕22号《国务院关于印发打赢蓝天保卫战三年行动计划的通知》中有淘汰燃煤锅炉的要求，但在2018年以前重点区域内已经基本完成了35蒸吨每小时以下燃煤锅炉的淘汰任务，未来更重要的是完成燃煤锅炉节能和超低排放改造，因此在锅炉数量上未来几年将维持在40万台左右。

10多年来，中国工业锅炉不但在数量上有变化，在容量、炉型和使用燃料上也发生了较大变化。在容量上，受环保政策的影响，燃煤锅炉新产品容量主要是35蒸吨每小时及以上，燃油气锅炉的容量主要是10蒸吨每小时及以下，燃生物质锅炉主要是10蒸吨每小时及以下，近年来燃油气锅炉和生物质锅炉10～35蒸吨每小时锅炉明显增多，可能原因是重点区域35蒸吨每小时以下燃煤锅炉被淘汰，这部分容量锅炉用于填补燃煤锅炉淘汰留下的空白。在炉型上，燃煤层燃锅炉产品下降明显，燃生物质锅炉产品数量在上升，室燃锅炉中煤粉工业锅炉产品所占比例变化不大，燃油气锅炉快速上升，在锅炉新产品占比最多，循环流化床锅炉产品比例相对比较稳定。在使用燃料上，燃煤层燃锅炉主要使用二类烟煤，最近几年三类烟煤使用比例明显增加，煤粉工业锅炉主要使用三类烟煤，循环流化床锅炉主要使用二类烟煤或褐煤。锅炉新产品燃料使用的变化情况如图1-2所示。

由于近些年来锅炉在使用燃料、炉型、容量等方面都发生了较大的变化，锅炉能效水平也相应发生了变化，锅炉定型产品制度的实施、7部门联合发布的

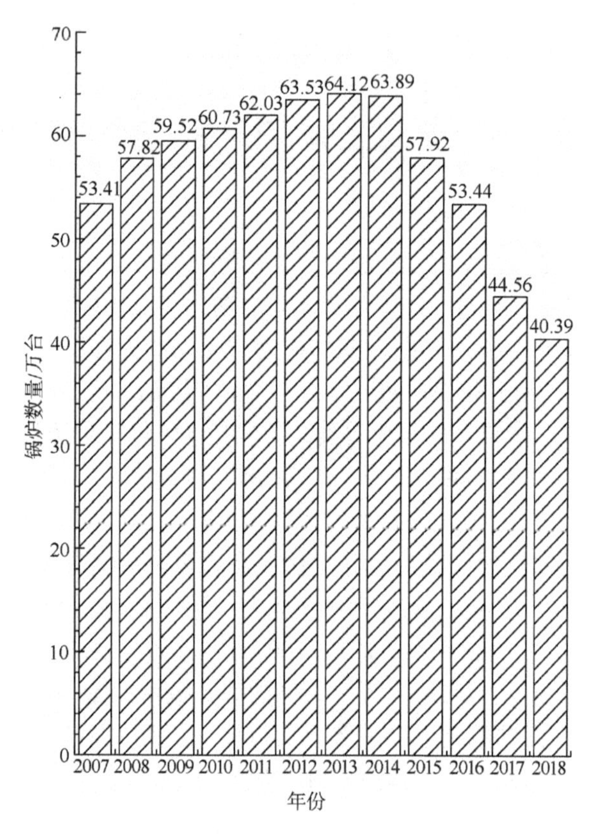

图 1-1　锅炉数量的历年变化

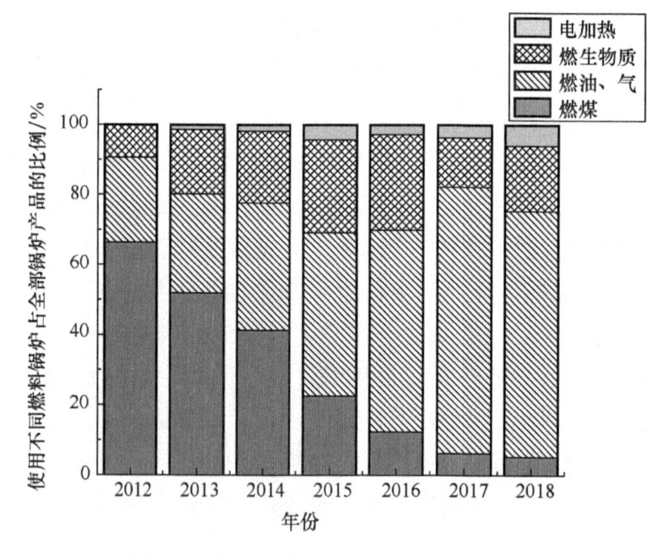

图 1-2　锅炉新产品燃料使用的变化情况

《关于印发燃煤锅炉节能环保综合提升工程实施方案的通知》(发改环资〔2014〕2451号)等有效促进了工业锅炉技术的提升，特别是《锅炉节能技术监督管理规程》(TSG

G0002—2010）（第 1 号修改单）（以下简称“国家强制能效指标”）的实施，锅炉新产品热效率提升明显。本书梳理了从 2012 年到 2018 年定型产品能效测试的不同燃料、不同炉型锅炉能效分布情况，包括锅炉热效率、排烟温度、排烟处过量空气系数等，分析、总结我国锅炉产品能效状况，以促进锅炉行业技术的提升。

1.1　中国锅炉定型产品热效率分布

锅炉定型产品按使用燃料分类主要包括燃煤锅炉、燃油锅炉、燃气锅炉、燃生物质锅炉、电加热锅炉等。就燃煤锅炉而言，层燃锅炉、煤粉锅炉、循环流化床锅炉等的效率相差较大，且各种炉型都有各自的适用范围，如层燃锅炉对运行人员要求相对较低、有一定的煤种适应范围、制造和运行成本相对较低等；煤粉工业锅炉更适用于合同能源管理和自动化运行；循环流化床锅炉煤种适应范围广，适合炉内脱硫、炉内低氮燃烧等。用户购买各种炉型都会根据使用特点进行选择，因此本书对各种炉型热效率分别进行比较。

1.1.1　燃煤层燃锅炉定型产品热效率分布

图 1-3 为燃煤层燃锅炉定型产品热效率随年份的变化情况。从图 1-3 中可以看出，2012～2018 年燃煤层燃锅炉热效率平均值呈上升趋势，2018 年比 2012 年平均热效率提高了 5.01 个百分点，究其原因：第一个原因是国家强制能效指标在 2016 年修订并颁布实施，其规定的锅炉热效率限定值较《锅炉节能技术监督管理规程》（TSG G0002—2010）的锅炉热效率有大幅提高，锅炉制造单位为适应能效指标的提高，加强了锅炉新技术的应用，锅炉产品技术水平明显提高；第二个原因是“大气十条”等文件要求的基本淘汰 10 蒸吨每小时及以下的燃煤锅炉，一般而言锅炉容量增大，可以采取更灵活的燃烧方式和换热布置形式，而相对来说大容量锅炉热效率一般比小容量锅炉热效率高；其他原因可能是自动控制技术的广泛采用有利于锅炉热效率的提高。

另外，从图 1-3 可以看出，2012～2015 年锅炉热效率最高值和最低值差别较大，2016～2018 年锅炉热效率最低值和最高值之间差别明显缩小，2017 年锅炉热效率最高值和最低值的差约为 2016 年的 94.00%，2018 年约为 2016 年锅炉热效率差的 66.00%，这也反映了锅炉制造单位为适应国家强制能效指标，提高了锅炉产品的技术水平和自动控制水平。

图 1-4 为所有容量燃煤层燃锅炉热效率分布情况，纵坐标为样品数量，横坐标为锅炉热效率。从图 1-4 中可以看出，中国工业锅炉产品热效率总体服从正态分布，锅炉热效率平均值 80.60%附近的样本数量最多。为了了解 10 蒸吨每小时燃煤锅炉淘汰后对锅炉热效率的影响，本书将 10 蒸吨每小时及以下燃

煤层燃锅炉全部剔除，形成了 10 蒸吨每小时以上燃煤层燃锅炉热效率分布图，如图 1-5 所示。从图 1-5 中可以看出，锅炉热效率分布呈对称的钟形，中间高、两边低，图 1-5 中的锅炉热效率区间比图 1-4 中的明显缩小，这也反映了锅炉容量越大锅炉热效率平均值相对越高（一般情况）的趋势。

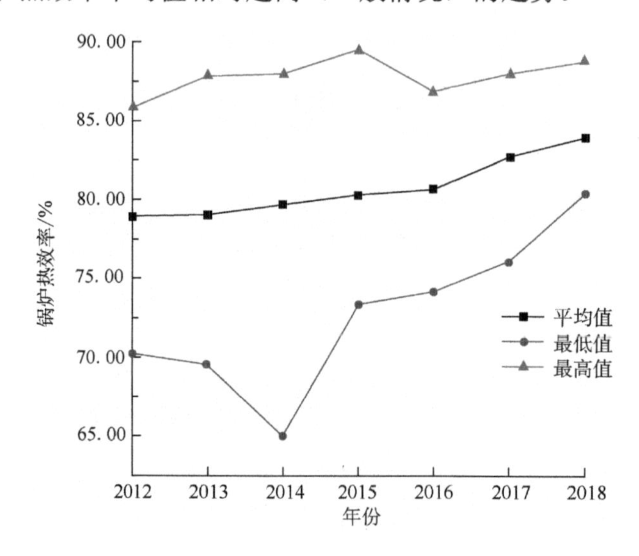

图 1-3　燃煤层燃锅炉热效率随年份的变化情况

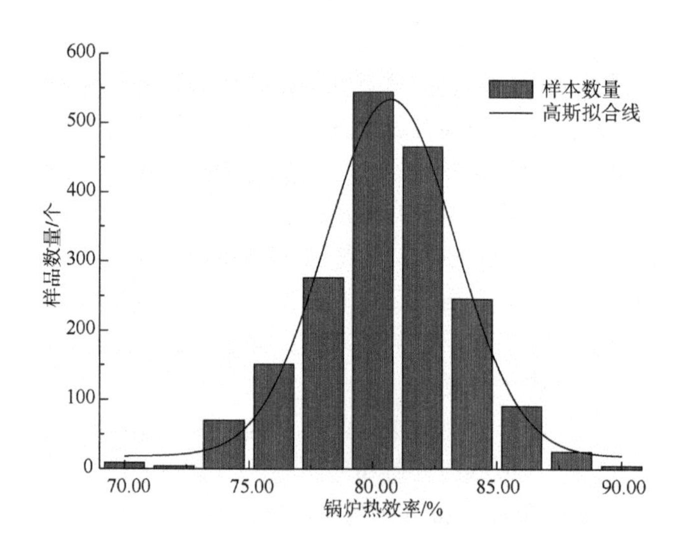

图 1-4　所有容量燃煤层燃锅炉热效率分布情况

图 1-6 是燃煤层燃锅炉设计热效率和测试热效率值的对比图。从图 1-6 中可以看出，以锅炉平均热效率为分界线，在测量值低于平均热效率的部分，锅炉热效率设计值大部分高于测量值，在测量值高于平均热效率的部分，锅炉热效率设计值大部分低于测量值，或许这是我国锅炉制造单位有所保留，在锅炉设计文件

中不承诺更高的热效率，以免引起不必要的商业纠纷。

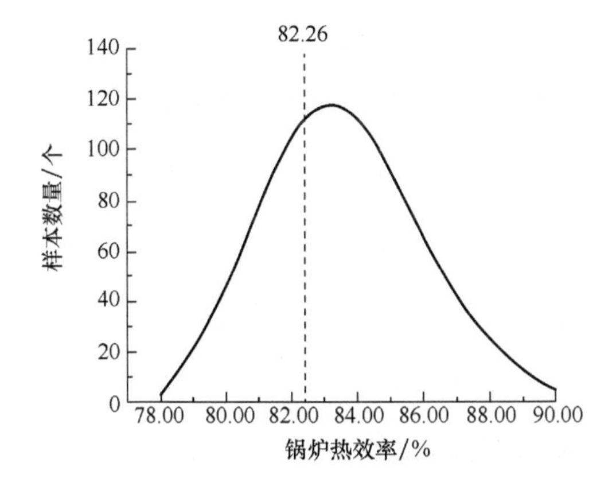

图 1-5　10 蒸吨每小时以上燃煤层燃锅炉热效率分布情况

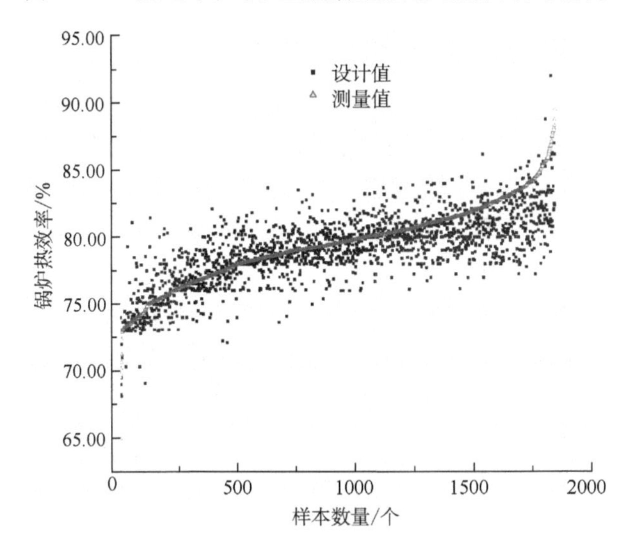

图 1-6　燃煤层燃锅炉热效率设计值与测试值对比图

1.1.2　燃生物质层燃锅炉定型产品热效率分布

图 1-7 是生物质层燃锅炉热效率随年份的变化曲线。从图 1-7 中可以看出，平均热效率 2012～2014 年略有下降，这一时期主要是由于“大气十条”的颁布，生物质层燃锅炉主要是替代 10 蒸吨每小时及以下燃煤锅炉，这一时期的生物质层燃锅炉多是由燃煤层燃锅炉直接改烧生物质，设计水平相对较低。2015 年以后，特别是国家强制能效指标的颁布，为适应生物质层燃锅炉产品强制指标，2016～2018 年生物质层燃锅炉热效率有明显提升，生物质层燃锅炉设计和制造技术提升，加上现代化的控制系统，生物质层燃锅炉热效率在 2018 年最低值和最高值都有明显提升。

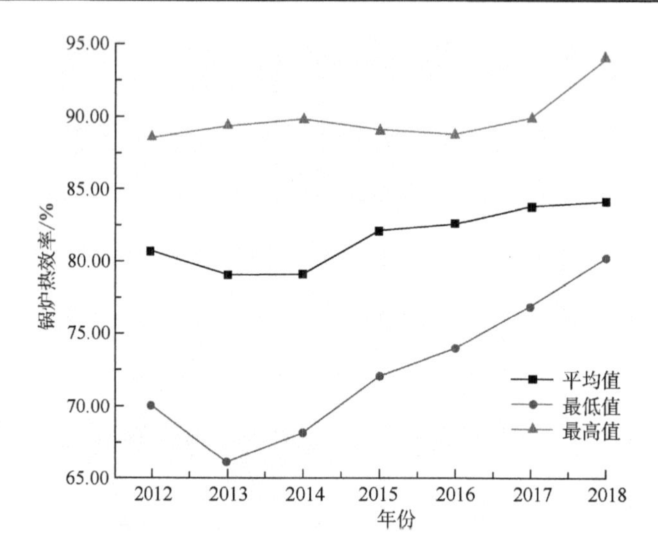

图 1-7　生物质层燃锅炉热效率随年份的变化曲线

图 1-8 为 2012～2018 年中国生物质层燃锅炉热效率分布曲线。2012～2018 年，生物质层燃锅炉的热效率平均值是 83.15%，但生物质层燃锅炉热效率分布曲线近似符合正态分布。与燃煤层燃锅炉相比，生物质层燃锅炉热效率分布均匀性要差一些，主要原因是与煤炭相比，生物质燃料含水量、含灰量、发热量等相差较大，锅炉热效率分布范围更宽。另外，从图 1-8 中也可以看出，在热效率为 80.00% 附近，热效率分布曲线出现了不规则现象，原因可能是 2016 年颁布的国家强制能效指标将生物质层燃锅炉热效率指标值提升到 80%，使这一区域附近锅炉型号明显增多，形成热效率曲线分布不规则。

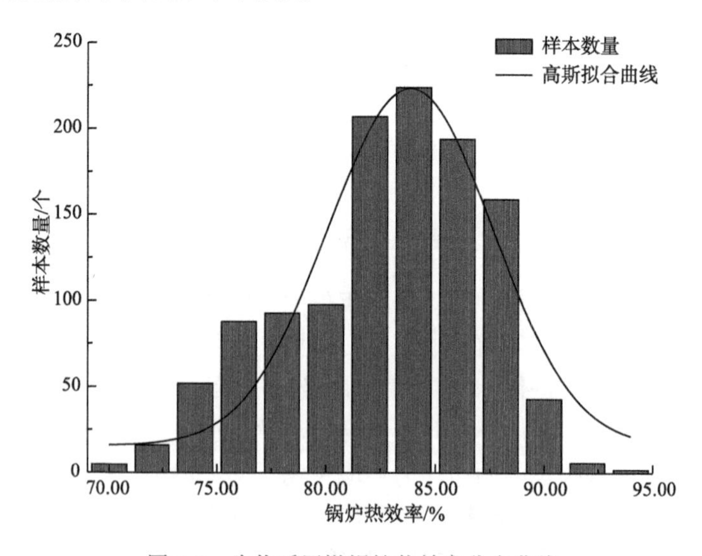

图 1-8　生物质层燃锅炉热效率分布曲线

1.1.3　煤粉工业锅炉定型产品热效率分布

2012～2018 年，煤粉工业锅炉通过新产品定型测试的锅炉有 50 个型号，平均热效率为 89.06%。从图 1-9 可以看出，由于各年锅炉新产品数量较少，整体规律性相对于燃煤层燃锅炉要差很多。另外，由于煤粉工业锅炉主要使用三类烟煤，热效率相对较高，其热效率提升空间也有限。从图 1-10 可以看出，煤粉工业锅炉热效率并不以平均热效率对称，小于平均热效率 89.06%的锅炉新产品数量要多于大于 89.06%的产品，主要原因是煤粉工业锅炉数量相对于燃煤层燃锅炉数量少，不符合正态分布规律。

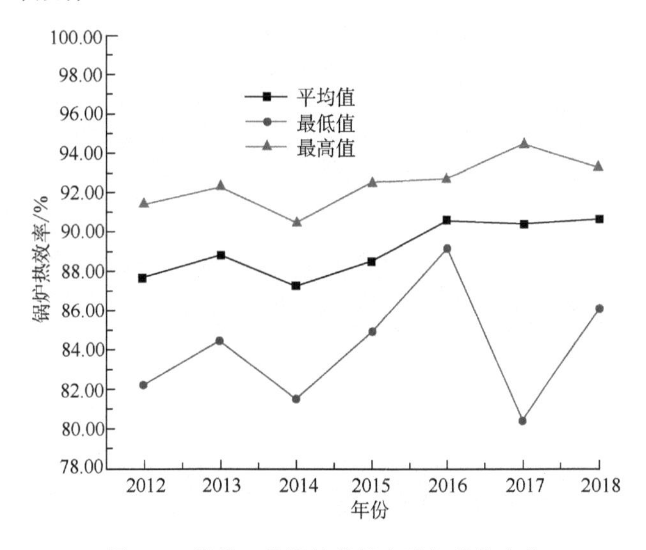

图 1-9　煤粉工业锅炉热效率随年份的变化

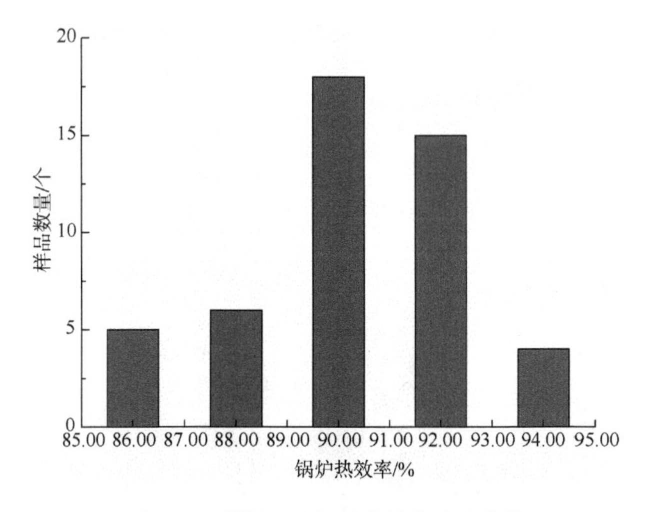

图 1-10　煤粉工业锅炉热效率分布曲线

1.1.4 循环流化床锅炉定型产品热效率分布

2012～2018年，循环流化床锅炉通过新产品定型测试的锅炉有100个型号，平均热效率为86.82%。从图1-11所示循环流化床锅炉热效率随年份的变化中可以看出，由于各年循环流化床锅炉新产品数量较少，其整体规律性相对燃煤层燃锅炉要差很多。2016年因国家强制能效指标修订后实施，循环流化床锅炉热效率最低值、最高值和平均值均有明显提高。2017年锅炉热效率最低值较低，这是因燃用劣质煤，国家规定满足设计要求，2018年各项指标较2017年均有所提高。从图1-12所示循环流化床锅炉热效率分布曲线中也可以看出，锅炉热效率分布曲线不完全符合正态分布，低于平均热效率86.82%的样本数量相对较多，主要原因是循环流化床锅炉样本数量相对于层燃锅炉较少。

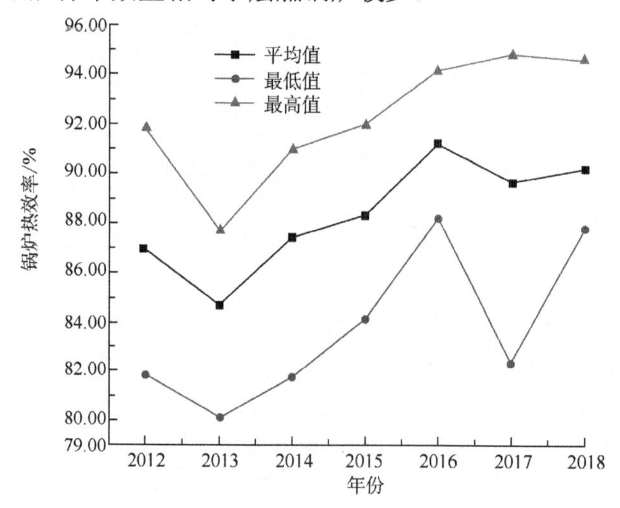

图1-11 循环流化床锅炉热效率随年份的变化

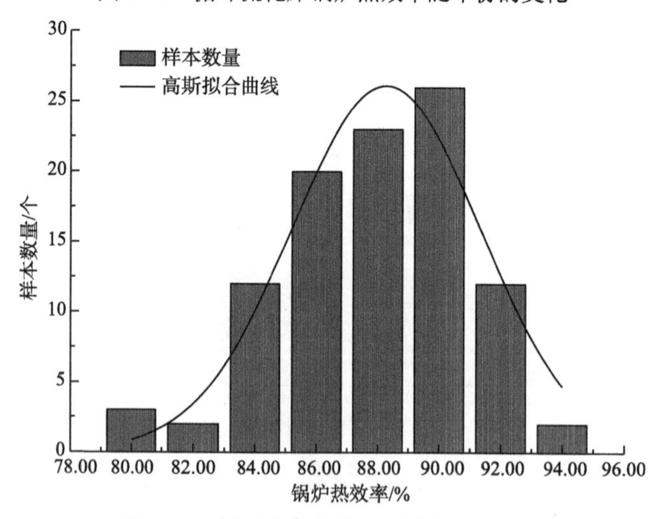

图1-12 循环流化床锅炉热效率分布曲线

1.1.5　燃油、燃气锅炉定型产品热效率分布

燃油锅炉主要使用的燃料是轻柴油、重油和渣油，其中轻柴油占 97.44%，其次是重油占 2.35%，渣油占 0.21%。另外，2017 年后渣油和重油没有新产品出现。燃气锅炉主要使用燃料为天然气、城市煤气、高炉煤气、焦炉煤气、液化石油气等，其中天然气锅炉新产品型号占 98.44%，其他气体燃料锅炉新产品仅占 1.56%，燃气锅炉历年使用不同气体燃料的数量变化如图 1-13 所示。

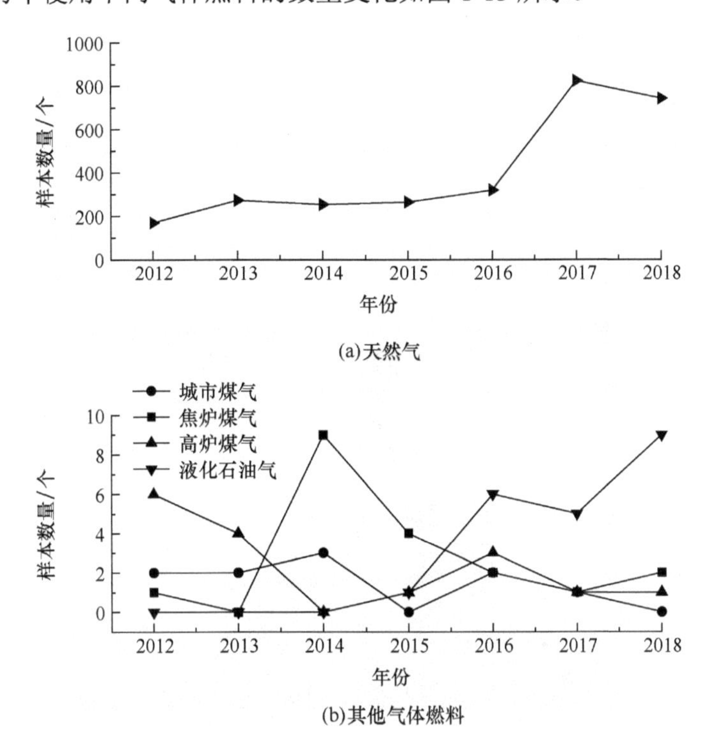

(a)天然气

(b)其他气体燃料

图 1-13　燃气锅炉历年使用不同气体燃料的数量变化

1. 燃轻柴油锅炉定型产品热效率分布

2012～2018 年，燃轻柴油锅炉通过新产品定型测试的锅炉有 479 个型号，平均热效率为 92.47%。从图 1-14 的燃轻柴油锅炉热效率随年份的变化可以看出，2016 年国家强制能效指标修订后实施，2016～2018 年燃轻柴油锅炉热效率最低值、最高值和平均值均有明显提高。从图 1-15 燃轻柴油锅炉热效率分布曲线中可以看出，燃轻柴油锅炉热效率分布曲线不完全符合正态分布，这是由于 2016 年国家强制能效指标修订实施后，热效率限定值提高的结果。从理论上讲，靠技术进步引起的能效变化，抽样后应符合正态分布。

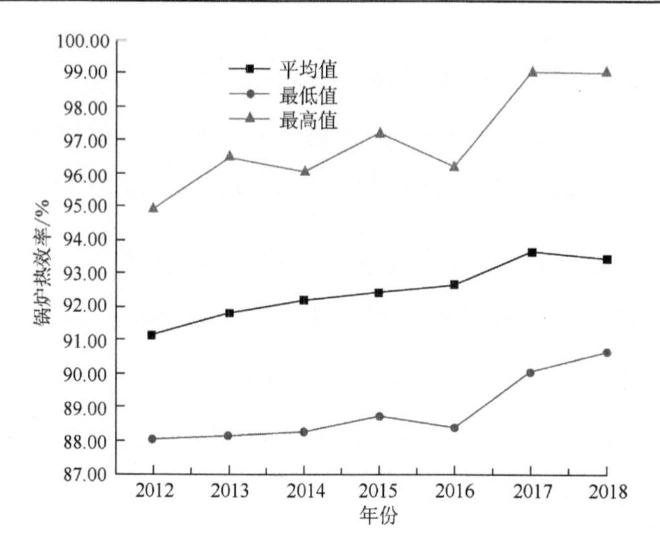

图 1-14　燃轻柴油锅炉热效率随年份的变化

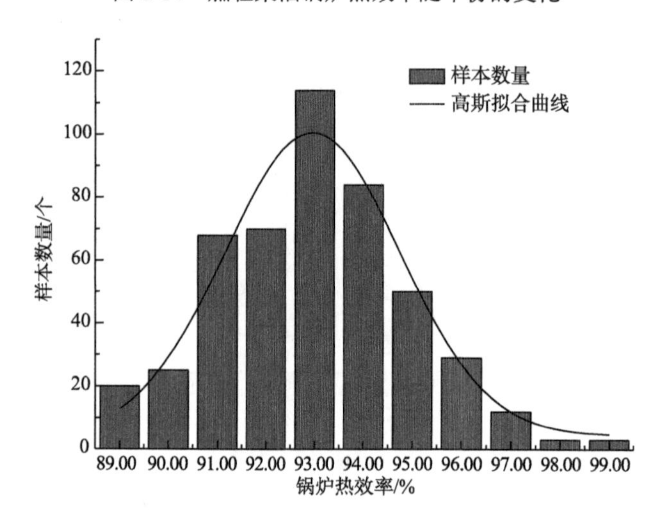

图 1-15　燃轻柴油锅炉热效率分布曲线

2. 燃天然气锅炉定型产品热效率分布

2012～2018 年，燃天然气锅炉通过新产品定型测试的锅炉有 2817 个型号，平均热效率为 94.20%（天然气发热量使用收到基低位发热量）。从图 1-16 燃天然气锅炉热效率随年份的变化中可以看出，2016 年国家强制能效指标修订实施后，2016～2018 年燃天然气锅炉热效率平均值明显提高，2016 年冷凝锅炉最高热效率达到 107.23%，接近理论计算值[8]。

从图 1-17 燃天然气锅炉热效率分布曲线可以看出，锅炉产品热效率为 88%～93%的样本数量快速上升，主要原因是 2016 年国家强制能效指标修订后实施，能效指标限定值提高；热效率为 93%～98%的锅炉产品数量逐渐下降，主要是这一部分热效率锅炉市场占有率较少，锅炉用户为了节省燃料，部分选择使用冷凝锅炉；热效率为 98%～108%的锅炉产品数量又上升，主要原因是冷凝锅炉新产品被用户选择较多。

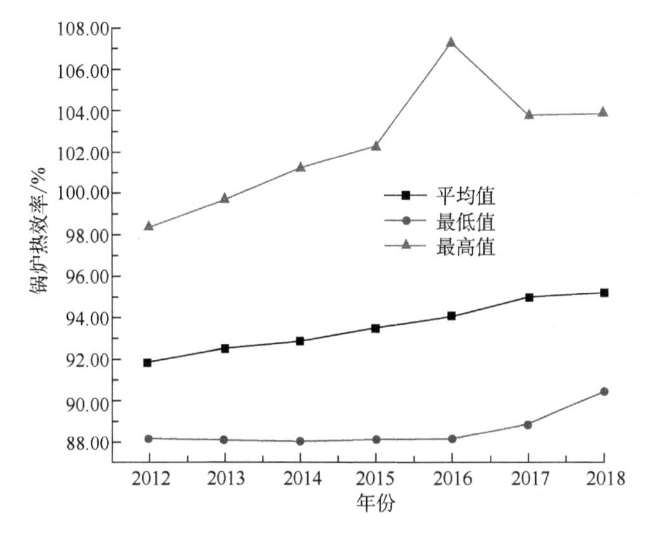

图 1-16　燃天然气锅炉热效率随年份的变化

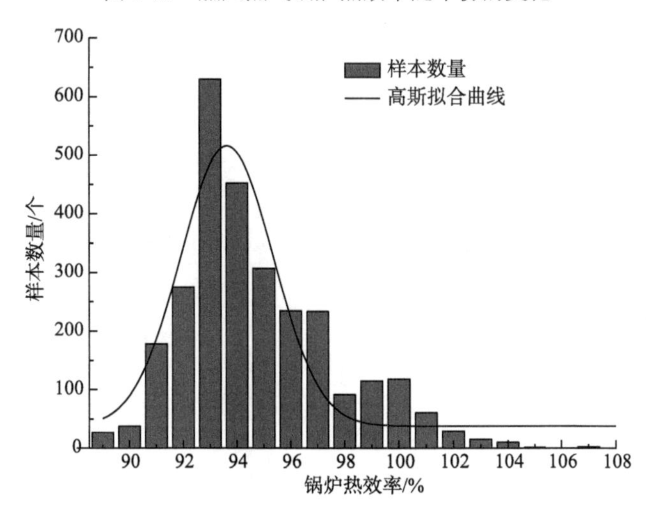

图 1-17　燃天然气锅炉热效率分布曲线

1.2　中国锅炉定型产品排烟温度分布

1.2.1　燃轻柴油锅炉排烟温度

中国燃油锅炉绝大多数是轻柴油锅炉，2012～2018 年中国工业锅炉新产品排烟温度平均值为 151℃，最低排烟温度为 50℃，最高排烟温度为 235℃。从图 1-18 所示的燃油锅炉排烟温度随年份的变化可以看出，排烟温度年平均值总体呈下降趋势，2016 年后排烟温度明显下降，这与 2016 年国家强制能效指标修订后锅炉热效率指标提高相关；最低排烟温度波动较大，与热水锅炉回水温度波动有关，当回水温度为 30～50℃（设计排烟温度 70℃）时，锅炉排烟温度会大幅下降。从图 1-19 所示的燃油锅炉排烟温度分布曲线可以看出，锅炉排烟温度样本数量并不完全围绕平均排烟温度对称分布，样本数量最多的恰好在 170℃附近，原因或许是：按照国家强制能效指标要求，额定蒸发量大于或者等于 1t/h 的蒸汽锅炉和额定热功率大于或者等于 0.7MW 的热水锅炉，排烟温度不高于 170℃。

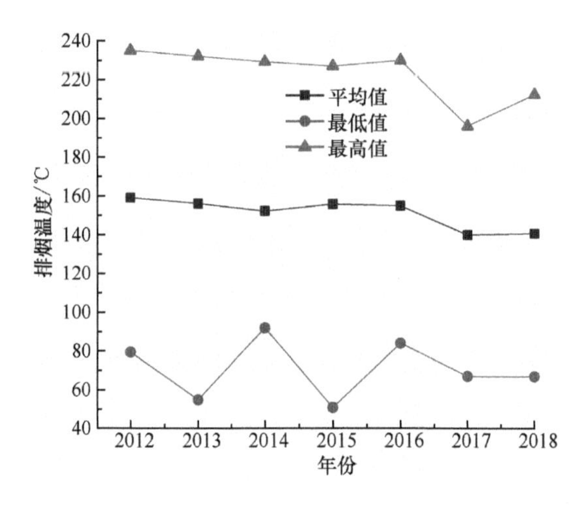

图 1-18　燃油锅炉排烟温度随年份的变化

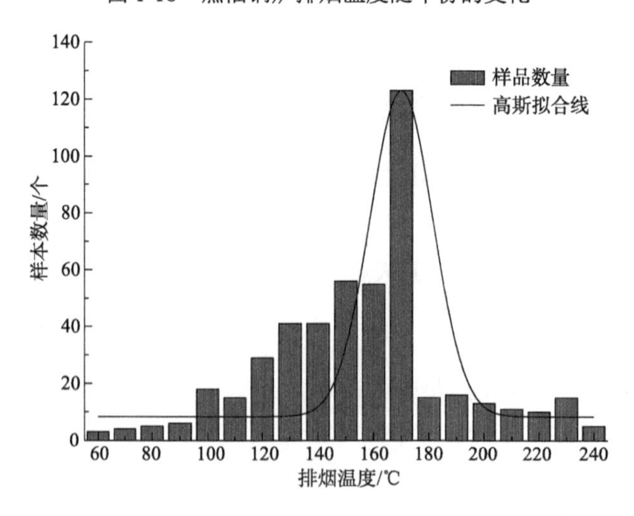

图 1-19　燃油锅炉排烟温度分布曲线

1.2.2　燃天然气锅炉排烟温度

中国燃气锅炉绝大多数是燃天然气锅炉，2012～2018 年中国燃天然气锅炉新产品排烟温度平均值为 122.14℃，最低排烟温度为 35.25℃，最高排烟温度为 268.75℃。从图 1-20 所示的燃天然气锅炉排烟温度随年份的变化可以看出，燃天然气锅炉排烟温度平均值除了 2014 年略有升高外，总体一直呈下降趋势，特别是 2016～2018 年，排烟温度下降趋势明显，主要原因：一是锅炉使用单位对高品质能源余热利用的重视；二是国家强制能效指标修订后的实施。从图 1-21 燃天然气锅炉排烟温度分布曲线可以看出，锅炉排烟温度样本数量分布并不符合正态分布，小于等于 80℃排烟温度的样本数量快速上升，这一范围的锅炉设计时就是冷凝锅炉；80～110℃排烟温度的样本数量缓慢下降，这一范围的锅炉设计时可能并不是冷凝锅炉，仅由于锅炉使用负荷较低，产生了部分冷凝现象；110～170℃排烟温度的样本数量快速上升，这一范围内的锅炉是非冷凝锅炉，需要满足国家强制能效指标排烟温度不超过 170℃的要求，因此这一部分是锅炉数量最多；大于 170℃排烟温度的样本数量迅速下降，这一部分锅炉数量较少，主要是小于 2t/h 的蒸汽锅炉。尽管冷凝锅炉可以有效利用排烟中的汽化潜热，促进能源的高效利用，但天然气冷凝锅炉的总体比例依然不高，仅占全部天然气锅炉型号的 6.4%；但令人振奋的是，2012～2018 年，天然气冷凝锅炉的使用比例一直在增加，从 2012 年新产品占比的 1.2%已经增加到 2018 年的 7.4%，在天然气能源供应不足的情况下，未来冷凝锅炉使用占比仍将快速增长。

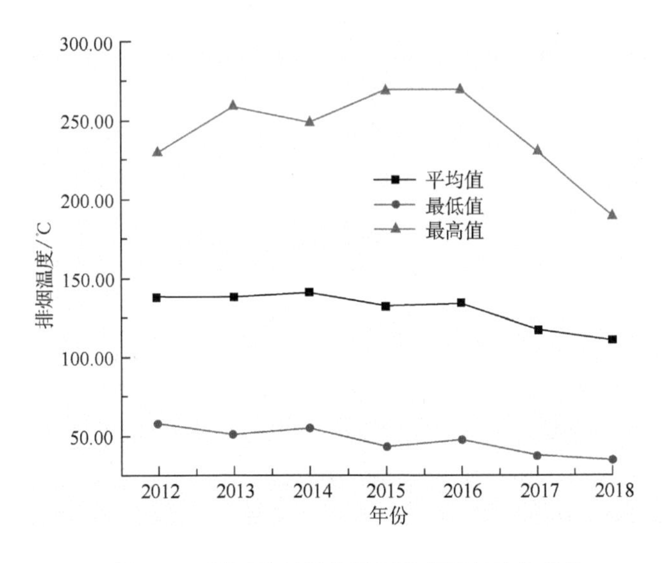

图 1-20　燃天然气锅炉排烟温度随年份的变化

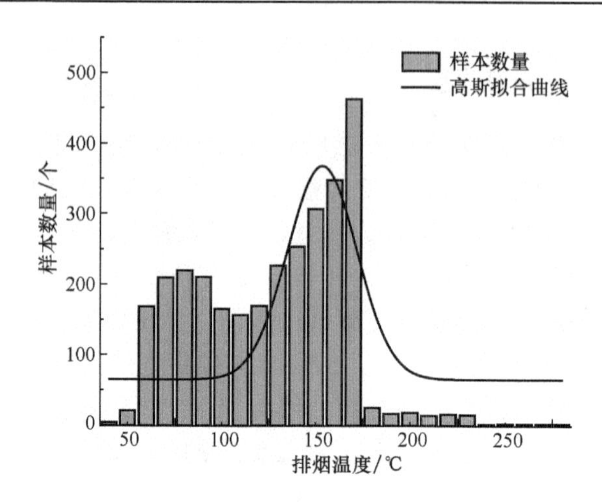

图 1-21　燃天然气锅炉排烟温度分布曲线

1.2.3　燃煤锅炉排烟温度

燃煤锅炉按燃烧方式分为层燃锅炉、室燃锅炉、循环流化床锅炉，虽然各种炉型使用煤种不一样，但就排烟温度而言，燃煤锅炉各种炉型并没有特殊性，本书将全部燃煤锅炉产品一起分析。从 2012～2018 年燃煤锅炉新产品排烟温度平均值为 165.31℃，最低排烟温度为 68.41℃，最高排烟温度为 295℃。从图 1-22 所示的燃煤锅炉排烟温度随年份的变化可以看出，燃煤锅炉产品排烟温度平均值除 2014 年略有升高外，总体一直呈下降趋势，特别是 2016～2018 年，排烟温度呈明显下降趋势，主要原因可能是 2016 年国家强制能效指标修订后的实施，为了满足要求，降低排烟温度是一种有效的措施，一般而言排烟温度每降低 15～20℃，锅炉热效率提高 1 个百分点。虽然一些燃煤层燃锅炉采取了一些特殊材质和结构的省煤器和空气预热器，尝试通过降低燃煤锅炉排烟温度来提高锅炉热效率，但由于燃煤锅炉酸腐蚀的影响，燃煤锅炉在排烟温度 100℃以下的很少。以上分析可以从图 1-23 所示的燃煤锅炉排烟温度分布曲线看出，排烟温度小于 100℃的仅有 3 个型号的锅炉，排烟温度为 100～160℃的锅炉产品型号数量逐渐上升，160～170℃的锅炉产品型号数量近似直线上升，出现这种情况是由于国家强制能效指标要求：大于 1t/h（0.7MW）的锅炉，排烟温度不应超过 170℃；170～230℃又出现逐步上升趋势，也是由于国家强制能效指标的要求：小于 1t/h 的蒸汽锅炉，排烟温度不应超过 230℃。从以上分析可知，如果国家强制能效指标中的排烟温度再降低 10℃，那么锅炉热效率将进一步提高。

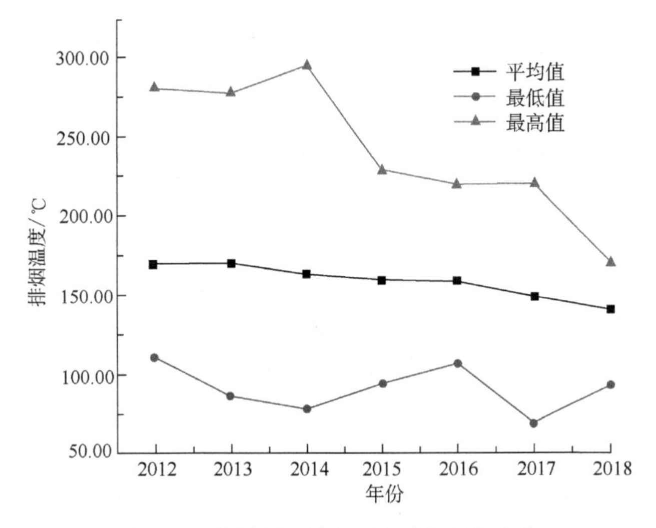

图 1-22　燃煤锅炉排烟温度随年份的变化

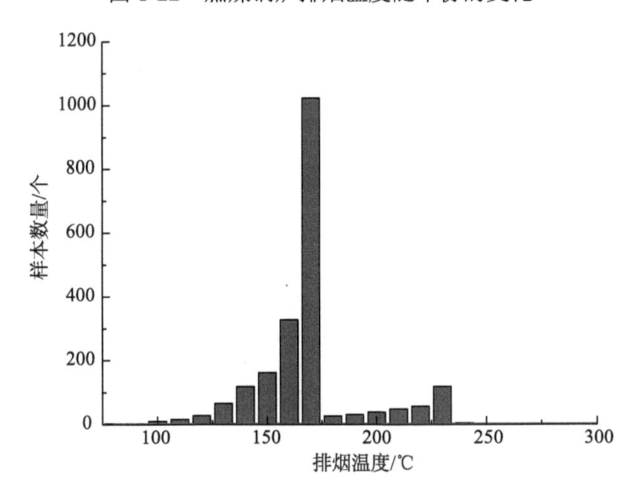

图 1-23　燃煤锅炉排烟温度分布曲线

1.2.4　燃生物质锅炉排烟温度

燃生物质锅炉按燃烧方式分为层燃锅炉和循环流化床锅炉，虽然两种炉型使用的生物质不完全一致，但就排烟温度而言，燃生物质锅炉排烟温度与炉型基本无关，因此本书将全部燃生物质锅炉产品一起分析。2012～2018 年燃生物质锅炉新产品排烟温度平均值为 178.00℃，最低排烟温度为 101.70℃，最高排烟温度为 366.00℃。从图 1-24 所示的燃生物质锅炉排烟温度随年份的变化中可以看出，生物质锅炉排烟温度 2013～2018 年持续下降，两者温度相差约 30℃，热效率提升近 2 个百分点，特别是 2016～2018 年下降明显，这也是受到了 2016 年国家强制能效指标的影响。从图 1-25 所示的燃生物质锅炉排烟温度分布曲线可以看出，以

170℃排烟温度（国家强制能效指标）为分界线，近似呈正态分布。

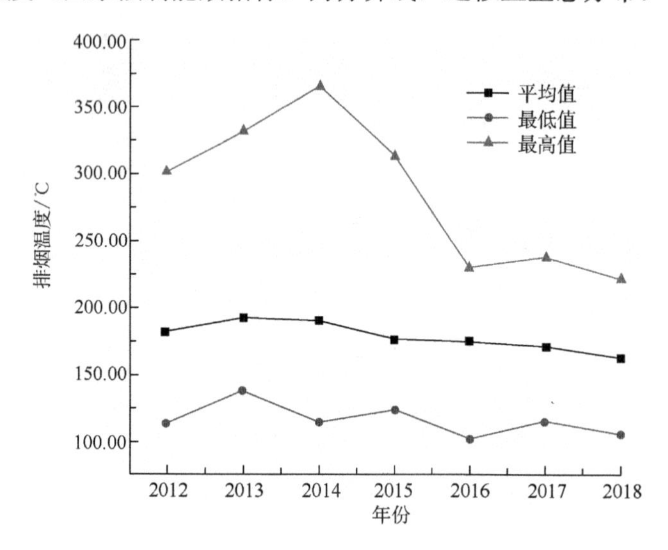

图 1-24 燃生物质锅炉排烟温度随年份的变化

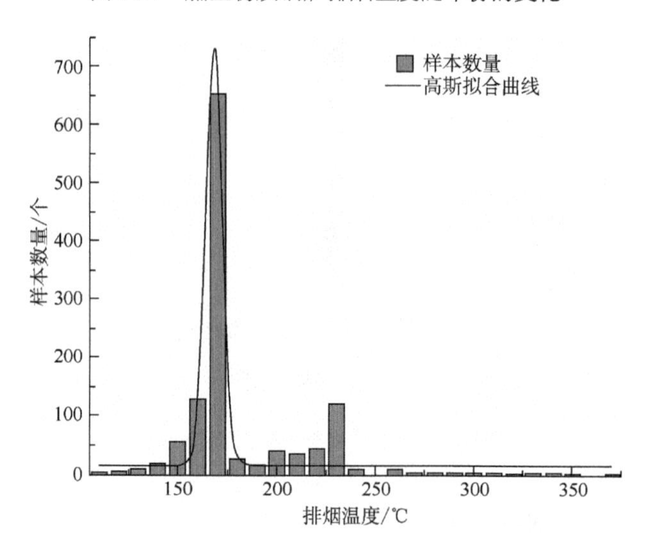

图 1-25 燃生物质锅炉排烟温度分布曲线

1.3 中国工业锅炉总体状况分析

中国工业锅炉主要使用燃料是煤炭、生物质、轻柴油、天然气等，本书既按照燃料进行了锅炉热效率状况分析，又辅以燃烧方式进行分类，主要目的是便于分析各种类型工业锅炉热效率及其分布情况。燃煤层燃锅炉定型产品型号为 1884

个，占全部工业锅炉定型产品型号的25.69%，由于样本数量较多，其锅炉热效率及其分布规律基本符合正态分布，其热效率围绕着平均热效率，大体呈对称分布，接近平均热效率的锅炉产品型号最多，低效和高效锅炉产品型号相对较少；另外，2016年国家强制能效指标修订后实施，层燃锅炉热效率限定值全部提升到80%以上，对燃煤层燃锅炉使用煤种和技术提升产生了较大影响[9-11]，再加上“大气十条”淘汰10蒸吨每小时及以下燃煤锅炉，在国家强制能效指标和环保政策的综合影响下，2016～2018年锅炉热效率平均值有了明显提升。

燃生物质锅炉主要以层燃锅炉为主，2012～2018年，燃生物质层燃锅炉定型产品型号共有1199个，占全部工业锅炉定型产品型号的16.34%，占全部生物质锅炉型号的96.46%。由于“大气十条”的颁布，从2013年开始燃生物质层燃锅炉定型产品数量明显增多，2016年国家强制能效指标修订实施后，生物质锅炉新产品热效率平均值逐步提升，特别是在国家强制能效指标限定值80%附近的锅炉产品数量最多。另外，生物质锅炉不仅是燃煤锅炉的替代应急品，大容量燃生物质层燃锅炉逐渐增多，一些具有一定技术实力的锅炉制造企业和专门从事生物质燃烧技术研究的科研院所开发了一系列生物质高效低排放技术[12-14]，生物质层燃锅炉技术水平也有了明显提高，生物质层燃锅炉热效率也逐渐提升。

煤粉工业锅炉定型产品数量有50个型号，占全部工业锅炉定型产品型号的0.67%，平均热效率为89.06%。由于各年锅炉新产品数量较少，不符合正态分布，整体规律性相对燃煤层燃锅炉差很多。另外，由于煤粉工业锅炉主要使用三类烟煤，热效率相对较高，其热效率分布也比较集中。

循环流化床锅炉定型产品数量146个型号，占全部锅炉定型产品型号的2%，其中燃煤锅炉102个，生物质锅炉44个。循环流化床锅炉使用煤种较多，因此其热效率范围也相对较宽，总体上由于定型产品数量型号较少，其样本并不完全符合正态分布，其热效率分布只能为定性分析提供参考。

燃天然气和轻柴油锅炉定型产品数量为3296个型号，占全部工业锅炉定型产品型号的44.83%，其中燃天然气锅炉2817个型号。从2016年开始，受《高污染物燃料目录》发布的影响，燃重油、渣油的锅炉新产品已经消失；燃气锅炉虽然数量较多，但其热效率分布并不完全符合正态分布，冷凝锅炉和普通燃气锅炉热效率差别较大，冷凝锅炉热效率一般在98%～107%[8]，普通燃气锅炉热效率多在90%～97%，导致其热效率分布曲线并不完全围绕平均热效率对称分布。另外，现在市场上销售的燃气冷凝热水锅炉，也有一部分是因回水温度较低，而产生了被动冷凝现象，这与我国锅炉产品型号标准[15]不适应新技术的发展有关。

综上所述，我国工业锅炉产品在2012～2018年经历了较大的变化，由于使用燃料、容量、炉型等的变化，直接影响了锅炉产品热效率分布，可以预测中国工业锅炉未来主力炉型可能是天然气锅炉（气量充足的条件下）、生物质锅炉和使用优质煤的锅炉，主要原因是：国家环保政策的持续实施、锅炉能效强制指标的逐步提高、煤炭减量政策的实施等，同时可以预见的是为适应国家法律法规、强制规范和标准，中国工业锅炉高效燃烧、大气污染物排放控制技术将不断提高，中国工业锅炉的能效将持续提升、大气污染物排放将逐步减少。

1.4 本章小结

部分淘汰的燃煤锅炉的下降数量部分被燃生物质层燃锅炉所替代，绝大部分被燃油气锅炉所替代，特别是京津冀、长三角、珠三角、汾渭平原等地，燃气锅炉逐渐成为供热主力。我国燃油锅炉绝大多数是轻柴油锅炉、燃气锅炉主要是天然气锅炉。燃油锅炉近几年基本是轻柴油锅炉，其平均热效率从 2016 年开始明显提高，从热效率指标值上可以看出，燃油锅炉采用冷凝锅炉的数量较少；燃气锅炉热效率平均值近几年稳步提高，冷凝锅炉使用数量和热效率都明显增加；另外，目前部分热水锅炉按照设计回水温度不属于冷凝锅炉，实际使用时由于回水温度较低，发生了冷凝现象，就这部分锅炉是否属于冷凝锅炉学术界一直存在争议，这也说明部分锅炉产品标准已经不能适应新技术的变化。《冷凝锅炉热工性能试验方法》（NB/T 47066—2018）和本书的使用，对于区分真正的冷凝锅炉和非冷凝锅炉具有重要意义。

参考文献

[1] 国家质检总局. 2012 年全国特种设备基本情况及事故情况 [J]. 中国特种设备安全，2013，29（8）：69-70.

[2] 国家质检总局. 国家质检总局关于 2013 年全国特种设备安全状况情况的通报 [J]. 中国特种设备安全，2014，30（6）：1-4.

[3] 国家质检总局. 国家质检总局关于 2014 年全国特种设备安全状况情况的通报 [J]. 中国特种设备安全，2015，31（5）：1-5.

[4] 国家质检总局. 国家质检总局关于 2015 年全国特种设备安全状况情况的通报 [J]. 中国特种设备安全，2016，32（4）：15-17.

[5] 国家质检总局. 国家质检总局关于 2016 年全国特种设备安全状况情况的通报 [J]. 中国特种设备安全，2017，33（4）：1-5.

[6] 国家市场监督管理总局. 国家市场监督管理总局关于 2017 年全国特种设备安全状况情况的通报 [J]. 中国特种设备安全，2017，34（5）：1-4.

[7] 国家市场监督管理总局. 国家市场监督管理总局关于 2018 年全国特种设备安全状况情况的通报

［J］. 中国特种设备安全，2018，35（4）：1-4.

［8］高春阳，刘艳华，车得福. 天然气锅炉改造为冷凝式锅炉的经济性评价［J］. 节能技术，2003，21（5）：8-11.

［9］ZHANG Q，YI H N，YU Z H，et al. Energy-exergy analysis and energy efficiency improvement of coal-fired industrial boilers based on thermal test data［J］. Applied Thermal Engineering，2018，144：614-627.

［10］MAHESHWARI G P，AL-HADBAN Y. Energy-efficient operation strategy for industrial boilers［J］. Energy，2001，26（1）：91-99.

［11］LIU M Z，SHEN B，HAN Y F，et al. Cost-effectiveness analysis on measures to improve China's coal-fired industrial boiler［J］. Energy Procedia，2015，75：1549-1554.

［12］贾金岭. 异倾角组合式往复炉排生物质锅炉的开发与应用［J］. 工业锅炉，2018（4）：14-16.

［13］顾小勤. 生物质锅炉用水冷振动炉排的设计开发［J］. 工业锅炉，2017，166（6）：22-25.

［14］舒振杨. 小型秸秆生物质成型燃料锅炉结构设计研究［D］. 吉林：吉林大学，2017.

［15］全国锅炉标准化技术委员会. 工业锅炉产品型号编制方法：JB/T 1626—2002［S］. 北京：机械工业出版社，2002.

第 2 章　锅炉效率计算方法国内外标准分析

锅炉作为重要的能量转换装置，每年消耗大量的能源与资源。锅炉效率是锅炉最主要的性能参数之一，可以表征能量转换。关于锅炉的热工性能试验和效率计算，国内外已有大量标准，其中主要有我国的《电站锅炉性能试验规程》（GB/T 10184—2015）、《工业锅炉热工性能试验规程》（GB/T 10180—2017）及美国《锅炉性能试验规程》（*Fired Steam Generators Performance Test Codes*，ASME PTC 4—2013）、欧盟标准 *Shell boilers-Part 11:Acceptance tests*（BS EN 12953-11:2003）、*Water-tube boilers and auxiliary installations-Part 15: Acceptance tests*（BS EN 12952-15：2003）等。

锅炉效率计算方法主要包括正平衡法和反平衡法。正平衡方法在 ASME PTC 4—2013 中称为输入-输出法，即 I/O 方法，通过直接测量输入和输出能量来确定锅炉效率[1]；欧盟标准中称为直接方法[2-3]，也称输入-输出法，效率是工作流体（水或蒸汽）吸收的热量与输入热量（化学热和外来热量之和）之比。反平衡方法在 ASME PTC 4—2013 中称为能量平衡法，有时称为热平衡法，即通过详细考察所有进入和离开锅炉系统的能量来确定锅炉效率的方法；欧盟标准中称为间接方法，也称为热损失法，确定所有可计入的热损失、外来热量、燃料化学热，效率等于 100%减去所有热损失的总和与燃料化学热加外来热量和之比。本章将分析国内外标准中关于锅炉效率的计算方法。

2.1　中国性能试验标准

2.1.1　工业锅炉热效率计算方法

《工业锅炉热工性能试验规程》（GB/T 10180—2017）规定了工业锅炉热效率计算方法，与《工业锅炉热工性能试验规程》（GB/T 10180—2003）相比，在热效率计算方法上没有根本性的变化，补充了添加脱硫剂的循环流化床热工性能试验方法，并对部分有错误的公式进行了修正，本书试验以 GB/T 10180—2003 为基础[4-5]。

1. 正平衡方法

输入热量包括燃气收到基低位发热值、加热燃料或外来热量、燃料物理热、自用蒸汽带入热量[5]，即

$$Q_{in} = Q_{net.v.ar} + Q_{ex} + Q_f + Q_{pu} \tag{2-1}$$

式中：Q_{in}——输入热量，kJ/kg 或 kJ/m^3；

$Q_{net.v.ar}$——收到基低位发热值，kJ/kg 或 kJ/m^3；

Q_{ex}——加热燃料或外来热量，kJ/ kg 或 kJ/m^3；

Q_f——燃料物理热，kJ/kg 或 kJ/m^3；

Q_{pu}——自用蒸汽带入热量，kJ/ kg 或 kJ/m^3。

输出热量为汽水侧离开系统边界的热量与汽水侧进入系统边界的热量之差，即

$$Q_{out} = Q_{lv} - Q_{en} \tag{2-2}$$

式中：Q_{out}——输出热量，kJ/kg 或 kJ/m^3；

Q_{lv}——汽水侧离开系统边界的热量，kJ/kg 或 kJ/m^3；

Q_{en}——汽水侧进入系统边界的热量，kJ/ kg 或 kJ/m^3。

正平衡方法锅炉热效率 η_1 可计算为输出热量与输入热量的比值，即

$$\eta_1 = \frac{Q_{out}}{Q_{in}} \times 100\% \tag{2-3}$$

2. 反平衡方法

采用反平衡方法锅炉热效率 η_2 按式（2-4）计算，其中热损失量包括烟气带走的热量，气体不完全燃烧损失热量，固体不完全燃烧损失热量，散热损失量，灰、渣物理热损失量，脱硫热损失量等，即

$$\eta_2 = \left(1 - \frac{Q_2 + Q_3 + Q_4 + Q_5 + Q_6 + Q_7}{Q_{in}}\right) \times 100\% \tag{2-4}$$

式中：Q_2——烟气带走的热量，kJ/kg 或 kJ/m^3；

Q_3——气体不完全燃烧损失热量，kJ/kg 或 kJ/m^3；

Q_4——固体不完全燃烧损失热量，kJ/ kg 或 kJ/m^3；

Q_5——散热损失量，kJ/kg 或 kJ/m^3；

Q_6——灰、渣物理热损失量，kJ/ kg 或 kJ/m^3；

Q_7——脱硫热损失量，kJ/kg 或 kJ/m^3。

2.1.2　电站锅炉效率计算方法

中国电站锅炉性能试验的现行标准《电站锅炉性能试验规程》（GB/T 10184—2015）中锅炉效率计算方法包括锅炉热效率计算方法和锅炉燃料效率计算方法[6]。

1. 锅炉热效率

《电站锅炉性能试验规程》（GB/T 10184—2015）中锅炉热效率的计算方法有

两种，即输入-输出热量法（正平衡法）和热损失法（反平衡法）。采用输入-输出热量法计算锅炉热效率为

$$\eta_t = \frac{Q_{out}}{Q_{in}} \times 100\% \tag{2-5}$$

式中：η_t——锅炉热效率；

Q_{in}——输入系统边界的热量总和（包括输入系统的燃料燃烧释放的热量、燃料的物理显热、脱硫剂的物理显热、进入系统边界的空气带入的热量、系统内辅助设备带入的热量、燃油雾化蒸汽带入的热量），kJ/kg 或 kJ/m^3；

Q_{out}——输出系统边界的有效热量（包括过热蒸汽带走的热量、再热蒸汽带走的热量、辅助用汽带走的热量、排污水带走的热量、冷渣水带走的热量），kJ/kg 或 kJ/m^3。

采用热损失法计算锅炉热效率为

$$\eta_t = \left(1 - \frac{Q_{loss}}{Q_{in}}\right) \times 100\% \tag{2-6}$$

式中：Q_{loss}——锅炉总损失热量（包括热损失热量，气体未完全燃烧损失热量，固体未完全燃烧损失热量，锅炉散失热量，灰、渣物理显热损失热量，其他损失热量），kJ/kg 或 kJ/m^3。

总体而言，我国电站锅炉热效率计算方法与工业锅炉热效率计算方法原理基本是一致的，主要区别是基准温度选取不同，《电站锅炉性能试验规程》（GB/T 10184—2015）中选取 25℃作为基准温度，《工业锅炉热工性能试验规程》（GB/T 10180—2017）中工业锅炉热工性能试验选取基准环境温度为鼓（送）风机进口处的空气温度。

2. 锅炉燃料效率

《电站锅炉性能试验规程》（GB/T 10184—2015）中的锅炉效率指的是燃料效率，定义为输出热量与输入锅炉系统边界燃料低位发热量的百分比。锅炉热效率定义为输出热量与输入热量百分比。因此，锅炉热效率与锅炉燃料效率的区别是输入热量的不同，锅炉燃料效率中的输入热量仅包含燃料的化学热，锅炉热效率中的输入热量包含燃料的化学热和外来热量。

采用输入-输出热量法计算锅炉燃料效率见式（2-7），采用热损失法计算锅炉燃料效率见式（2-8）。

$$\eta = \frac{Q_{out}}{Q_{net.ar}} \times 100\% \tag{2-7}$$

$$\eta=\left(1-\frac{Q_{\text{loss}}-Q_{\text{ex}}}{Q_{\text{net.ar}}}\right)\times 100\% \tag{2-8}$$

式中：η——锅炉燃料效率（锅炉效率）；

$Q_{\text{net.ar}}$——入炉燃料（收到基）低位发热量，kJ/kg 或 kJ/m^3；

Q_{ex}——输入系统边界的外来热量，也就是除入炉燃料发热量以外的所有输入热量，kJ/kg 或 kJ/m^3。

式（2-8）也可以写成

$$\eta=\left(1-\frac{Q_2+Q_3+Q_4+Q_5+Q_6+Q_{\text{oth}}-Q_{\text{ex}}}{Q_{\text{net.ar}}}\right)\times 100\% \tag{2-9}$$

或

$$\eta=100-(q_2+q_3+q_4+q_5+q_6+q_{\text{oth}}-q_{\text{ex}}) \tag{2-10}$$

式中：Q_{oth}——除 Q_2～Q_7 以外的锅炉其他损失热量，kJ/ kg 或 kJ/m^3；

q_2——排烟热损失，%；

q_3——气体未完全燃烧热损失，%；

q_4——固定未完全燃烧热损失，%；

q_5——锅炉散热损失，%；

q_6——灰、渣物理显热损失，%；

q_{oth}——其他热损失，包括石子煤排放热损失等，%；

q_{ex}——外来热量与燃料低位发热量的百分比，%。

2.2　美国性能试验标准

美国《锅炉性能试验规程》（ASME PTC 4—2013）将锅炉效率定义为

$$\text{效率}=\frac{\text{输出能量}}{\text{输入能量}}\times 100\% \tag{2-11}$$

根据输出能量和输入能量中各自选择包括的项目不同，以及采用低位或高位燃料发热量，由该简单定义式能得到若干不同的结果。ASME PTC 4—2013 采用两种效率定义，分别是燃料效率和毛效率。燃料效率的定义：将被工质吸收的所有能量作为输出能量，但仅将燃料的化学能作为输入能量，且 ASME PTC 4—2013 选择基于高位发热量的燃料效率。毛效率的定义：将被工质吸收的所有能量作为输出能量，并将输入到锅炉系统边界内的所有能量作为输入能量。因此，毛效率一般小于或等于燃料效率。

2.2.1 毛效率

对于毛效率，ASME PTC 4—2013 把给系统输入的能量定义为加入系统内的总能量，或称为总输入热量。总输入热量是燃料化学能和外来热量的总和。锅炉毛效率的定义式为

$$EGr=\frac{Output}{Gross\ Input}\times 100\%=\frac{QrO}{QrIGr}\times 100\%=\frac{QrO}{QrF+QrB}\times 100\% \tag{2-12}$$

式中：EGr——锅炉毛效率。

QrO——输出热量，Btu/h 或 W（$1Btu/h=2.93071\times 10^{-1}W$）。

QrIGr——总输入热量，Btu/h 或 W。

Output——被工质吸收且未被在锅炉系统中回收的那部分热量，Btu 或 W。

Gross Input——燃烧全部化学能与外来热量的和。外来热量包括燃料和送入空气的物理显热以及雾化蒸汽的热量；由磨煤机循环泵、一次风机和烟气再循环风机的机械能转化的热量；化学反应热量，Btu 和 W。

QrF——燃料化学能，Btu/h 或 W。

QrB——外来热量，Btu/h 或 W。

相对于燃料效率，毛效率可衡量产生某输出热量所需的全部热量。毛效率的主要缺点是外来热量的成本与燃料成本不同，如果对外来热量的成本进行独立评价，则毛效率不适用。ASME PTC 4—2013 的毛效率定义与我国标准《工业锅炉热工性能试验规程》（GB/T 10180—2017）的热效率定义相同，其不同之处仅在于基准温度有差异。

2.2.2 燃料效率

1. 能量平衡法

因为锅炉性能测试是在稳定工况进行的，所以能量增量为零，也就是进入锅炉系统的能量等于离开系统的能量，即

$$QEn=QLv \tag{2-13}$$

式中：QEn——进入系统的能量（包括进入系统的质量流所携带的能量以及驱动辅助设备的能量），Btu/h 或 W；

QLv——离开系统的能量（包括离开系统的质量流所携带的能量和经锅炉表面散热到外界环境的能量），Btu/h 或 W。

ASME PTC 4—2013 为了易于测量和计算，引入能量平衡项，把式（2-13）变换为

$$QrF=QrO+Qb \tag{2-14}$$

其中

$$Qb=QrL-QrB \tag{2-15}$$

式中：Qb——能量平衡项，Btu/h 或 W；

QrL——损失［损失为由系统传向外界的各个能量之和，包括离开锅炉系统的质量流携带的能量（不包括蒸汽输出能量项），发生在锅炉系统内的吸热化学反应能量，以及以对流和辐射方式由锅炉系统表面传递到环境中的能量］，Btu/h 或 W；

QrB——外来热量［外来热量为各项能量之和，包括进入锅炉系统的质量流携带的能量（不包括燃料燃烧释放的热量）、锅炉系统内的放热化学反应热及驱动辅助设备的能量］，Btu/h 或 W。

将式（2-15）代入式（2-14），得到

$$\mathrm{QrF} + \mathrm{QrB} = \mathrm{QrO} + \mathrm{QrL} \tag{2-16}$$

式（2-16）左边项 QrF+QrB 为输入系统的所有能量，但 ASME PTC 4—2013 中所指的输入能量仅为燃料化学能 QrF，我国《工业锅炉热工性能试验规程》（GB/T 10180—2017）所指的输入热量为 ASME PTC 4—2013 中的 QrF+QrB，这是两者的关键不同点。

2. 基于能量平衡法的效率

将式（2-16）变换为式（2-17），即

$$\mathrm{QrF} = \mathrm{QrO} + \mathrm{QrL} - \mathrm{QrB} \tag{2-17}$$

基于能量损失和外来热量来计算锅炉效率为

$$\mathrm{EF} = \frac{\mathrm{QrO}}{\mathrm{QrF}} \times 100\% = \frac{\mathrm{QrF} - \mathrm{QrL} + \mathrm{QrB}}{\mathrm{QrF}} \times 100\% \tag{2-18}$$

式中：EF——锅炉效率。

用占输入燃料热量的百分数来计算热损失与外来热量，即

$$\mathrm{QpL} = \frac{\mathrm{QrL}}{\mathrm{QrF}} \times 100\% \tag{2-19}$$

$$\mathrm{QpB} = \frac{\mathrm{QrB}}{\mathrm{QrF}} \times 100\% \tag{2-20}$$

式中：QpL——热损失占输入燃料热量的比例；

QpB——外来热量占输入燃料热量的比例。

把式（2-19）、式（2-20）代入式（2-18），得

$$\mathrm{EF} = 100\% \times \left(\frac{\mathrm{QrF}}{\mathrm{QrF}} - \frac{\mathrm{QrL}}{\mathrm{QrF}} + \frac{\mathrm{QrB}}{\mathrm{QrF}} \right) = 100 - \mathrm{QpL} + \mathrm{QpB} \tag{2-21}$$

能量平衡法是计算效率的首选方法，它一般比输入-输出法更精确，因为测量误差仅影响各项热损失与外来热量，而不影响总能量。例如，如果全部损失与外来热量是总输入热量的 10%，则 1%的测试误差将对效率造成仅 0.1%的误差，而测试燃料流量时 1%的测试误差则会对效率造成 1%的误差。能量平衡法的另一主

要优点是能确认两次效率测试结果不同的原因。另外，对于试验条件的变化（如燃料分析数据等），能量平衡法可容易地将效率修正到基准工况或保证工况。

3. 基于输入-输出法的效率

ASME PTC 4—2013 基于输入-输出法的效率，需要测定燃料量和输出能量。基于输入-输出法计算的锅炉效率，其不确定度与燃料量测量、燃料分析数据和锅炉输出能量的测量不确定度成正比，因此测量精度异常关键。锅炉效率为

$$\mathrm{EF}=100\%\times\frac{\mathrm{Output}}{\mathrm{Input}}\times100\%=100\frac{\mathrm{QrO}}{\mathrm{MrF}\cdot\mathrm{HHVF}}\times100\% \tag{2-22}$$

式中：MrF——燃料的质量流量，lbm/h 或 kg/s；
HHVF——燃料的高位发热量，Btu/lbm 或 J/kg；
Input——从燃料中可获得的全部化学能（输入热量基于高位发热量），Btu/1bm 或 J/kg。

2.3 欧盟性能试验标准

欧盟性能试验标准分为锅壳锅炉性能验收方法和水管锅炉性能验收方法。

2.3.1 锅壳锅炉

Shell boilers-Part 11：Acceptance tests（BS EN 12953-11：2003），采用间接方法（热损失法）进行测试。BS EN 12953-11：2003 明确不采用直接方法（正平衡方法）。该标准认为采用正平衡方法测量误差是反平衡方法的 3～4 倍。

间接方法也称为热损失法，热效率等于 1 减去所有热损失的总和与输入热量的比。BS EN 12953-11：2003 中的输入热量指与燃料燃烧（扣除未燃尽燃料）成比例的输入热量，为燃料的化学能加上燃料的物理热、燃烧空气的显热。输入热量的计算式为

$$\dot{Q}_{(\mathrm{N/G})\mathrm{Ztot}}=\dot{m}_{\mathrm{F}}\left(\frac{H_{(\mathrm{N/G})}+h_{\mathrm{F}}}{1-l_{\mathrm{u}}}+J_{\mathrm{A}}\right) \tag{2-23}$$

式中：$\dot{Q}_{(\mathrm{N/G})\mathrm{Ztot}}$——输入热量，kW；
$\dot{m}_{\mathrm{F}}$——燃料的质量流量，kg/s；
$H_{(\mathrm{N/G})}$——燃料的化学能，kJ/kg；
h_{F}——燃料的物理热，kJ/kg；
l_{u}——未燃尽燃料与燃料质量流量的比，kg/kg；
J_{A}——燃烧所需空气质量流量的焓，kJ/kg。

BS EN 12953-11：2003 认为除了燃料的物理热和空气带入的热量外，其他的外来热量可以忽略。

BS EN 12953-11：2003 的热效率为

$$\eta_{(N/G)}=1-l_{(N/G)G}-l_{(N/G)RC}-l_{(N/G)SF} \tag{2-24}$$

式中：$\eta_{(N/G)}$——基于低位或高位发热量的锅炉热效率；

$l_{(N/G)G}$——基于低位或高位发热量的排烟热损失；

$l_{(N/G)RC}$——基于低位或高位发热量的辐射和对流损失；

$l_{(N/G)SF}$——基于低位或高位发热量的灰、渣中可燃物损失。

BS EN 12953-11：2003 认为正常燃烧情况下应忽略 CO 未完全燃烧损失。实际上，在 BS EN 12953-11：2003 中也忽略了灰、渣的显热损失。与我国标准《工业锅炉热工性能试验规程》（GB/T 10180—2017）对比，式（2-24）仅包含 Q_2、Q_4 和 Q_5，忽略了 Q_3 和 Q_6。因此，BS EN 12953-11：2003 与《工业锅炉热工性能试验规程》（GB/T 10180—2017）在热效率计算的理念上比较接近，BS EN 12953-11:2003 是简化版的《工业锅炉热工性能试验规程》（GB/T 10180—2017），两者最大的不同是基准温度的选取，BS EN 12953-11：2003 的基准温度与《电站锅炉性能试验规程》（GB/T 10184—2015）、ASME PTC 4—2013 都是 25℃。此外，BS EN 12953-11：2003 也无法覆盖冷凝锅炉的性能试验。

2.3.2 水管锅炉

Water tube boilers and auxiliary installations-Part 15：Acceptance tests（BS EN 12952-15：2003）规定锅炉热效率测量方法可以采用正平衡法和反平衡法，即使采用正平衡法，也应测量主要热损失。

1. 输入热量

1）与燃料燃烧成比例的输入热量

输入热量包括燃料化学热、燃料物理热、蒸汽雾化带入热量、空气带入热量，计算式见（2-25）。该部分输入热量（包括雾化蒸汽等带入的热量）都和燃烧的燃料成比例，即

$$\dot{Q}_{(N/G)ZF}=\dot{m}_F\left[\frac{H_{(N/G)}+h_F}{1-l_u}+\mu_{AS}h_{(N/G)AS}+J_{(N/G)A}\right] \tag{2-25}$$

式中：$\dot{Q}_{(N/G)ZF}$——基于低位或高位发热量的输入热量，kW；

$\dot{m}_F$——燃料的质量流量，kg/s；

$H_{(N/G)}$——燃料的低位或高位发热量，kJ/kg；

h_F——燃料物理热，kJ/kg；

l_u——未燃尽燃料与燃料质量流量的比，kg/kg；

μ_{AS}——雾化蒸汽与燃料的质量比，kg/kg；

$h_{(N/G)AS}$——基于低位或高位发热量计算的雾化蒸汽焓，kJ/kg；

$J_{(N/G)A}$——基于低位或高位发热量计算的燃烧空气焓，kJ/kg。

2）外来热量

BS EN 12952-15：2003 更关注系统的热效率，其外来热量包括动力设备（磨煤机功率、烟气再循环风机功率、循环泵功率）和其他动力设备功率；使用外来蒸汽热源加热空气带入的热量、雾化蒸汽质量流量［如果雾化蒸汽质量流量可以测量，否则此项加在式（2-25）中］。总外来热量为

$$\dot{Q}_{(N/G)Z}=P_M+P_{UG}+P_U+P+\dot{Q}_{SAE}+\dot{m}_{AS}h_{(N/G)AS} \tag{2-26}$$

式中：$\dot{Q}_{(N/G)Z}$——基于低位或高位发热量的总外来热量，kW；

P_M——磨煤机功率，kW；

P_{UG}——烟气再循环风机功率，kW；

P_U——循环泵功率，kW；

P——其他动力设备功率，kW；

$\dot{Q}_{SAE}$——外来蒸汽加热空气带入的热量，kW；

$\dot{m}_{AS}$——雾化蒸汽的可测量质量流量，kg/s。

3）总热量输入

总热量输入包括与燃料的燃烧成比例的输入热量和总外来热量，即

$$\dot{Q}_{(N/G)Ztot}=\dot{Q}_{(N/G)ZF}+\dot{Q}_{(N/G)Z} \tag{2-27}$$

式中：$\dot{Q}_{(N/G)Ztot}$——基于低位或高位发热量的总热量输入，kW。

2. 热损失

1）排烟热损失

排烟热损失为

$$\dot{Q}_{(N/G)G}=\dot{m}_F[J_{(N/G)G}-J_{(N/G)Gr}] \tag{2-28}$$

式中：$\dot{Q}_{(N/G)G}$——基于低位或高位发热量的排烟热损失，kW；

$J_{(N/G)G}$——基于低位或高位发热量，排烟温度对应的烟气焓，kJ/kg；

$J_{(N/G)Gr}$——基于低位或高位发热量，基准温度对应的烟气焓，kJ/kg。

2）CO 未完全燃烧热损失

CO 未完全燃烧热损失表达式为

$$\dot{Q}_{CO}=\dot{m}_F V_{Gd} y_{COd} H_{COn} \tag{2-29}$$

式中：$\dot{Q}_{CO}$——CO 未完全燃烧热损失，kW；

V_{Gd}——干烟气的体积，m^3/kg；

y_{COd}——干烟气中 CO 的体积含量，%；

H_{COn}——标准条件下，每立方米 CO 的发热量，kJ/m^3。

3）灰、渣物理热损失和未完全燃烧热损失

灰、渣物理热损失和未完全燃烧热损失为

$$\dot{Q}_{SF}=\dot{Q}_{SL}+\dot{Q}_{FA} \tag{2-30}$$

式中：$\dot{Q}_{SL}$——炉渣物理热损失和未完全燃烧热损失，kW；

$\dot{Q}_{FA}$——飞灰物理热损失和未完全燃烧热损失，kW。

BS EN 12952-15：2003 把中国标准中的灰、渣物理热损失和固体未完全燃烧热损失放在一个公式中，其实际意义与中国标准并没有实质差别。

4）其他与时间有关的热损失

其他与时间有关的热损失主要是由外部冷却引起的热损失，如燃烧器的冷却、循环泵的冷却、空气加热器、烟气再循环风机等。

5）由辐射和对流引起的散热损失

BS EN 12952-15：2003 用经验法确定锅炉的散热损失，并给出了相应散热损失图。

6）总热损失

总热损失被分为以下三类。

（1）与燃料流成比例的损失 $\dot{Q}_{LF}$，计算式如下：

$$\dot{Q}_{(N/G)LF}=\dot{m}_F J_{(N/G)LF} \tag{2-31}$$

式中：$J_{(N/G)LF}$——包含排烟热损失、CO 未完全燃烧损失和灰、渣物理热损失。

式（2-31）中包含与时间有关的热损失、固体未完全燃烧损失。

（2）与燃料流无关的损失 $\dot{Q}_L$，计算式如下：

$$\dot{Q}_{(N/G)LF}=\dot{m}_F J_{(N/G)LF} \tag{2-32}$$

（3）辐射和对流损失 $\dot{Q}_{RC}$。

总热损失为 $\dot{Q}_{LF}$、$\dot{Q}_L$ 和 $\dot{Q}_{RC}$ 的和。

2.4　本 章 讨 论

锅炉热效率是衡量锅炉运行经济性的一项非常重要的指标，通过锅炉性能试验进行热效率计算的准确性直接影响电站锅炉经济性的评估。目前对于锅炉性能试验，国际上通常采用美国 ASME PTC 系列标准作为依据；国内对于进口机组和引进技术经常也采用 ASME PTC 系列标准，同时《电站锅炉性能试验规程》（GB/T 10184—2015）在国内电厂的性能试验中也被广泛应用。

ASME PTC 4—2013 是 ASME 锅炉性能试验规程的最新版本，与我国《电站锅炉性能试验规程》（GB/T 10184—2015）和《工业锅炉热工性能试验规程》

（GB/T 10180—2017）有较多不同之处，国内锅炉热效率计算多以这三个标准为依据。本节以 ASME PTC 4—2013、《电站锅炉性能试验规程》（GB/T 10184—2015）和《工业锅炉热工性能试验规程》（GB/T 10180—2017）做比对研究[4-6]，从不同标准体系的发展历程、锅炉系统及范围、定义及术语、热工性能试验的前提及要求、相关参数的测量方法、热效率计算及修正方法、试验结果不确定度等方面就三个标准之间的差异性进行比较和探讨。

2.4.1 不同标准体系的发展历程

我国的工业锅炉热工试验标准是从《工业锅炉热工试验》（JB 2829—88）到《工业锅炉热工试验规范》（GB/T 10180—88）和《工业锅炉热工性能试验规程》（GB/T 10180—2003），再到《工业锅炉热工性能试验规程》（GB/T 10180—2017）一步步演变过来。《工业锅炉热工性能试验规程》（GB/T 10180—2017）[4-5]修订期间参考了先进工业国家相应的标准且尽量与这些标准相协调，如英国《蒸汽、热水和高温热载流体锅炉的热工性能评定》（BS 845：1987）、德国《蒸汽锅炉验收试验规范》（DIN 1942：1996）、日本《陆用锅炉热工测试方法》（JIS B 8222：1993），并以英国标准为主要参考对象，为工业锅炉热工性能测试提供了一种操作简便、费用较低并具有较高精度的热工性能试验方法。

我国的电站锅炉性能试验标准《电站锅炉性能试验规程》（GB 10184—88）曾经是国内电站锅炉性能试验的主要依据。1989 年我国又发布了《烟道式余热锅炉热工试验方法》（GB/T 10863—1989）①，用于余热锅炉的性能验收。为了适应流化床锅炉性能试验的要求，在2005 年又发布了《循环流化床锅炉性能试验规程》（DL/T 964—2005），用于循环流化床锅炉的验收试验标准。为适应国内锅炉热工性能测试的要求，对《电站锅炉性能试验规程》（GB 10184—88）标准进行了修订，相比较于《电站锅炉性能试验规程》（GB 10184—88），新版标准 GB/T 10184—2015 主要在术语、锅炉效率计算公式、仪器设备的使用建议和规定、添加脱硫剂后锅炉效率的计算、装有高温脱硝装置的锅炉效率计算、烟气中 NO_x 和 SO_2 浓度的测量等方面发生了相应的变化。

美国锅炉性能试验标准最早版本是 1915 年的《固定式锅炉性能试验标准》，此后在 1926 年、1930 年和 1936 年分别颁布该版本的修订版。为适应大容量锅炉机组的热效率试验，该标准经过重新编写，并由 ASME 批准并颁布，即 ASME PTC 4.1—1946；该版本修订工作于 1958 年开始，于 1964 年批准，即 ASME PTC 4.1—1964，成为世界上应用最广泛的一个标准。此后，性能试验规程委员会（BPTC）认识到锅炉技术和性能试验领域技术的若干重大变化，于 1980 年开始重新编写锅炉性能试验规程，增加了很多内容，并命名为《锅炉性能试验规程》（*Fired Steam Generators Performance Test Codes*），以强调仅限于燃烧燃料的锅炉，该版

① 2011 年 12 月 30 日发布《烟道式余热锅炉热工试验方法》（GB/T 10863—2011），2012 年 7 月 1 日实施。

本于 1998 年批准发布，即 ASME PTC 4—1998，该标准在 2008 年和 2013 年分别发布了修订版，最新版本号为 ASME PTC 4—2013[3]。

2.4.2 锅炉系统及范围的比对

锅炉系统及其范围的比对，主要按照标准适用范围、标准不适用情况、锅炉系统边界界定进行比较，详细情况如表 2-1 所示。

表 2-1　锅炉系统及范围的对比

序号	范围	ASME PTC 4—2013	GB/T 10184—2015	GB/T 10180—2017
1	标准适用范围	燃烧矿物燃料的蒸汽锅炉，包括燃煤、燃油、燃气锅炉以及燃烧其他碳氢燃料的蒸汽锅炉，也包括采用化学吸收剂脱硫的蒸汽锅炉	蒸汽流量不低于 35t/h，蒸汽压力不低于 3.8MPa，蒸汽温度不低于 440℃的电站锅炉	额定压力小于 3.8MPa，介质为水或液相有机热载体的固体燃料锅炉、液体燃料锅炉、气体燃料锅炉以及电加热锅炉
2	标准不适用情况或参照	设计有补燃的燃气轮机余热回收锅炉和其他余热回收锅炉、核动力蒸汽系统、化学热量回收蒸汽锅炉、燃烧城市垃圾的锅炉、炉内压力高于 5 个大气压的增压锅炉或焚烧炉	核电站蒸汽发生器以及余热锅炉、垃圾焚烧炉	油田注汽锅炉、余热利用装置或设备（烟道式余热锅炉除外）、蒸汽压力不小于 3.8MPa 且蒸汽温度小于 450℃的锅炉可参照使用
3	锅炉系统边界界定	按炉型及布置方式，给出了包括锅炉系统内每一个设备的锅炉系统边界界定	根据锅炉燃烧方式以及所用燃料种类，规定了锅炉机组热平衡系统边界	不区分炉型的热平衡系统边界

2.4.3 定义及术语的比对

定义及术语的比对主要选择对试验结果影响较大的关键术语进行比较，主要按照单位采用、试验性质、过量空气系数、外来热量、热效率定义进行比较，详细情况如表 2-2 所示。

表 2-2　定义和术语的对比

序号	范围	ASME PTC 4—2013	GB/T 10184—2015	GB/T 10180—2017
1	单位采用	美制单位（同时也提供国际单位换算系数）	国际单位	国际单位
2	试验目的	（1）比较实际工作性能与保证工作性能； （2）比较实际工作性能与某一参考工况下的性能； （3）比较不同的运行工况或运行方法； （4）确定某一部分或构件的特定工作性能； （5）比较燃烧非设计燃料时的工作性能； （6）确定设备改造的效果	鉴定试验、验收试验和常规试验	定型试验、验收试验和运行试验
3	过量空气系数	除修正理论空气量外的额外空气量，本规程中表示为修正理论空气量的百分数	燃料燃烧时实际供给的空气量与理论空气量之比	燃料燃烧时实际供给的空气量与理论空气量之比

续表

序号	范围	ASME PTC 4—2013	GB/T 10184—2015	GB/T 10180—2017
4	外来热量	除燃烧外进入锅炉系统的热量[包括燃料和送入空气的物理显热（与比热容和温度有关）以及雾化蒸汽的热量；由磨煤机、循环泵、一次风机和烟气再循环风机的机械能转化的热量；化学反应热量，如硫酸盐化反应]	燃料的物理显热、脱硫剂的物理显热、进入系统边界的空气所携带的热量（包括干空气携带的热量与空气中水蒸气携带的热量）、系统内辅助设备带入的热量、燃油雾化蒸汽带入的热量	加热燃料或空气的热量、燃料物理热、加热燃料热量、自用蒸汽带入热量、入炉空气热量
5	热效率定义	分为燃料效率与毛效率： 燃料效率：输出能量与输入燃料的化学能量之比； 毛效率：输出能量与进入锅炉系统的总能量之比	分为锅炉热效率与燃料效率： 锅炉热效率：输出热量与输入热量百分比； 燃料效率：输出热量与输入锅炉系统边界燃料低位发热量的百分比	锅炉净效率：锅炉有效利用热量扣除自用蒸汽和辅机设备耗用动力折算热量后的锅炉效率

2.4.4 热工性能试验的前提及要求的比对

热工性能试验的前提及要求对试验结果的影响较大，因此本书分别从锅炉系统或机组稳定时间、测量方法选择、燃料发热量、明确允许波动范围的锅炉运行参数、试验工况最短时间、试验工况次数等方面进行了对比，详细描述见表2-3。

表2-3 热工性能试验的前提及要求比对

序号	项目	ASME PTC 4—2013	GB/T 10184—2015	GB/T 10180—2017
1	锅炉系统或机组稳定时间	最短试验前稳定阶段：燃煤粉和燃气、燃油锅炉机组1h；层燃炉机组4h；流化床机组24～48h（整台锅炉在整个稳定阶段中应基本运行在试验工况下）	锅炉试验前，机组应连续正常运行3d以上；测量前锅炉在试验负荷及条件下稳定运行时间应不少于2h；添加脱硫剂的锅炉，应在脱硫剂投入量和SO_2排放浓度达到稳定后2h	锅炉主要热力参数（工质出口温度、压力、流量）调整到试验允许范围且工况稳定1h后
2	测量方法选择	正平衡法或反平衡法	正平衡法或反平衡法	（1）正平衡法； （2）正平衡法+反平衡法； （3）反平衡法
3	燃料发热量	高位发热量：采用恒压下燃料燃烧的高位发热量	低位发热量：采用恒容下燃料燃烧的低位发热量	低位发热量：采用恒容下燃料燃烧的低位发热量
4	明确允许波动范围的锅炉运行参数	给出了短期波动（峰谷差）和长期（试验）偏差平均值两个偏差范围： （1）汽水系统包括蒸汽压力、蒸汽流量、蒸汽温度、给水流量、给水温度、过热器/再热器减温喷水流量； （2）燃烧系统包括燃料量、燃烧层厚度（层燃炉）、脱硫剂/煤比、飞灰回送流量、床温、床内/机组固体颗粒存料量、床压、稀相区压降、悬浮段温度； （3）烟气系统包括锅炉/省煤器出口O_2量、SO_2量、CO量	蒸发量、蒸汽压力、蒸汽温度	锅炉出力、蒸汽压力、过热蒸汽温度

续表

序号	项目	ASME PTC 4—2013	GB/T 10184—2015	GB/T 10180—2017
5	试验工况最短时间	（1）能量平衡法：燃气/油锅炉、煤粉锅炉均为 2h，层燃锅炉 4h，流化床锅炉 4h； （2）输入-输出法：燃气/油锅炉 2h，层燃锅炉 10h，煤粉锅炉、流化床锅炉均为 8h	（1）煤粉锅炉：固态排渣采用热损失法或输入-输出热量法 4h，液态排渣采用输入-输出热量法 4h； （2）火床炉：采用热损失法 4h，采用输入-输出热量法 6h； （3）循环流化床锅炉：采用热损失法或输入-输出热量法 4h； （4）燃油锅炉和燃气锅炉：采用热损失法或输入-输出热量法 4h； （5）其他项目测试时间均为 2h	（1）手烧锅炉、下饲式锅炉：≥5h（至少一个完整出渣周期）； （2）层状燃烧、悬浮燃烧、流化床燃烧的固体燃烧锅炉与水煤浆、石油乳化焦浆及其他类似燃料锅炉：≥4h； （3）燃油等液体燃料和气体燃料锅炉：≥2h； （4）电加热锅炉：≥1h
6	试验工况次数	至少 1 次试验（一组或多组试验）	2 次	2 次
7	工况之间的时间间隔	有（每次试验结束时，应确认实验数据并计算初步结果，考察该结果是否合理）	无	无
8	工况作废条件	（1）每次试验完成后，必须计算结果的不确定度，如果计算的不确定度比事先协议达成的目标不确定度大，则此次试验无效； （2）如果在某次试验进行中或在结果计算中发现了严重影响试验结果的问题，则本次试验被视为完全无效（若问题出现在试验开始或结尾，则视为部分无效）	（1）试验燃料特性超出事先规定变化范围； （2）蒸发量或蒸汽参数超出试验规定范围； （3）某主要测试项目的试验数据中有 1/3 出现异常或矛盾	（1）试验燃料特性或吸收剂特性超出试验规定的范围； （2）试验工况中主要热力参数波动超出试验规定的范围； （3）某一主要测量项目的试验数据有 1/3 以上出现异常或矛盾
9	试验的重复性/热效率计算结果的误差规定	两次或多次试验折算结果（折算到相同基准条件）均在相互的不确定度范围内	两次试验不能超过预先商定的平行试验之间的允许偏差	（1）同时采用正、反平衡测量法测试时，每个试验工况测得的正、反平衡热效率值之差应不大于 5%； （2）两个工况测得的正平衡或反平衡的热效率值之差均应不大于 2%； （3）燃油、燃气锅炉无论采取何种测量方法进行试验，测得的热效率值之差应不大于 1%

2.4.5　相关参数测量的方法比对

参数测量需要规定使用仪器、测量方法和测量时间等，这些将直接影响试验结果。本书从参数测量或取样时间、基准温度、入炉冷空气温度、空气水分、固体物流温度测量、排烟温度与烟气成分测量方法、大气压力的测量等进行分析，详细对比分析见表 2-4。

表 2-4　相关参数测量方法的比对

序号	项目	ASME PTC 4—2013	GB/T 10184—2015	GB/T 10180—2017
1	参数测量或取样时间	（1）质量测量（例如利用容积或称重容器来测量燃料量），其检测频率由装置本身决定； （2）其他数据采集的最长时间间隔应为 15min，最好为 2min 或更短	（1）蒸汽流量、蒸汽压力、蒸汽温度、给水流量、给水压力、给水温度、空气压力、空气温度、烟气压力、烟气温度、烟气成分 5～15min/次； （2）环境压力、温度 10～20min/次； （3）燃料和脱硫剂取样 30min/次； （4）飞灰：每个工况每个取样点至少取样 2 次； （5）炉渣：15～30min； （6）积算表：试验起、止时记测 1 次，试验中每小时记测 1 次； （7）其他次要参数 15～30min	（1）热水锅炉进、出口工质（热水、有机热载体）温度，应每不大于 5min 读数并记录一次； （2）工质流量的测量采用累计（积）方法确定时，应每不大于 30min 读书并记录一次； （3）需要称重的测量项目，时间间隔按实际操作进行记录； （4）蒸汽湿度和含盐量测量应每不大于 30min 测量并记录一次； （5）其他测量项目，一般应不大于 15min 测量并记录一次
2	基准温度	25℃	25℃	鼓（送）风机进口处的空气温度
3	入炉冷空气温度	（1）当采用暖风器且加热空气的热量来自锅炉系统外时，进入锅炉系统的空气温度为暖风器出口的空气温度； （2）当暖风器加热空气的热量来自锅炉系统内部时，进入锅炉系统的空气温度为暖风器入口的空气温度； （3）装备多台同类型风机，若风机风量均衡时，可采用算数平均值计算空气温度，若风量不均衡时，应采用加权平均值计算空气温度； （4）有多股空气来源且温度不同时，必须确定进入锅炉系统的平均空气温度	干、湿球温度测量应在避风、避热源、遮阳并靠近风机进风口处	鼓（送）风机进风口处
4	空气水分	需测量	需测量	空气的水分按照常数进行计算
5	固体物流温度测量（燃料、脱硫剂、灰渣）	采用指定值或是测量值，如果有必要测量温度，温度测量元件需插入物料流中，多股固体物料流的平均温度应为质量加权值	（1）沉降灰温度、飞灰温度分别取相应位置处的烟气温度，空冷固态排渣锅炉实测排渣温度； （2）不易直接测量炉渣温度时，火床锅炉排渣温度可取 600℃，水冷固态排渣温度可取 800℃，液态排渣锅炉可取灰流动温度再加 100℃	（1）冷灰、烟道灰、循环灰温度可在放出的灰堆中进行测量，根据每堆灰的质量，对实验数据进行加权平均； （2）当锅炉配备冷渣器时，灰渣温度应在冷渣器出灰口处测量； （3）当炉渣、冷灰和漏煤温度无法测量时，层状燃烧锅炉的炉渣温度按 600℃选取，循环流化床锅炉的冷灰（无冷渣器）温度按 800℃选取，煤粉锅炉的炉渣温度按 800℃选取，漏煤温度按 50℃选取

续表

序号	项目	ASME PTC 4—2013	GB/T 10184—2015	GB/T 10180—2017
6	排烟温度与烟气成分测量方法	网格法、加权平均法	网格法、多代表点法、加权平均法	代表点法、网格法
7	大气压力的测量	需要测量	需要测量	不需要测量
8	蒸汽湿度的测量	无	无	（1）饱和蒸汽湿度可采用硝酸银滴定法（氯根法）、钠度计法或电导率法；（2）饱和蒸汽湿度可按照 NB/T 47034—2013 对工业锅炉额定工况下蒸汽品质要求的最低值选取
9	O_2测量仪器与精度要求	顺磁氧量计、电化学氧电池、燃料电池和氧化锆氧量计等：不同仪器精度要求不一样	顺磁氧量计、氧化锆氧量计：误差±1.0%（按满量程计）	精度不低于 1.0 级
10	CO 测量仪器与精度要求	连续电子分析仪：±20ppm（$1ppm=10^{-6}$）；奥氏分析仪：±0.2 点	红外线吸收仪：误差±5.0%（读数的百分数）	精度不低于 5.0 级
11	SO_2测量仪器与精度要求	连续电子分析仪：±10ppm；CEM 电子分析仪：±50ppm	红外线吸收仪、紫外线脉冲荧光法分析仪：误差±5.0%（读数的百分数）	精度不低于 1.0 级
12	CO_2测量仪器与精度要求	无	红外吸收仪：误差±1.0%（按满量程计）	精度不低于 1.0 级
13	NO_x测量仪器与精度要求	化学光谱仪：±20ppm；CEM 电子分析：±50ppm	化学发光法分析仪、紫外线吸收仪：误差±5.0%（读数的百分数）	精度不低于 5.0 级
14	C_mH_n测量仪器与精度要求	火焰电离探测仪：±5%	红外线吸收仪、色谱仪：无精度规定	精度不低于 5.0 级
15	固体燃料取样方法及时间	“停止皮带”法、全截断取样法和部分截断取样法	给出了煤粉、液体燃料、气体燃料取样的要求	给出了煤、生物质固体燃料、垃圾作为锅炉燃料时的取样方法
16	灰渣分析	分析确定灰渣样品中总含碳量，再根据确定的CO_2含量进行修正	在实验室规定的燃烧温度下测量干灰渣样本的灼烧减量	在实验室规定的燃烧温度下测量干灰渣样本的灼烧减量

2.4.6　热效率计算及修正方法的比对

对于锅炉热效率的计算，除了《工业锅炉热工性能试验规程》（GB/T 10180—2017），其余的标准都是推荐采用反平衡方法，详细分析见表 2-5。

表 2-5　热效率计算的比对

序号	项目	ASME PTC 4—2013	GB/T 10184—2015	GB/T 10180—2017
1	方法选择	推荐采用反平衡法	推荐采用反平衡法	正平衡法、反平衡法、正反平衡法

续表

序号	项目	ASME PTC 4—2013	GB/T 10184—2015	GB/T 10180—2017
2	计算单位	美制单位（提供国际单位换算系数）	国际单位	国际单位
3	锅炉效率选择	给出毛效率与燃料效率，首选燃料效率来表达效率	给出锅炉热效率与燃料效率，无特别指明时为燃料效率	不扣除自用蒸汽和辅机设备耗用动力折算热量的毛效率
4	排烟热损失	包含干烟气损失、燃料中H_2燃烧生成水引起的热损失、固体或液体燃料中水分引起的损失、气体燃料中水蒸气引起的损失、空气中水分引起的损失、额外水分引起的损失（如雾化和吹灰蒸汽）	q_2（排烟热损失）：干烟气热损失+烟气中水蒸气热损失	q_2（排烟热损失）：干烟气热损失+烟气中水蒸气热损失
5	气体未完全燃烧热损失	包含烟气中 CO 引起的损失、烟气中未燃尽碳氢化合物引起的损失、形成NO_x引起的损失（CO 高位发热量 10 111kJ/kg）	q_3（气体未完全燃烧热损失）：排烟中 CO、H_2、CH_4和C_mH_n 未完全燃烧产生的热量损失	q_3（气体未完全燃烧热损失）：排烟中 CO、H_2和 C_mH_n 未完全燃烧产生的热量损失（CO 热值取 12 636KJ/m^3）
6	固体未完全燃烧热损失	包含灰渣中未燃碳造成的损失、灰渣中未燃烧氢引起的损失（氢高位发热量 142 120kJ/kg）	q_4（固体未完全燃烧热损失）：灰、渣中可燃物含量造成的热损失（热值取值 33 727kJ/kg）	q_4（固体未完全燃烧热损失）：炉渣、漏煤、烟道灰、溢流灰、冷灰、循环灰、飞灰中可燃物含量造成的热损失（热值取值 328 664kJ/kg）
7	锅炉散热损失热量	包含表面辐射与对流引起的损失（需要测定锅炉表面的平均温度和周围环境温度来间接计算）、再循环物质流引起的损失（包含固体再循环和气体再循环）	q_5（散热损失）：可采用锅炉设计的散热损失值、辐射散热损失标准曲线查取、实际测量方法确定	q_5（散热损失）：按热流计法、查表法和计算法等方法确定
8	灰渣物理热损失	包含灰渣显热引起的损失、湿渣池损失（包含炉膛底部湿渣池损失和向渣池辐射所造成的损失估计值）	q_6（灰渣物理热损失）：炉渣、沉降灰和飞灰排出锅炉设备时带走的显热造成的热损失	q_6（灰渣物理热损失）：炉渣、漏煤、烟道灰、循环灰、冷灰、溢流灰和飞灰排出锅炉设备时带走的显热造成的热损失
9	脱硫热损失	包含脱硫剂煅烧和脱水引起的损失、脱硫剂水分引起的损失	q_7（脱硫热损失）：根据添加脱硫剂后的煅烧吸热和硫酸盐化放热反应计算	q_7（脱硫热损失）：根据添加脱硫剂后的煅烧吸热和硫酸盐化放热反应计算
10	其他热损失	磨煤机排出石子煤引起的损失、高温烟气净化设备引起的损失、漏风引起的损失、冷却水的损失、内部供给热源的暖风器损失	包含石子煤带走的热损失、冷却水带走的热损失	无
11	热效率修正	主要包括空气进口温度的修正、排烟温度的修正和燃料分析的修正、脱硫剂分析和脱硫反应的修正、灰渣的修正、过量空气率的修正、其他进入系统的物质流的修正、表面辐射和对流散热损失的修正	主要包括输入热量的修正、热损失的修正和燃料特性变化的修正	根据进水温度（热水锅炉包含出水温度）与设计值的偏差、尾部是否有省煤器/空预器，依据经验值按比例折算
12	蒸发量修正	无	无	根据蒸汽和给水参数实测值与设计值对蒸发量进行修正

2.4.7　试验结果不确定度的比对

不同的标准试验结果的不确定度评定方法有所差异，但一般而言，国外的锅炉热工性能试验标准普遍进行结果的不确定度评定[7-9]，详细对比分析见表2-6。

表2-6　热效率计算结果不确定度的比对

序号	项目	ASME PTC 4—2013	GB/T 10184—2015	GB/T 10180—2017
1	试验前不确定度分析	有	无	无
2	测试仪器的潜在不确定度	有	给出测试仪器的允许误差	给出测试仪器的精度要求
3	试验数据的不确定度分析	有	无	无
4	未测量参数不确定度	有	无	无
5	计算过程中不确定度的传递	有	无	无
6	锅炉效率不确定度范围	（1）能量平衡法：电站/大型工业锅炉（燃煤锅炉0.4%～0.8%，燃油锅炉、燃气锅炉0.2%～0.4%，流化床锅炉0.9%～1.3%）；带尾部受热面的小型工业锅炉（燃油锅炉0.3%～0.6%，燃气锅炉0.2%～0.5%）；无尾部受热面的小型工业锅炉（燃油锅炉0.5%～0.9%，燃气锅炉0.4%～0.8%）。 （2）输入-输出法：电站/大型工业锅炉（燃煤锅炉和流化床锅炉3.0%～6.0%，燃油锅炉和燃气锅炉1.0%）；带尾部受热面与无尾部受热面的小型工业锅炉（燃油锅炉和燃气锅炉1.2%）	无	无

2.5　本章小结

本章梳理了中国标准发展过程中的借鉴欧洲和美国标准的经验，研究了中国和美国ASME锅炉热工性能试验标准的发展历程，同时介绍了ASME锅炉性能试验标准随着燃烧、控制技术、污染物治理水平及仪器设备等的进步不断完善的过程。本章重点研究了《工业锅炉热工性能试验规程》（GB/T 10180—2017）、《电站锅炉性能试验规程》（GB/T 10184—2015）和ASME PTC 4—2013之间的差异，主要从锅炉系统及范围、定义和术语、热工性能试验的前提及要求、相关参数测量的方法、热效率的计算及修正、试验结果不确定度对比。

（1）锅炉系统及范围。无空气预热器的小型工业锅炉和进出水温度偏离设计值的热水锅炉在使用 ASME PTC 4—2013 会遇到修正到设计工况的困难。

（2）定义及术语。中国标准的过量空气系数 α 和美国标准的过量空气率 XpA 不同，两者的关系 $\mathrm{XpA} = 100\% \times (\alpha - 1)$ 。

（3）热工性能试验的前提及要求。GB/T 10180—2015 对同时采用正平衡测量法和反平衡测量法的锅炉，其热效率是正反平衡测试结果的平均值，与欧美标准在处理方法上不一致。

（4）相关参数测量的方法。中、美两国标准在仪表的使用和测量方法上已经越来越趋同。

（5）热效率的计算及修正。GB/T 10184—2015、ASME PTC 4—2013 的试验原理和计算方法基本一致，热效率计算基于燃料输入化学能；GB/T 10180—2017 与其他两个标准相比，锅炉效率计算基于燃料化学能与外来热量之和，在热损失的处理上相对简单。

（6）试验结果的修正包括：

① 蒸发量的修正。GB/T 10180—2017 规定当蒸汽和给水参数实测值与设计值不一致时，锅炉的蒸发量应进行修正，并给出了修正方法。

② 进风温度偏离设计值的修正。GB/T 10184—2015 把修正的进口空气温度当作设计的空气预热器进口空气温度，其修正方法不完整。

③ 进口烟温偏离设计值的修正。GB/T 10184—2015 给出的是进口给水温度偏离设计值时，进行排烟温度修正，忽略了其他可能导致进口烟温偏离设计值时的修正，GB/T 10180—2017 给出的是经验修正法。

④ 燃料修正。ASME PTC 4—2013 未明确其元素分析、工业分析等偏差多少不需要进行修正，没有给出具体的燃料修正方法，GB/T 10184—2015 规定将燃料的元素分析值及低位发热量设计值替代所有热损失计算有关公式中的分析值，即可求得修正后的热损失值，GB/T 10180—2017 未提及燃料修正。

⑤ 脱硫剂修正。ASME PTC 4—2013 采用协商达成的 Ca/S 物质的量比和脱硫率的数值来进行修正的燃烧和效率计算。采用该 Ca/S 物质的量比、连同标准或合同规定的燃料分析数据，计算修正的脱硫剂质量流量。GB/T 10184—2015 和 GB/T 10180—2017 未对此项修正进行规定。

⑥ 其他修正。ASME PTC 4—2013 的修正还包括过量空气率、其他进入系统的物质流、表面辐射和对流如热损失等，但标准中并未阐述如果不进行修正引起试验结果的不确定度范围。

（7）试验结果不确定度对比。GB/T 10180—2017 和 GB/T 10184—2015 都未引入试验结果的不确定度评定。ASME PTC 4—2013 提出的连续变量模型，解决了热工测量参数状态总是在波动，无法使用定值模型的问题。但是，ASME PTC 4—2013 在不确定评定上并未完全协调与测量不确定度表示导则（Guide to Expression of uncertainty in measurement，GUM）的关系，也未完全吸收 ASME

PTC19.1 的一些基本概念，如系统标准不确定度（ASME PTC 4 均称系统不确定度）、标准偏差（ASME PTC19.1 中为随机标准不确定度）。

参 考 文 献

[1] The American Society of Mechanical Engineers. Fired steam generators performance test codes：ASME PTC 4—2013 [S]. New York：The American Society of Mechanical Engineers，2009.

[2] Standards Policy and Strategy Committee. Water-tube boilers and auxiliary installations-Part 15：Acceptance test：BS EN 12952-15：2003 [S]. London：British Standard Institution.

[3] Standards Policy and Strategy Committee. Shell boilers and auxiliary installations-Part 11：Acceptance test：BS EN 12593-11：2003 [S]. London：British Standard Institution.

[4] 全国锅炉标准化技术委员会. 工业锅炉热工性能试验规程：GB/T 10180—2003 [S]. 北京：中国标准出版社，2003.

[5] 全国锅炉压力容器标准化技术委员会. 工业锅炉热工性能试验规程：GB/T 10180—2017 [S]. 北京：中国标准出版社，2017.

[6] 全国锅炉压力容器标准化技术委员会. 电站锅炉性能试验规程：GB/T 10184—2015 [S]. 北京：中国标准出版社，2016.

[7] The American Society of Mechanical Engineers. Test uncertainty：ASME PTC19.1—2005 [S]. New York：The American Society of Mechanical Engineers，2005.

[8] The American Society of Mechanical Engineers. Test uncertainty：ASME PTC 4.3—1968 [S]. New York：The American Society of Mechanical Engineers，1968.

[9] ISO/TMBG Technical Management Board-groups. Uncertainty of measurement-Part 3：Guide to the expression of uncertainty in measurement（GUM：1995）：ISO/IEC Guide 98-3：2008 [S]. Geneva：International Organization for Standardization（ISO），2010.

第3章　冷凝锅炉热工性能试验原理

对于冷凝锅炉，车得福[1]给出了如下定义：如果锅炉的排烟温度降到足够低的水平，烟气中过热状态的水蒸气会凝结并放出汽化潜热。将排烟温度降到足够低，以至于烟气中的水蒸气凝结，凝结水的汽化潜热得以回收利用，甚至按低位发热量$Q_{net.ar}$为基准计算的热效率可能达到或超过100%的锅炉称为冷凝式锅炉。以上对冷凝锅炉的定义本身是完整的，但对于标准而言，该定义中“排烟温度降到足够低”具有不确定性，即排烟温度降到多少时才属于冷凝锅炉？因此，在组织起草《冷凝锅炉热工性能试验方法》（NB/T 47066—2018）时，经过起草组几次研究，并广泛征求意见后，不再纠结于冷凝温度、汽化潜热是否回收等问题，认为冷凝锅炉就是烟气中的水蒸气连续凝结释放汽化潜热的锅炉[2]。

第2章已介绍锅炉效率计算的两种方法，即正平衡法和反平衡法，并且反平衡方法的测量不确定度低于正平衡方法。对于鉴定性质的锅炉性能试验，普遍使用反平衡方法。目前，国内外标准均未对冷凝锅炉热效率计算与测试进行科学、合理的规定，主要原因是使用不确定度较低的反平衡方法时，排烟的温度难以准确测量，且过饱和烟气湿度不能测量。针对冷凝锅炉的特殊性，本章将介绍其效率计算方法及热工性能试验原理。

3.1　热　平　衡

根据热力学第一定律，锅炉系统边界的能量平衡表述为进入系统的能量与离开系统的能量的差值等于系统中储存能量的增加，可写成

$$\text{进入系统的能量}-\text{离开系统的能量}=\text{系统中储存能量的增加} \tag{3-1}$$

因锅炉是在稳定工况下测试的，所以能量增量为0，即

$$\text{进入系统的能量}=\text{离开系统的能量} \tag{3-2}$$

当工质流经锅炉、热交换器时，和外界有热量交换而无功的交换，动能差和位能差可以忽略不计，式（3-2）可表示为

$$\text{进入系统的热量}=\text{离开系统的热量} \tag{3-3}$$

《冷凝锅炉热工性能试验方法》（NB/T 47066—2018）所建立的热工性能计算方法均依据式（3-3）的热平衡方程。实际上，进入锅炉系统的热量有两个部分：一是燃料化学能；二是进入系统的质量流携带的热量、锅炉系统内的放热化学反应热及驱动辅机设备的能量（转换为热量）。离开锅炉系统的热量有两个部分：一

是输出热量；二是离开系统边界的质量流所携带的热量、发生在锅炉系统内的吸热化学反应能量及以对流和辐射方式由锅炉系统表面传递到环境中的热量。式（3-3）变换为

输入热量+外来热量=输出热量+热损失　　（3-4）

式中：输入热量+外来热量——进入系统的所有热量；

输出热量+热损失——离开系统的热量。

3.2 输入热量

《冷凝锅炉热工性能试验方法》（NB/T 47066—2018）中关于输入热量的定义与 ASME PTC 4—2013 是一致的，指的是燃料的化学能，这与《工业锅炉热工性能试验规程》（GB/T 10180—2017）的说法不一样，《电站锅炉性能试验规程》（GB/T 10184—2015）所说的输入热量与《冷凝锅炉热工性能试验方法》（NB/T 47066—2018）中的进入系统的热量是一致的。《冷凝锅炉热工性能试验方法》（NB/T 47066—2018）的输入热量指的是真正的能源输入，也就是主动进入锅炉系统的热量。另外，《冷凝锅炉热工性能试验方法》（NB/T 47066—2018）中的燃料化学能，既可以是低位发热量，也可以是高位发热量，这也是在中国锅炉热工性能试验标准中第一次引入高位发热量。

3.3 输出热量

输出热量是指被工质吸收的且未在锅炉系统边界内回收的热量。输出热量包括加热蒸汽锅炉给水的热量、热水锅炉进水的热量、减温水的热量、最后一级冷凝受热面进水的热量，以及热水锅炉出水的热量、饱和蒸汽的热量、过热蒸汽的热量、再热蒸汽和辅助用汽的热量及排污的热量、最后一级冷凝受热面出水的热量。

3.4 外来热量

进入系统的外来热量包括进入系统的干空气所携带的外来热量、空气中水分带来的外来热量、燃料显热带来的外来热量、辅机设备功率的外来热量。依据 ASME PTC 4—2013 把外来热量分为两类：一类是基于单位燃料输入热量的损失表示的外来热量，包括空气、燃料带入的显热；另一类是以单位时间热量为基础计算的外来热量，主要是辅机提供的热量。

3.5 热 损 失

热损失包括干烟气热损失、烟气中部分水蒸气冷凝引起的热量变化、烟气中一氧化碳和未燃碳氢物质造成的损失、表面辐射和对流引起的损失。依据 ASME PTC 4—2013 把热损失分为两类：一类是基于单位燃料输入热量的损失，包括干烟气热损失、烟气中部分水蒸气冷凝引起的热量变化、烟气中一氧化碳和未燃碳氢物质造成的损失；另一类是以单位时间热量为基础计算的损失热量，包括锅炉表面辐射和对流引起的损失。

3.6 水蒸气引起的热损失

在锅炉效率计算中，国内外标准中的输入热量或基于高位发热量或基于低位发热量，欧盟标准分别给出了基于低位发热量和高位发热量的计算方法，ASME PTC 4—2013 的输入热量是基于高位发热量，如果使用低位发热量则需要进行折算。使用高位发热量与低位发热量的主要区别是水蒸气的汽化潜热。一般认为在效率计算中把燃料高位发热量和低位发热量互相替换即可，实际上存在较大的误区。燃料中氢燃烧产生的水分、燃料带入的水分、空气带入的水分，在本质上是不一样的。基于燃料高位发热量时，燃料中氢燃烧产生的水分由液态进入系统，随烟气离开则是以水蒸气的形式；燃料和空气带入的水分以水蒸气气态形式进入锅炉系统，也以气态形式离开。

在 ASME PTC 4—2013 中，输入热量基于高位发热量，规定了以液态水进入锅炉、以水蒸气离开系统的水分，焓的基准温度为 0℃，查取 ASME PTC 4—2013 中的水蒸气表，25℃基准温度对应的水焓值为 105kJ/kg。对于所有其他成分，焓的基准温度均为 25℃，基准焓值为 0。ASME PTC 4—2013 中蒸汽焓和水蒸气焓是有区别的，蒸汽焓是根据 ASME PTC 4—2013 蒸汽图表以 0℃液态水为基准，包括水的汽化潜热；水蒸气焓是以 25℃为基准的水蒸气焓，为 0。《冷凝锅炉热工性能试验方法》（NB/T 47066—2018）在处理气体燃料中氢气燃烧生成水而造成的损失时采用蒸汽焓与基准温度下的水焓之差；在处理气体和空气燃料中携带水蒸气引起的损失时采用排出水蒸气温度对应的水蒸气焓，因为基准温度下的水蒸气焓为 0。

由于燃气冷凝锅炉排烟中水蒸气或蒸汽会有冷凝发生，不能与 ASME PTC 4—2013 中的一样处理成以液态、气态形式进入系统以气态形式离开系统，实际上燃气锅炉发生冷凝后，烟气中水分一部分以水的形式冷凝下来，一部分以水滴的形式随烟气排出锅炉系统，一部分以水蒸气的形式排出锅炉系统，已经很难分清以气态形式进入的水蒸气是以液态还是以气态形式排出锅炉系统。

3.6.1　基于高位发热量的水蒸气损失

燃气锅炉烟气中的水蒸汽未凝结前烟气中的总水分，包括燃料带入的水分、空气带入的水分和燃料中氢燃烧产生的水分；烟气中的水蒸气发生凝结后，排出锅炉系统的烟气中总水分包括烟气中的水蒸气和冷凝下来的水蒸气（冷凝水）。

1. 随锅炉烟气排出系统的水蒸气热量损失

$$q_{\mathrm{p.L.fg.Cond.gr}} = V_{\mathrm{fg.Cond.H_2O.g}}(H_{\mathrm{fg.Cond.H_2O.g.Lv}} - H_{\mathrm{fg.Cond.H_2O.l.Re}})/Q_{\mathrm{gr.ar}} \tag{3-5}$$

式中：$q_{\mathrm{p.L.fg.Cond.gr}}$——基于高位发热量的烟气携带水蒸气损失，%；

$V_{\mathrm{fg.Cond.H_2O.g}}$——对应每立方米燃料的最后一级冷凝受热面出口烟气中水蒸气含量，m^3/m^3；

$H_{\mathrm{fg.Cond.H_2O.g.Lv}}$——离开系统边界的烟气温度对应的水蒸气焓值，$kJ/m^3$；

$H_{\mathrm{fg.Cond.H_2O.l.Re}}$——基准温度对应的液态水焓值，$kJ/m^3$；

$Q_{\mathrm{gr.ar}}$——燃料的高位发热量，kJ/m^3。

2. 锅炉排烟中的水蒸气凝结引起的热量损失

实际上锅炉排烟中的水蒸气凝结引起的热量损失是冷凝下来的水蒸气变为水后的显热损失，即离开锅炉系统边界的烟气温度下冷凝下来的水焓。

$$q_{\mathrm{p.L.fg.Cond.gr.l}} = 0.804V_{\mathrm{fg.Cond.H_2O.l}}(H_{\mathrm{fg.Cond.H_2O.l.Lv}} - H_{\mathrm{fg.Cond.H_2O.l.Re}})/Q_{\mathrm{gr.ar}} \tag{3-6}$$

式中：$q_{\mathrm{p.L.fg.Cond.gr.l}}$——基于高位发热量的发生冷凝的水蒸气汽化潜热被吸收造成的损失，%；

$V_{\mathrm{fg.Cond.H_2O.l}}$——每立方米燃料燃烧生成的烟气经最后一级冷凝受热面后冷凝下来的水蒸气量，m^3/m^3；

$H_{\mathrm{fg.Cond.H_2O.l.Lv}}$——离开系统边界的烟气温度对应的冷凝水焓，kJ/kg；

$H_{\mathrm{fg.Cond.H_2O.l.Re}}$——基准温度对应的冷凝水焓，kJ/kg。

3.6.2　基于低位发热量的水蒸气损失

1. 随锅炉烟气排出系统的水蒸气热量损失

$$q_{\mathrm{p.L.fg.Cond.net}} = V_{\mathrm{fg.Cond.H_2O.g}}c_{p.\mathrm{H_2O}}(t_{\mathrm{fg.Cond.Lv}} - t_{\mathrm{fg.Cond.Re}})/Q_{\mathrm{gr.ar}} \tag{3-7}$$

式中：$q_{\mathrm{p.L.fg.Cond.net}}$——基于低位发热量的烟气携带水蒸气热损失，%；

$V_{\mathrm{fg.Cond.H_2O.g}}$——对应每立方米燃料的最后一级冷凝受热面出口烟气中水蒸气含量，m^3/m^3；

$c_{p.H_2O}$——水蒸气的比定压热容，kJ/（kg·℃）；

$t_{fg.Cond.Lv}$——离开系统边界的烟气温度，℃；

$t_{fg.Cond.Re}$——离开系统边界的烟气基准温度，℃。

2. 锅炉排烟中的水蒸气凝结引起的热量损失

基于低位发热量时，随烟气排出的水蒸气应为气态，由于尾部受热面的冷凝，实际上锅炉排烟中的水蒸气释放汽化潜热并冷凝下来，即离开锅炉系统边界的冷凝水与基准状态的差别应为汽化潜热和排烟中水蒸气显热之和。《冷凝锅炉热工性能试验方法》（NB/T 47066—2018）把锅炉排烟中的水蒸气的汽化潜热放在损失里，是由于汽化潜热热量的变化在烟气侧，对于系统损失而言应为负值，即

$$q_{p.L.fg.Cond.net.l} = -0.804V_{fg.Cond.H_2O.l}\gamma_{Cond} + 0.804V_{fg.Cond.H_2O.l}c_{p.H_2O}(t_{fg.Cond.Lv} - t_{fg.Cond.Re}) \tag{3-8}$$

式中：$q_{p.L.fg.Cond.net.l}$——基于低位发热量的发生冷凝的水蒸气汽化潜热被吸收造成的损失，%；

$c_{p.H_2O}$——水蒸气的比定压热容，kJ/（kg·℃）；

γ_{Cond}——最后一级冷凝受热面中烟气平均压力下的水蒸气汽化潜热，kJ/kg。

3.7 燃气锅炉热平衡图

《冷凝锅炉热工性能试验方法》（NB/T 47066—2018）的热平衡图既可用于燃气冷凝锅炉，也可用于其他燃气锅炉。热平衡图输入热量是燃料能量（化学能），外来热量是进入系统的干空气、空气中水分、燃料物理显热、辅机设备电功率，输出热量包括主蒸汽与辅机用蒸汽和排污的热量减去减温水与循环泵注水和给水的热量、再热蒸汽出口蒸汽的热量减去再热量减温水与再热器进口蒸汽的热量、热水锅炉出水减去热水锅炉进水的热量、最后一级冷凝受热面出水的热量减去最后一级冷凝受热面进水的热量；损失包括干烟气的热量、氢燃烧产生的水分（显热+汽化潜热）、气体燃料中的水分（显热+汽化潜热）、空气中的水分（显热+汽化潜热）、未燃尽可燃物总和、表面辐射和对流散热。

《冷凝锅炉热工性能试验方法》（NB/T 47066—2018）考虑了燃气锅炉冷凝后引起的热量变化，这在其他标准或论著中没有充分阐述。另外，《冷凝锅炉热工性能试验方法》（NB/T 47066—2018）在国内锅炉热工性能试验方法标准中首次提出进行不确定度评定，并给出了不确定度评定的具体方法。

《冷凝锅炉热工性能试验方法》（NB/T 47066—2018）的热平衡图与《工业锅炉热工性能试验规程》（GB/T 10180—2017）、《电站锅炉性能试验规程》（GB/T

10184—2015）在本质上是有区别的，《冷凝锅炉热工性能试验方法》（NB/T 47066—2018）适用于基于高位或低位发热量的计算方法，热平衡图输入热量仅指燃料能量（化学能）。

《冷凝锅炉热工性能试验方法》（NB/T 47066—2018）充分吸收了 ASME PTC 4—2013 在锅炉性能试验方法方面的理念，增加了中国使用比较多的热水锅炉，补充了适用于排烟中有冷凝现象的测试方法。

燃气冷凝锅炉热平衡如图 3-1 所示。

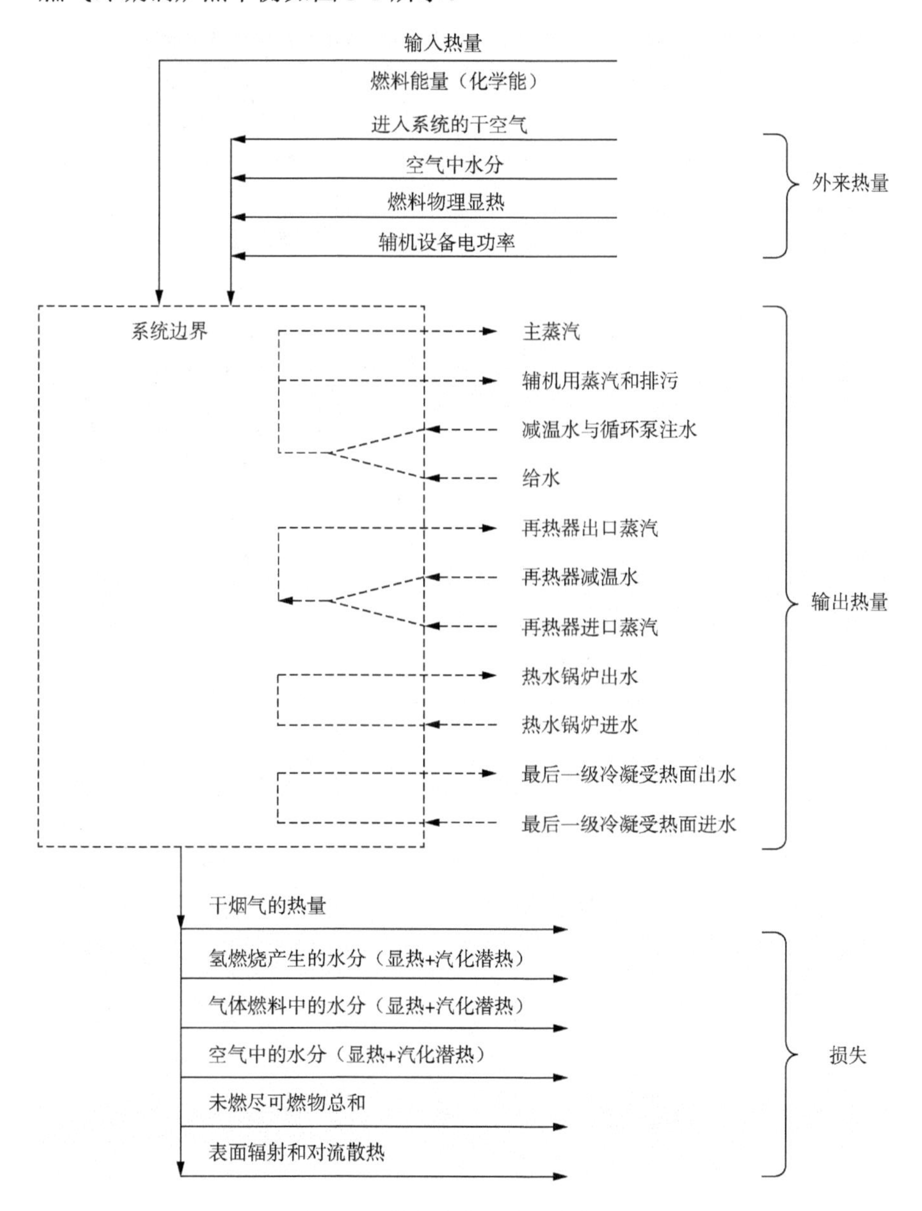

图 3-1　燃气冷凝锅炉热平衡图

3.8 燃气锅炉系统边界

燃气锅炉一般用于供热或工业用蒸汽，用于发电的较少，因此《冷凝锅炉热工性能试验方法》（NB/T 47066—2018）将市场上常用的系统进行了细化，如图 3-2 和图 3-3 所示。无论是哪种情况，总体的测试方法是一样的，都是测量最后一级受热面后湿烟气温度、绝对湿度以及冷凝下来的水蒸气量和焓。另外，《冷凝锅炉热工性能试验方法》（NB/T 47066—2018）并不局限于图 3-2 和图 3-3，它们仅仅是示例，所有的冷凝锅炉都可使用《冷凝锅炉热工性能试验方法》（NB/T 47066—2018）进行测量和计算，这对于区分真正的冷凝锅炉具有划时代的意义。

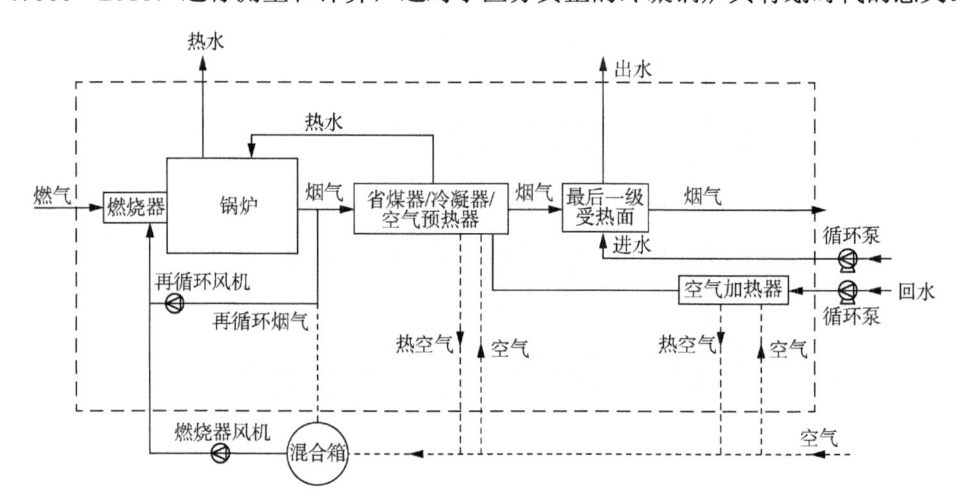

图 3-2　典型的有冷凝现象的燃气热水锅炉系统热平衡边界图

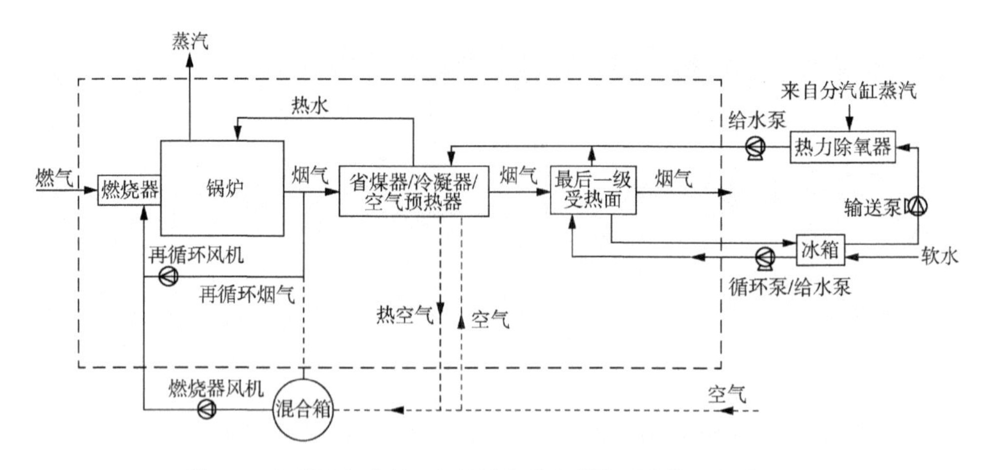

图 3-3　典型的有冷凝现象的燃气蒸汽锅炉系统热平衡边界图

3.8.1　燃气热水锅炉系统边界

燃气热水锅炉系统边界分为以下三种情况。

1）汽水侧

即使是热水锅炉，我们仍然习惯于把其水侧称为汽水侧。系统边界内包括回水（可用于加热空气加热器中的空气）进入省煤器或冷凝器、最后一级受热面进水、锅炉产出热水、最后一级受热面出水。

2）烟风侧

如果有空气加热器，则需测量空气加热器水侧流量、进水和出水的温度和压力，空气进口温度为空气加热器出口的热空气温度；如果有空气预热器（无空气加热器），进口空气温度为鼓风机出口空气温度；烟气温度、成分在最后一级受热面出口测量。

3）辅机电耗

燃烧器风机因功率较小，不在系统边界内，对测量不确定度影响较小，属于可以忽略的部分。如果有再循环风机，应单独计量再循环风机的功率，并折算成外来热量。

3.8.2　燃气蒸汽锅炉系统边界

燃气蒸汽锅炉系统边界分为以下三种情况。

1）汽水侧

锅炉系统边界内包括循环泵后软水进入最后一级受热面、最后一级受热面出水分为两路（可以进入水箱，也可以与给水一起进入省煤器或冷凝器）、给水进入省煤器或冷凝器、锅炉产出蒸汽。

2）烟风侧

如果有空气预热器，空气进入空气预热器后再进入燃烧器风机；如果无空气预热器，空气直接进入燃烧器风机；进口空气温度为鼓风机出口空气温度。烟气温度、成分在最后一级受热面出口测量。

3）辅机电耗

燃烧器风机因功率较小，不在系统边界内，对测量不确定度影响较小，属于可以忽略的部分。如果有再循环风机，应单独计量再循环风机的功率，并折算成外来热量。

参 考 文 献

[1] 车得福. 冷凝式锅炉及其系统 [M]. 北京：机械工业出版社，2002.

[2] 全国锅炉压力容器标准化技术委员会. 冷凝锅炉热工性能试验方法：NB/T 47066—2018 [S]. 北京：新华出版社，2018.

第 4 章　关键性能参数测量方法

4.1　试 验 要 求

4.1.1　试验前应达成的协议

试验各方在试验前达成的协定至少包含以下内容。

（1）试验目的与试验内容。为了明确试验结果的用途或确定效率、输出热量、输出功率（出力）、排烟温度、过量空气系数等相关参数的性能指标。一般来说可归纳为以下几种目的。

① 实际运行工况与设计或某一参考工况的比对。

② 不同工况或不同方法之间的比对。

③ 确定某一部件的热工性能。

④ 确定改造效果。

（2）试验单位及职责范围。试验各方在试验前应明确试验准备、实施过程、数据分析和结果报告等阶段各自需承担的责任。各方应当指定一名负责人，根据试验大纲的要求进行试验，并与运行人员商定有关试验所需的运行条件，试验各方指定的代表应当对整个热工性能试验进行见证以确定试验按规定执行，在试验期间如果有需要，代表有权对试验要求提出修改。

（3）采用输入-输出法或热损失法对热效率的测试和计算方法，具体计算方法按照本书第 6 章。

（4）试验测试项目、测点位置及数量。由锅炉系统热平衡边界图确定试验测试的项目，在保证试验结果不确定度的前提下确定测点的数量和位置。

（5）天然气、烟气等取样方法及分析。

（6）试验用仪器及其检定、校准。为达到试验要求的测量结果不确定度，需要将试验所用仪器按规定进行检定或校准，一般来说应当按照最小试验不确定度来选择测量设备，关键参数尤其应选择标准不确定度较小的仪表来测量。

（7）设备状态及试验期间的运行方式，包括辅助设备和控制系统的投运方式。

（8）试验期间锅炉主要参数允许偏差。

（9）稳定运行工况的确认方法，工况的稳定时间和试验持续时间。在试验前，设备必须运行足够长的时间以建立稳定运行工况。稳定运行工况通常是指锅炉的输入和输出热量及其他重要参数不随时间变化或仅有极小波动，即锅炉系统处于热量平衡状态。工况的稳定时间依赖于锅炉运行的具体状况及自动控制系统的响应时效，当认可的预备稳定试验完成，且监测结果表明测试数据均维持在规定的最大运行偏差范围内时，可认为达到了稳定运行工况。对于稳定时间的具体规定见 4.1.2 节，试验的持续时间见 4.1.4 节。

（10）特殊工况及异常情况的处理，试验数据的取舍。每次试验完成后应当按照《冷凝锅炉热工性能试验方法》（NB/T 47066—2018）第 8 节的规定计算不确定度，如果计算的不确定度达不到标准规定值，则此次试验无效。当问题出现在试验的开头或结尾时，可认为部分无效，对于无效的试验必须重做以达到试验的目的。对于试验数据取舍的规定见 4.1.6 节。

（11）试验原始记录和燃料处置。

（12）重复性试验工况之间的允许偏差。对于稳定工况，通过增加试验时间可以最大限度地减少随机误差对试验不确定度的影响，但由于试验条件的限制不可能无限制地增加试验时间，为此根据不确定度计算并考虑到试验的经济性、数据的有效性确定每次试验时间为 2h。但是对于 2h 的重复性试验来说必将出现图 4-1 中的情况之一。

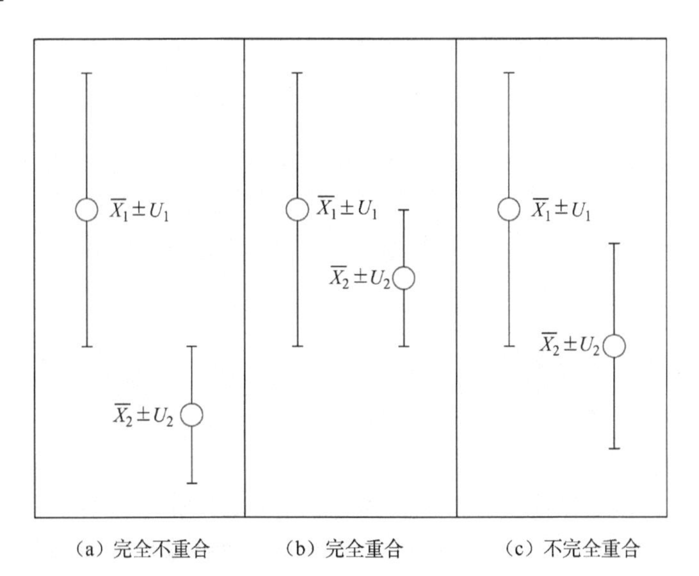

（a）完全不重合　　（b）完全重合　　（c）不完全重合

图 4-1　两次试验不确定区间比较的三种情况

① 完全不重合。从数据分析来看，测试出现明显问题，可能是对测试不确定度分析不足或测量数据存在问题，需要对试验数据进行核算从而消除偏差。

② 完全重合。这是最好的结果，第二次试验的数据包裹在第一次试验的不确定度区间范围内。

③ 不完全重合。试验过程中应当对数据校核，重合的部分越多，测量值的有

效性和不确定区间估计值的置信度越高。

当试验出现情况①和情况③时，应当检查试验测量数据并找出偏差过大的原因。如果找不到原因，可采用多次试验测量的方式以便能直接由试验结果计算出正确的不确定度。

（13）保证条件及换算到保证条件下的热效率计算方法。保证条件及热效率计算方法见 6.6 节。

（14）试验大纲的确认。试验大纲由试验负责单位编写，并经试验各方认可，内容至少包括以下几个方面。

① 试验目的。

② 试验条件及要求。

③ 试验工况。

④ 主要测点布置、仪表仪器及测试方法。

⑤ 试验数据处理原则。

⑥ 试验人员及组织。

⑦ 试验日程及计划。

对于试验大纲内容的要求，《工业锅炉热工性能试验规程》（GB/T 10180—2017）和《电站锅炉性能试验规程》（GB/T 10184—2015）都有相应的规定且基本一致，所不同的是《工业锅炉热工性能试验规程》（GB/T 10180—2017）增加了锅炉热平衡系统边界的规定。

（15）当设备由不同供货（制造）单位共同提供时，对有关设备性能分担的责任。

（16）其他在《冷凝锅炉热工性能试验方法》（NB/T 47066—2018）内的未尽事宜。

4.1.2　试验准备和试验条件

冷凝锅炉在试验前需要对锅炉系统各主、辅机进行检查，确认其满足试验要求，检查的项目主要有以下几个方面。

（1）对整个锅炉系统进行严密性检查：主要针对烟、风系统及汽、水系统，理清试验系统的热力学边界，做到与其他系统无能量和质量交换，实现完全隔离。

（2）对所有参与试验的仪表、仪器进行检定或校准：试验过程中考虑仪器、仪表对试验结果造成的误差，因此为保证试验结果的有效性需要对所用设备进行检定和校准。在试验过程中应当对设备状态和测量结果进行记录，尤其是对《冷凝锅炉热工性能试验方法》（NB/T 47066—2018）规定的可在一定范围内波动的数据记录。试验过程需要经得试验各方确认同意。

（3）试验前，锅炉系统应按《冷凝锅炉热工性能试验方法》（NB/T 47066—2018）

规定的负荷连续正常运行 48h 以上，确保锅炉系统能够正常有序运行，试验应在锅炉热工况稳定后进行。

（4）试验过程中允许的运行参数偏差需满足标准要求，具体要求如表 4-1 所示。

表 4-1 是将《冷凝锅炉热工性能试验方法》（NB/T 47066—2018）中规定的控制参数与《锅炉性能试验规程》（ASME PTC 4—2013）以及《工业锅炉热工性能试验规程》（GB/T 10180—2017）相对比，从表 4-1 中可以发现，《冷凝锅炉热工性能试验方法》（NB/T 47066—2018）与国际标准基本一致且部分项目要严于国际标准，如烟气中一氧化碳的体积分数。这是由于《锅炉性能试验规程》（ASME PTC 4—2013）在这项指标中兼顾燃煤锅炉，指标相对较高。国内标准《工业锅炉热工性能试验规程》（GB/T 10180—2017）对大部分参数没有具体要求。

表 4-1　各标准对运行参数偏差的规定

控制参数		短期波动（峰谷差）			观察值与试验周期内运行平均值的偏差		
		NB/T 47066—2018	ASME PTC 4—2013	GB/T 10180—2017	NB/T 47066—2018	ASME PTC 4—2013	GB/T 10180—2017
蒸汽压力	设定值≥3.8MPa	4%（最大为 0.2MPa）	4%（最大为 0.17MPa）		3%（最大为 0.3MPa）	4%（最大为 0.28MPa）	
	设定值<3.8MPa[①]	0.15MPa	0.14MPa	10%设定值	0.10MPa	0.10MPa	−5%设定值[②]
给水流量（锅筒锅炉）	连续给水	10%	10%		3%	3%	
	非连续给水		10%			10%	
烟气中氧气体积分数		0.4	0.4		0.2	0.2	
过热蒸汽温度		大于 450℃时，10℃；小于 450℃时，5℃	20°F[③]	15℃	5℃	10°F	−15℃，+5℃[②]
烟气量		10%					
过热蒸汽流量		4%	2%		3%		
烟气中 CO 体积分数 $\varphi_{co.fg}$		30ppm	150ppm		10ppm	50ppm	

① ASME 中规定为 500psig，相当于 3.45MPa。

② 在《工业锅炉热工性能试验规程》（GB/T 10180—2017）中对蒸汽压力和过热蒸汽温度要求进行了细化，本表中选取的数值是该项中最严值。

③ °F 为华氏温度，华氏温度=摄氏温度×1.8+32。

4.1.3 预备性试验

预备性试验的目的是通过对锅炉及其主、辅机运行及试验设备的检查确定是否具备实施试验的合适条件，同时参与人员可以在预备性试验过程中加深对测试设备、试验仪表、试验步骤等的理解。预备性试验也可作为正式试验的一部分。

4.1.4 正式试验

正式试验前，试验人员应当记录并确认以下几个方面内容。

（1）设备状况包括设备运行及其控制方式、阀门开度、燃料的一致性、设备允许运行的范围等内容。

（2）稳定性。在试验前，锅炉系统是否在规定的负荷下运行了足够长的时间。

（3）数据的采集。对于各个测量项目试验记录人员是否到位并做好相应准备。

一般来说，一个试验周期应当有足够长的持续时间，使试验数据能够正确反映锅炉系统的热工性能，降低或者避免因控制、燃料和特定的运行特点而引起的测量参数的偏差。为此，《冷凝锅炉热工性能试验方法》（NB/T 47066—2018）给出了正式试验的持续时间不少于 2h，这与 ASME PTC 4—2013 及《工业锅炉热工性能试验规程》（GB/T 10180—2017）是一致的。试验负责人可根据试验过程的实际情况决定是否需要延长试验时间以获得足够数量的测量数据。

对于测量参数的记录频次，《冷凝锅炉热工性能试验方法》（NB/T 47066—2018）中也给出了相应的规定。表 4-2 给出了三个标准规定的对照，从表中可以看出这三个标准规定是一致的。

表 4-2 各标准对测量参数记录频次的规定

测量项目	NB/T 47066—2018	ASME PTC 4—2013	GB/T 10180—2017
蒸汽流量、压力、温度	5～15min	15min 或更短	不大于 15min
蒸汽锅炉给水流量、压力、温度		15min 或更短	不大于 15min
热水锅炉循环水量	5～15min	15min 或更短	不大于 15min
热水锅炉进出水温度	5min	15min 或更短	不大于 5min
空气压力、温度	5～15min	15min 或更短	不大于 15min
烟气压力、温度、湿度、成分	5～15min	15min 或更短	不大于 15min
环境压力、温度	10～20min	15min 或更短	不大于 15min
蒸汽湿度	20～30min	15min 或更短	不大于 30min
积算参数	试验起、止记录一次，30min/次（试验中）	1h	不大于 30min
其他次要参数	15～30min	15min 或更短	不大于 15min

在正式试验过程中，应当确保试验边界范围内的设备都正常运行，对于试验边界内停运的设备应当经试验各方的同意。对于典型的无法实现连续运行的设备，各次试验应当保持一致。

在试验过程中，各项控制指标应当满足表 4-1 的规定。从试验开始到结束，过热蒸汽的流量、压力、温度，给水的流量、压力、温度，热水锅炉循环的流量、压力、温度，锅筒水位，燃烧工况，燃料量及所有试验需控制的温度、压力等参数，应尽可能保持一致和稳定。在试验过程中不允许进行对测量参数稳定性有不良影响的任何调节，如排污、安全阀起跳等。当试验负责人认为满足完成一个试验所应满足的所有条件时方可结束本次试验。

4.1.5　试验记录

整个试验过程应当记录在相应的表格中，对于运行状况与规定条件发生偏离或试验期间进行调整的还应当注明发生的时间和见证人，要做到每个记录的数据都可追溯到试验的某个时间节点、记录人、测量设备等信息。对于测试设备自动保存的数据应当与手工记录的数据一起保存，记录的数据需经试验负责人审查并签字确认，所有的记录数据应当是未经任何修正的实际读数，试验记录还应当标明测试仪器的量程和精度等级。

4.1.6　试验工况及试验数据的舍弃

试验中或试验完成后，应当对试验的数据进行检查，对于严重影响试验结果一致性的试验数据视为无效并全部舍弃，如蒸发量或蒸汽参数波动超出试验规定的范围、某主要测量项目的试验数据有 1/3 以上出现异常或矛盾。

4.1.7　试验方法规定

《冷凝锅炉热工性能试验方法》（NB/T 47066—2018）推荐采用热损失法，对于验收和定型试验需在额定负荷下做两次试验，两次试验结果的偏差应当小于 1%，其试验结果为两次的平均值。其他性质的试验应当在所要求的负荷下完成一次完整试验，这与《工业锅炉热工性能试验规程》（GB/T 10180—2017）中的规定一致。

4.2　主要测量项目

为计算冷凝锅炉重要的技术指标，需要对部分主要项目进行测量，表 4-3～表 4-7 分别列出计算锅炉输入热量、输出热量、热效率等各参数所需要的项目及其数据来源。

表 4-3　确定输入热量所需项目

项目名称	数据来源	备注
燃料的体积流量	测量	
燃料的低位/高位发热量	化验	计算法

表 4-4　确定热水锅炉输出热量所需项目

项目名称	数据来源	备注
循环水量、最后一级冷凝受热面给水流量	测量	对于质量流量计可直接读取，对于体积流量计需对读取的数据进行转化（体积流量乘以该温度、压力下水的密度）
出水温度	测量	
出水压力	测量	
进水温度	测量	
进水压力	测量	

表 4-5　确定饱和蒸汽锅炉输出热量所需项目

项目名称	数据来源	备注
锅炉给水量	测量	对于质量流量计可直接读取，对于体积流量计需对读取的数据进行转化（体积流量乘以该温度和压力下水的密度）
蒸汽温度（或压力）	测量	
进水温度	测量	
进水压力	测量	
蒸汽湿度	测量	测量方法见 NB/T 47066—2018 附录 C 规定
汽化潜热	查表	对应蒸汽温度下的

表 4-6　确定过热蒸汽锅炉输出热量所需项目

项目名称	数据来源	备注
锅炉给水量、喷水流量	测量	对于质量流量计可直接读取，对于体积流量计需对读取的数据进行转化（体积流量乘以该温度和压力下水的密度）
蒸汽温度	测量	
蒸汽压力	测量	
进水温度、喷水温度	测量	
进水压力、喷水压力	测量	
汽化潜热	查表	对应蒸汽温度下的

表 4-7　基于热损失法计算锅炉热效率所需项目

项目名称	数据来源	备注
烟气中 CO_2 的体积分数	测量	
CO_2 的定压比热容	计算	
烟气中 O_2 的体积分数	测量	
O_2 的定压比热容	计算	
天然气中 CO 体积分数	化验	
烟气中 H_2 的体积分数	测量	
碳氢化合物定压比热容	计算	
烟气中 SO_2 体积分数	测量	
烟气中 N_2 体积分数	计算	
N_2 定压比热容	计算	
最后一级冷凝器出口干烟气定压比热容	计算	
燃用天然气理论干空气量	计算	
最后一级冷凝受热面出口每标准立方米燃料燃烧生成干烟气体积	计算	
最后一级冷凝受热面出口烟气温度	测量	测量原理见 NB/T 47066—2018 附录 B
最后一级冷凝受热面出口烟气湿度	测量	测量原理见 NB/T 47066—2018 附录 B
干燃料气体密度	化验	
每立方米干气体燃料所带的水蒸气量	化验	
空气相对湿度	测量	
被测空气温度	测量	

4.3　仪器仪表及测量方法

从试验本身的角度来说，试验仪器、仪表的选取对试验质量影响极大。为此，在试验中可以采用多种方式对某个参数进行测量时，应当优选其测量本身及对测量系统、测量对象影响较小的仪器或设备。设备固有偏差是试验大纲制定及选择仪表的关键，表 4-8 给出《冷凝锅炉热工性能试验方法》（NB/T 47066—2018）、ASME PTC 4—2013 和《工业锅炉热工性能试验规程》（GB/T 10180—2017）对仪器、仪表精度的规定。

表 4-8　不同标准对测量仪器精度等级的规定

项目	NB/T 47066—2018	ASME PTC 4—2013	GB/T 10180—2017
流量	介质流量 1.0%； 燃气量 2.0%	±0.50%蒸汽，±0.40%水； 燃气量±0.50%	介质流量 1.0 级； 燃气量 1.5 级； 烟气量 1.5 级
压力	热水锅炉 1.6%； 水和蒸汽 1.0%； 空气压力 1.0%	±1%	1.6 级
温度	热水锅炉 0.06℃； 水和蒸汽 0.5%； 冷凝烟气温度 0.5%； 空气温度 0.5%	热电偶 1.1℃； 热电阻±0.8%； 温度表±2%； 水银温度计±0.5 刻度*	0.5 级**
湿度	冷凝烟气 2.0%	温湿度表±2%相对湿度； 干湿球温度计±0.5 刻度*	蒸汽湿度 1.0
烟气（体积分数）	氧气 1.0%； 二氧化碳 1.0%； 一氧化碳 5.0%； 一氧化氮 5.0%； 二氧化硫 2.0%； 碳氢 5.0%	氧气±2%； 一氧化碳±20ppm； 二氧化硫±10ppm； 氮氧化物±20ppm； 碳氢±5%	氧量及三原子气体 1.0 级； 其他 5.0 级
天然气组分浓度范围（摩尔分数）	＞0.0～0.1　0.01%； ＞0.1～1.0　0.04%； ＞1.0～5.0　0.05%； ＞5.0～10.0　0.06%； ＞10.0　0.08%	＞0.0～0.1　0.01%； ＞0.1～1.0　0.04%； ＞1.0～5.0　0.05%； ＞5.0～10.0　0.06%； ＞10.0　0.08%	

*　标准 ASME PTC 4—2013 中给出了热电阻、热电偶在不同温度范围的精度等级，本表节选了与 NB/T 47066—2018 对应的温度范围下的精度等级。

**　采用热电阻温度计时精度等级不得低于 B 级，且其显示仪表（二次仪表）的读数分辨率应不低于 0.1℃。

在验收或锅炉产品定型试验中，应当采用检定（校准）合格有效期内的专用设备，当冷凝锅炉上装设的在线设备经过法定计量部门检定（校准），且其检定（校准）证书在有效期内，精度也可以达到《冷凝锅炉热工性能试验方法》（NB/T 47066—2018）要求时，试验各方应当予以采信。在试验现场若发现仪器、仪表因某种原因产生数据漂移或数据异常，应当查明原因并进行修约或舍弃处理。《冷凝锅炉热工性能试验方法》（NB/T 47066—2018）中未尽的仪器、仪表经试验各方协定也可采用，但需在试验记录中做详细记录。

4.3.1　温度测量

《冷凝锅炉热工性能试验方法》（NB/T 47066—2018）给出温度测量元件对应的测量对象及测温范围（表 4-9），由于温度测量技术日新月异，对于《冷凝锅炉热工性能试验方法》（NB/T 47066—2018）中未涉及的测量器具，不限制使用。

表 4-9　温度测量元件

测量元件	测量对象	测温范围/℃
玻璃水银温度计	水箱温度和环境温度	0～500
热电偶温度计	水及蒸汽、燃气、空气、非冷凝烟气等	100～1800
铂电阻温度计	热水锅炉进出水温度、非冷凝烟气温度、空气温度、燃气温度等	–50～500
自伴热抽气式温湿度测试装置	冷凝烟气温度	0～150
干湿球温度计	空气	–50～50

在温度测量过程中，必须保证测温装置在测量环境中达到热平衡，方可读数。测点应当采取必要的措施，防止温度测量仪表因受热传导、对流和辐射等因素影响，导致测量数据失真。

水银温度计只能用于测量温度高于水银凝固点低于水银沸点的物体。一般用在测点较少、读数次数有限的场合，由于其显示的结果需要人工读取，不适合远距离的测点。在测温时，需要将其插入工质内接触测温，其插入的深度对结果影响很大。热电偶温度计工作原理是将温度信号转化为电动势信号再通过二次仪表转换成被测介质温度。所测量的测点温度与参考点的温度差越大，形成的电动势信号越强，当温度低于100℃时，电动势信号变得很低，易受感应电流干扰而影响准确度。在测温时热电偶到冷端应设置连续不断的补偿导线，冷端补偿参考温度应当为 0℃，可使用冰槽或校验过的电子冰槽。当冷端保温较好且参考测量仪表已检定合格，也可用环境温度作为补偿参考温度。热电偶导线不得与电源线平行放置，以避免电磁干扰。铂电阻温度计与热电偶温度计相比其测量范围较小，响应时间长，但精确度高。干湿球温度计在使用过程中需注意湿球部分应当用干净的吸水棉布条包裹起来，吸水棉条从底部容器内吸水以保持湿润，测点的空气流速不宜过高且流过的空气不得经过其他平衡边界外热源加热。干湿球温度计一般放置在离地 1.5m 以上，不得放置在植被或水面以上 1.5m 以内。

1. 管道或容器内温度的测量

测量管道或容器内流体温度时，需要在管道或容器上安装温度套管。套管应当从管壁深入流体内部，套管内孔形状应当与测量元件外形相似，测量元件在插入之前宜先用高压气体吹扫并灌入传热系数较高的液体（如煤油），也可采用弹簧拉紧的形式，确保测温元件顶部与套管充分接触。套管安装的深度宜穿过被测流体的层流边界区，宜安装在流体被充分混合，没有温度梯度的位置。在测定管道内蒸汽温度时，套管插入深度应达到 1/3 管内径，流经管内的蒸汽温度应接近均匀。如果多个套管需要安装在管道同一个位置时，应当在管道上对面布置，不要全部布置在管道的一侧。给水温度（热水锅炉进水温度）应尽可能在靠近省煤器进口处测量。过热蒸汽温度测点应最大限度地接近过热器进、出口，且应远离束状流（如喷水减温器后）。测量减温后蒸汽温度时，应当布置在减温水喷口后两个弯头下游的蒸汽管道上，保证减温水与蒸汽能够充分混合。

2. 烟道内烟气温度的测量

空气经燃烧器喷入炉膛内，与燃气混合燃烧，生成烟气后经锅炉尾部烟道排入大气，一般烟道内的压力较低或由引风机作用而形成负压，在负压的影响下在烟道上开孔测量烟气温度时，由于负压作用，烟气不会从空洞中流出，为此可不用安装套管。由烟道的截面积较大且烟气温度存在不均匀性，一般采用多测点进行测量。

被测界面的选取原则是尽量选取温度与流速均匀的规则截面，当其温度或速度表现出明显的　致性时，可采用代表点测量。对于冷凝的烟气采用代表点测量时，同一截面上至少布置 4 个测点。如果被测量截面存在明显的烟气分层流动现象，则应采用流量加权的方法计算得到该截面的温度加权平均值。如没有可靠的流速数据，不能采用流量加权计算平均烟气温度，则按照未采用流量加权的温度或氧浓度加权计算排烟温度，其计算方法见《冷凝锅炉热工性能试验方法》（NB/T 47066—2018）中的第 8.5.2.3 条。测点布置要求见《冷凝锅炉热工性能试验方法》（NB/T 47066—2018）中的第 5.3.4 条，所选取烟道横截面在烟气流速均匀的条件下，尽可能靠近最后一级冷凝受热面出口（原则上距最后一级冷凝受热面出口不超过 1m)。对于温度测点的选取根据《冷凝锅炉热工性能试验方法》(NB/T 47066—2018）附录 A 给出的网格法等截面划分的原则及代表点确定。烟道横截面面积小于 $1m^2$ 时，应至少布置 4 个测点；烟道横截面积大于等于 $1m^2$ 时，验收试验或定型试验中的热效率测定应采用网格法测量温度。

1）圆形截面

将圆形截面划分为 N 个等面积的同心圆环，再将每个圆环分成相等面积的两部分。测点位于分成的两个同心圆环的分界线上，如图 4-2 所示。

测点距圆形截面中心的位置按式（4-1）求得

$$r_i = R\sqrt{\frac{2i-1}{2N}} \tag{4-1}$$

式中：r_i——测点距圆形截面中心的距离，mm；

R——圆形截面半径，mm；

i——从圆形截面中心起算的测点序号；

N——圆形截面所需划分的等面积圆环数。

当截面直径不超过 400mm，可在一条直径上测量；若直径大于 400mm，应在相互垂直的两条直径上测量。

圆形截面直径 D 与圆环数 N 的规定如表 4-10 所示。

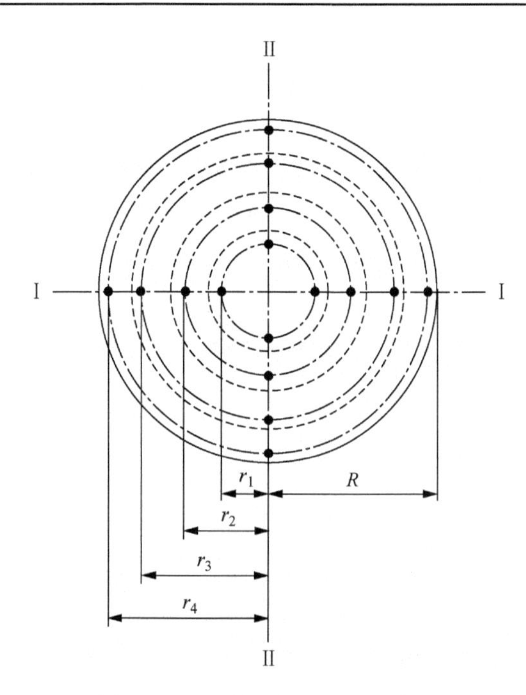

图 4-2　圆形截面测点分布示意图

表 4-10　圆形截面直径 *D* 与圆环数 *N* 的规定

项目	圆形截面直径 *D*/mm			
	≤300	＞300～400	＞400～600	*D*＞600 时，*D* 每增加 200
圆环数 *N*	3	4	5	*N* 增加 1
测点总数	6	8	20	测点增加 4

2）矩形截面

用经纬线将截面分割成若干等面积的接近于正方形的矩形，各小矩形对角线的交点即为测点，如图 4-3 所示。

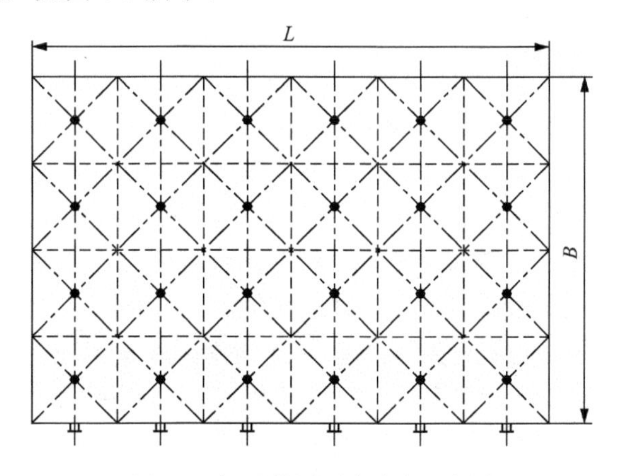

图 4-3　矩形截面测点分布示意图

矩形截面边长 L（或 B）与测点排数 N 的规定见表 4-11。应在相互垂直的横向和纵向上分别测量。

表 4-11　矩形截面边长 L（或 B）与测点排数 N 的规定

项目	边长 L（或 B）（按较长边长计）/mm			
	≤500	>500～1000	>1000～1500	>1500
测点排数 N	3	4	5	L 每增长 500，测点排数 N^* 增加 1

* 对较大的矩形截面，可适当减少 N 值，但每个小矩形的边长应不超过 1m。

无论圆形烟道还是矩形烟道，测点布置的原则是将测点布置在各代表面的重心位置。

4.3.2　烟气湿度的测量

对于非冷凝的烟气，《冷凝锅炉热工性能试验方法》（NB/T 47066—2018）给出采用不确定度不高于 0.1%的湿敏电容来测量。湿敏电容一般是用聚苯乙烯、聚酰亚胺、醋酯纤维等高分子薄膜电容制成。其工作原理是当环境湿度发生改变时，湿敏电容的介电常数发生变化，进而使其电容量也发生变化，其电容变化量与相对湿度成正比。其优点是灵敏度高、响应速度快、湿度滞后量小，容易实现小型化和集成化，便于携带，但其精度一般比湿敏电阻要低一些。

对于冷凝的烟气，《冷凝锅炉热工性能试验方法》（NB/T 47066—2018）附录 B 给出了采用自伴热抽气式烟气湿度的测量方法。该方法主要是为解决烟气从烟道中抽出后因温度差导致烟气中水蒸气会产生二次冷凝，造成测试数据产生严重偏差，该方法提供的伴热结构可以保证对烟气进行等湿加热，从而保证了测量数据的准确性，其伴热装置结构及计算公式见《冷凝锅炉热工性能试验方法》（NB/T 47066—2018）附录 B。

湿度测点的选取与温度测点的选取基本一致，可按照温度测点的规定执行。

4.3.3　压力及压力差的测量

测量压力及压力差的仪器仪表主要有压力表（压力计）、压力变送器等，目前应用最广的是压力计。对于压力计的选取及精度等级的要求，《冷凝锅炉热工性能试验方法》（NB/T 47066—2018）中第 5.5 条及本书表 4-8 给出明确的规定，压力计最大量程的选取应当遵循如下原则：经常指示的压力范围应当处于全刻度范围的 1/2～3/4 区段内（下限适用压力波动大的情况，上限适用压力波动小的情况）。

压力及压力差测点位置有如下要求：在汽水系统中测点应当尽量靠近相应设备进、出口，压力表计及传压管应装设在不受高温、冰冻和振动干扰的部位，当测点与测量仪器之间有高度差时还需进行高度修正；测量烟（风）道静压时，测点应当开在烟(风)道直段上，孔径宜为 2～3mm，尽可能远离挡板、弯头等阻力部件及涡流区，当被测烟（风）道截面直径超过 600mm 时，同一测量截面上至少应有 4 个测压孔。

4.3.4　流量的测量

测量流量的仪器主要有以下几种：对于测量给水的一般采用称重箱、容积箱、流量计（孔板、喷嘴、超声波流量计），对于空气及烟气流量的测定一般采用皮托管、笛形管、文丘里、机翼及靠背式动压测定管。由于锅炉给水流量、蒸汽流量及燃气流量的测量精度对试验的不确定度影响很大，在测试前需要对测量这几项参数的设备进行标定。由于蒸汽可压缩性较强且在饱和状态下会产生相变等原因，在冷凝锅炉热工试验过程中应当尽可能选取测量水流量，对于热水锅炉来说尽量选取水温较低的测点。

对过热蒸汽锅炉测量蒸汽流量时采用测量锅炉给水流量，并计算给水流量测点至过热器出口的任何补充或抽取的流量，如连续排污、过热器减温器减温水流量、锅炉循环泵的注水，汽包水位的变化等进行修正后的结果。试验期间，还应对在上述区段内可能的泄漏量进行测量和记录，并在计算过热蒸汽流量时记入。测量过热蒸汽流量时应保证流过测量装置的蒸汽保持过热状态，对于带减温水的蒸汽管道，测量流量的装置应当安装在减温器之前，总流量为蒸汽量和减温水量之和。对于锅炉带机试验的，可考虑直接采用汽轮机试验中所得主蒸汽流量。

在测量给水或减温水时应当注意：蒸汽锅炉给水的最低压力应比水温实测值所对应的饱和压力高 0.25MPa，或水的实测温度应比测量的最低压力所对应的饱和温度低 15℃；热水锅炉测试时的压力下的出水温度应保证出水温度比该压力下的饱和温度至少低 20℃。

当蒸汽锅炉给水达到饱和状态时，饱和蒸汽和饱和水共存。若锅炉给水中有水蒸气存在将严重影响锅炉给水量或减温水量的测量精度，为杜绝或尽可能防止给水或减温水中水蒸气的生成，特此对其温度或压力给予规定。

热水锅炉的使用单位选择锅炉的额定压力往往比实际运行压力高出很多：一方面是使用单位基于安全性考虑，希望提高压力安全裕量；另一方面，在我国《热水锅炉参数系列》（GB/T 3166—2004）中大容量热水锅炉对应的额定压力和额定进出口温度都较高。例如，29MW 热水锅炉额定压力为 1.0MPa，额定进出口温度为 115℃/70℃；116MW 热水锅炉额定压力为 1.25MPa，额定进出口温度为 130℃/70℃，实际上锅炉运行压力可能只有 0.5MPa。与锅炉连接的附属系统也不具备达到锅炉额定压力的能力。因此，测试时对于热水锅炉压力不要求达到额定值范围。但为了保证锅炉测试过程的安全，防止汽蚀水击等现象，特规定出水温度应保证比试验压力下的饱和温度至少低 20℃。

烟气（空气）流量和温度测量可采用同一个测点，测孔管座与管道壁面垂直，测量动压时，测量管动压测孔应正对气流的来流方向。测量烟气（空气）的原理一般采用伯努利方程的方法通过测量烟气（空气）的动静压来计算流速，用流速乘以截面积得到流量的计算方法。在计算烟气（空气）质量流速时还应测得该测点处烟气（空气）温度及主要成分的体积浓度进而计算该测点、该温度下烟气（空气）的密度。

4.3.5　燃料量的测量

采用热损失法时，可采用计算的方式获得燃料量。但采用输入-输出法计算锅炉热效率时，必须测定燃烧的燃料量。燃料量一般采用孔板、喷嘴或超声波流量计测量，对于大部分燃气锅炉用户，燃气公司都会在其燃气管道上安装燃气表，若燃气表检定合格并在有效期内、精度等级达到《冷凝锅炉热工性能试验方法》（NB/T 47066—2018）要求，该设备在试验中可以采纳。燃气表一般测量的是燃气的体积流量，计算时需要按克拉伯龙方程转化为标准状态下的流量。在测量燃气质量流量时，需要同时采用用于计算燃气密度的参数，如温度、压力等参数，其值的微小变化将对燃气密度产生显著的影响。

4.3.6　取样和化验

在试验过程中应当对燃气进行取样和化验，由于燃气组分一致性较高，短时间内组分含量很少发生变化。为此在均等时间间隔取样时，可将每次取样的样品放在一个取样袋中，也可将其分别放入几个取样袋中，对于多个样品，不确定度选择为 0.5%，单一样品取 1%。所取燃气样应当尽可能杜绝管道内杂质以及其他夹杂气体对样品的影响，燃气取样点应当选在燃料的最高压力和温度区段内尽可能靠近锅炉系统的自然扰流装置（如孔板、阀门挡板等）之后的垂直管道上，取样前应对取样管路进行排放冲洗。取样总量规定为不小于 10L。

蒸汽取样方法［《冷凝锅炉热工性能试验方法》（NB/T 47066—2018）附录 C］与《工业锅炉热工性能试验规程》（GB/T 10180—2017）附录 G 给出的取样方法及测定方法基本一致，在此本书不予赘述。《冷凝锅炉热工性能试验方法》（NB/T 47066—2018）给出了蒸汽取样的频次和数值要求，这在《工业锅炉热工性能试验规程》（GB/T 10180—2017）中没有规定。当锅炉连续运行时，锅水在炉内受热不断升温，后经水冷壁、集箱流入锅筒，当达到饱和状态后经汽水分离器，形成饱和蒸汽输出到分汽缸。在这个循环过程中锅水经不断蒸发，其携带的盐分也不断浓缩，从而导致蒸汽中的含盐量上升，从总体的趋势来看，蒸汽湿度值在测量过程中是不断攀升的，因此规定取样的频次及指标要求可以保证对整个试验的质量控制。对于间歇性给水的蒸汽锅炉，在锅炉上水期间和停水期间，其蒸汽湿度变化极大，测试大纲中需明确取样的频次及指标要求。

燃气的化验方法和要求曾经按照《天然气的组成分析　气相色谱法》（GB/T 13610—2014）①执行，其高位和低位发热量的计算方法是将各组分体积分数与其

① 2020 年 9 月 29 日发布《天然气的组成分析　气相色谱法》（GB/T 13610—2020），2021 年 4 月 1 日实施。

发热值乘积求和，即

$$Q_{\mathrm{net.ar}} = \sum_{i=1}^{N} \varphi_i Q_i \quad 或 \quad Q_{\mathrm{gr.ar}} = \sum_{i=1}^{N} \varphi_i Q_i \tag{4-2}$$

式中：$Q_{\mathrm{net.ar}}$——燃料的低位发热量，$\mathrm{MJ/m^3}$；

φ_i——气体燃料中相应各可燃气体成分的体积分数，%；

Q_i——组分 i 的理想气体体积发热量（高位或低位），$\mathrm{MJ/m^3}$；

$Q_{\mathrm{gr.ar}}$——燃料的高位发热量，$\mathrm{MJ/m^3}$。

烟气在锅炉尾部烟道处温度相对较高，会将部分热量以对流换热的方式传递给尾部烟道，这样在环境中尾部烟道将成为热源给周围环境传递热量，有的烟道还存在漏风现象，为了更加准确地测量烟气的成分，要求烟气取样位置一般在最后一级冷凝受热面出口烟道截面，与相应烟温测点尽量靠近。采用伴热的方式测量烟气成分，其准确度相对较高。取样管和连接管在试验过程中应保证在工作温度下不与样品发生反应及在高温环境下的刚性，且确保无泄漏和堵塞。

烟气取样一般采用连续监测取样，《冷凝锅炉热工性能试验方法》（NB/T 47066—2018）推荐的烟气分析仪器见表 4-12［《冷凝锅炉热工性能试验方法》（NB/T 47066—2018）中表 9］。

表 4-12　烟气分析仪器

烟气成分	测量仪器	备注
$\varphi_{\mathrm{O_2.fg}}$	磁氧量计 氧化锆氧量计 定电位电解式烟气分析仪	
$\varphi_{\mathrm{CO_2.fg}}$	非分散红外线吸收仪 气相色谱仪	
$\varphi_{\mathrm{CO.fg}}$	非分散红外线吸收仪 气相色谱仪 定电位电解式烟气分析仪	首选仪器：非分散红外线吸收仪
$\varphi_{\mathrm{SO_2.fg}}$	非分散红外线吸收仪 紫外线脉冲荧光法分析仪	首选仪器：紫外线脉冲荧光法分析仪
$\varphi_{\mathrm{NO_x.fg}}$	化学发光法分析仪 非分散紫外线吸收仪 定电位电解式烟气分析仪	首选仪器：化学发光法分析仪
$\varphi_{\mathrm{H_2.fg}}$	色谱仪	
$\varphi_{\Sigma \mathrm{C}_m\mathrm{H}_n\mathrm{.fg}}$	非分散红外线吸收仪 色谱仪	首选仪器：色谱仪

4.3.7　烟气成分分析方法

《工业锅炉热工性能试验规程》（GB/T 10180—2017）规定了烟气成分测量仪表的最低精度要求，但没有规定采用何种仪器和仪表进行测量。《电站锅炉性能试验规程》（GB/T 10184—2015）不仅规定了烟气成分测量仪表的允许误差，而且规定了烟气分析仪器。美国国家锅炉性能试验标准 ASME PTC 4—2013 同时规定了烟气成分测量仪表的不确定度和测量仪器仪表。参考以上标准，《冷凝锅炉热工性能试验方法》（NB/T 47066—2018）规定了烟气成分测量仪表的最低精度要求，并推荐了几种测量的仪器和仪表供试验各方选择。

对于氧量测量，《电站锅炉性能试验规程》（GB/T 10184—2015）采用顺磁氧量计、氧化锆氧量计；ASME PTC 4—2013 采用顺磁氧量计、电化学电池、燃料电池和氧化锆氧量计；《冷凝锅炉热工性能试验方法》（NB/T 47066—2018）采用磁氧量计、氧化锆氧量计、定电位电解法。顺磁氧量计：利用氧气磁化率高且呈顺磁性的特性，来测量烟气中氧气[1]，电站锅炉多用顺磁氧量计测量氧量。氧化锆氧量计：氧化锆氧量分析仪：在传感器内温度恒定的Z_rO_2两极之间产生一个毫伏电势，通过这个电势和能斯特方程可以算出烟气中含氧浓度值，多用于锅炉DCS在线监控氧含量。电化学方法：由阴极、阳极及电解液组成，氧通过膜扩散进入电解液与阴极和阳极构成测量回路，利用法拉第定律，即流过溶解氧电极的电流和氧分压成正比，在温度不变的情况下电流和氧浓度之间呈线性关系。《电站锅炉性能试验规程》（GB/T 10184—2015）没有采用电化学方法，锅炉热工性能试验中通常采用烟气分析仪，烟气分析仪一般采用定电位电解法。

对于二氧化碳，《电站锅炉性能试验规程》（GB/T 10184—2015）采用红外吸收仪；ASME PTC 4—2013 没有给出测量仪器，建议用精确的仪器测定二氧化碳；《冷凝锅炉热工性能试验方法》（NB/T 47066—2018）采用非分散红外线吸收仪和气相色谱仪。

对于一氧化碳，《电站锅炉性能试验规程》（GB/T 10184—2015）采用红外线吸收仪；ASME PTC 4—2013 采用非分散红外吸收法；《冷凝锅炉热工性能试验方法》（NB/T 47066—2018）采用非分散红外线吸收仪、气相色谱仪和定电位电解式烟气分析仪。

测定空气中 CO 的方法有非色散红外吸收法、气相色谱法、定电位电解法、汞置换法等[2]。锅炉排烟中的 CO 测定方法，常用的是非色散红外吸收法和定电位电解法，一般烟气分析仪都能满足以上要求；气相色谱法需要现场取样，准确度是最高的，但由于取样比较复杂，对人员要求较高，因此现场使用相对较少；至于汞置换法，检出限较气相色谱法绝对值更低，由于取样、分析较为复杂，实际应用较少。

对于二氧化硫，《电站锅炉性能试验规程》（GB/T 10184—2015）采用红外线吸收仪、紫外线脉冲荧光法分析仪；ASME PTC 4—2013 采用脉冲荧光法或紫外线法；《冷凝锅炉热工性能试验方法》（NB/T 47066—2018）采用非分散红外线吸收仪和紫外线脉冲荧光法分析仪。

测定空气中 SO_2 常用的方法有分光光度法、紫外荧光光谱法、电导法、定电位电解法和气相色谱法[2]。锅炉排烟中 SO_2 的分析方法主要有定电位电解法和非分散红外吸收法；分光光度法检出限最低，比较适合低浓度 SO_2 的检测，但需要现场取样后进行分析。

对于氮氧化物，《电站锅炉性能试验规程》（GB/T 10184—2015）采用化学发光法分析仪、紫外线吸收仪；ASME PTC 4—2013 首选化学发光法；《冷凝锅炉热工性能试验方法》（NB/T 47066—2018）采用化学发光法分析仪、非分散紫外线吸收仪、定电位电解式烟气分析仪，首选仪器是化学发光法分析仪。

空气中 NO、NO_2 常用的测定方法有盐酸萘乙二胺分光光度法、化学发光法及原电池库仑滴定法等。

对于氢气，《电站锅炉性能试验规程》（GB/T 10184—2015）采用色谱仪；ASME PTC 4—2013 没有氢气项；《冷凝锅炉热工性能试验方法》（NB/T 47066—2018）采用色谱仪。

对于碳氢化合物，《电站锅炉性能试验规程》（GB/T 10184—2015）采用色谱仪、红外吸收仪；ASME PTC 4—2013 首选基于火焰电离探测原理的仪器（FID）；《冷凝锅炉热工性能试验方法》（NB/T 47066—2018）采用非分散红外吸收仪、色谱仪。

1. 定电位电解法

目前，中国锅炉能效测试过程中普遍采用定电位电解法测量 SO_2 和 NO_x 等烟气成分，主要原因是 Testo、MRU、益康等便携式烟气分析仪普遍采用定电位电解法测量，《固定污染源废气 二氧化硫的测定 定电位电解法》（HJ 57—2017）方法检出限为 $3mg/m^3$，测定下限为 $12mg/m^3$[2]。《固定污染源废气 氮氧化物的测定 定电位电解法》（HJ 693—2014）方法检出限为一氧化氮 $3mg/m^3$（以 NO_2 计），二氧化氮 $3mg/m^3$；测定下限为一氧化氮 $12mg/m^3$（以 NO_2 计），二氧化氮 $12mg/m^3$[3]。为了使读者了解定电位的基本测量原理，本书简要引用已有书籍[4]关于定电位电解法的原理阐述，供读者参考。

定电位电解法原理：定电位电解法是一种建立在电解基础上的监测方法，其传感器为由工作电极（W）、对电极（C）、参比电极（R）及电解液组成的电解池（三电极传感器）。当在工作电极上施加一大于被测物质氧化还原电位的电压时，被测物质在电极上发生氧化反应或还原反应，如 SO_2、NO_2、NO 的标准氧化还原电位如下：

$$SO_2+2H_2O \longrightarrow SO_4^{2-}+4H^+ +2e-0.17V$$

$$NO_2+H_2O \longrightarrow NO_3^- +2H^+ +e-0.80V$$

$$NO+2H_2O \longrightarrow NO_3^- +4H^+ +3e-0.96V$$

当工作电极电位介于 SO_2 和 NO_2 标准氧化还原电位之间时，则扩散到电极表面的 SO_2 选择性地发生氧化反应，同时在对电极上发生 O_2 还原反应：

$$O_2+4H^+ +4e=\!=\!=2H_2O$$

总反应为

$$2SO_2+O_2+2H_2O=2H_2SO_4$$

工作电极是由具有催化活性的高纯度金属（如铂）粉末涂覆在透气憎水膜上构成的。当气样中的 SO_2 通过透气憎水膜进入电解池后，在工作电极上迅速发生氧化反应，所产生的极限扩散电流与 SO_2 浓度的关系服从菲克扩散定律，即

$$I_1=\frac{nFADc}{\delta}$$

式中：I_1——极限扩散电流，A；

n——被测物质转移电子数，测量 SO_2 时取 2；

F——法拉第常数（96 500C/mol）；

A——透气憎水膜面积，cm^2；

D——气体扩散系数，cm^2/s；

δ——透气憎水膜厚度，cm；

c——被测气体浓度，mol/mL。

2. 非色散红外吸收法

随着技术的进步，越来越多的烟气分析仪都配备了非色散红外吸收法进行烟气成分的测量，包括 SO_2、NO_x、CO、CO_2 等，本书简单介绍非分散红外吸收法供读者参考。

非色散红外吸收法原理[5]：利用不同气体对不同波长的红外线具有选择性吸收的特性，具有不对称结构的双原子或多原子气体分子，在某些波长范围内（1～25μm）吸收红外线，具有各自的特征吸收波长，吸收关系遵循朗伯-比尔（Lambert-Beer）定律。

当一束光强为 I_0 的平行红外光入射到气体介质时，由于氮氧化物气体的选择性吸收，其出射光的光强度衰减为 I，吸收关系用公式表示为

$$\ln I=-KCL\ln I_0$$

式中：I——红外光被气体吸收后的光强度，cd；

K——气体的吸收常数；

C——气体的浓度，mol/L；

L——红外光通过气室的长度，cm；

I_0——红外入射光强度，cd。

NO_2 通过转换器还原为 NO 后进行测定。

参 考 文 献

[1] 赵振宇，张清峰，赵振宙．电站锅炉性能试验原理方法及计算［M］．北京：中国电力出版社，2010．

［2］环境保护部．固定污染源废气 二氧化硫的测定 定电位电解法：HJ 57—2017［S］．北京：中国环境科学出版社，2018．
［3］环境保护部．固定污染源废气 氮氧化物的测定 定电位电解法：HJ 693—2014［S］．北京：中国环境科学出版社，2014．
［4］奚旦立．环境监测［M］．5 版．北京：高等教育出版社，2018．
［5］环境保护部．固定污染源废气 氮氧化物的测定 定电位电解法：HJ 692—2014［S］．北京：中国环境科学出版社，2014．

第 5 章　过饱和烟气温度、湿度测量原理

5.1　过冷度对烟气温度、湿度测量的影响

燃气冷凝式锅炉因热效率高可作为优选的节能产品，其实际运行效率能否达到节能目标要求，是我国未来天然气锅炉能效测试与监管极为关键的问题。采用反平衡方法对冷凝式燃气锅炉进行热工测试时，烟气的排烟温度和湿度是计算排烟热损失 q_2 中显热、潜热的两项重要参数。高温烟气通过锅炉尾部间壁式换热器或直接喷淋低温水实现凝结换热后，烟气中的水蒸气会凝结成小液滴，由于凝结换热边界层内存在温度梯度、后部低温受热面对前面凝结液滴的二次冷却、烟气侧压力变化等原因会导致凝结液产生如图 5-1 所示的过冷度[1]。经过余热回收装置后的烟气为含过冷液滴的气-液两相烟气，此时使用直接接触式测温装置无法准确测量烟气的真实温度，同时现有基于扩散原理的湿度传感器也无法测量近饱和条件下烟气的湿度。本节将介绍过冷度对烟气温湿度测量的影响。

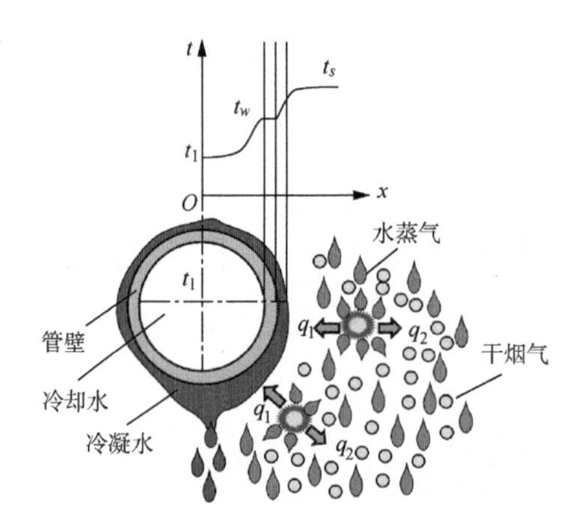

图 5-1　燃气烟气在间壁式换热器表面凝结过程

针对天然气燃烧产生烟气冷凝后温湿度无法准确测量的问题[2]，哈尔滨工业大学和中国特种设备检测研究院开发了基于原位烟气伴热夹层抽气测量装置，并在工业现场热工测试中验证该装置的有效可用性[3-5]。该测量装置的开发对于明确我国现有燃气冷凝式锅炉的真实能效水平，促进我国的燃气冷凝式锅炉的技术发展与运用，抵制国内外高能耗、低效率的特种设备产品流入我国工业生产领域，

增进我国高耗能特种设备设计、生产和运行的科技水平，指导高耗能特种设备向高效、环保、安全方向发展具有重要意义。

为了进一步确认燃气烟气凝结换热过程中液滴存在过冷度、液膜内存在温度梯度，在密闭冷凝腔体试验台系统开展试验研究。

5.1.1　密闭冷凝腔体试验系统主体部分

为研究不同不凝结气体浓度、不同冷凝压力等工况下燃气烟气中水蒸气凝结特性，采用高纯氮气和水蒸气配气混合的方式来模拟燃气燃烧产生的烟气，同时为排除大气环境中空气对试验过程的干扰，搭建了密闭冷凝腔体试验台，如图 5-2 所示。

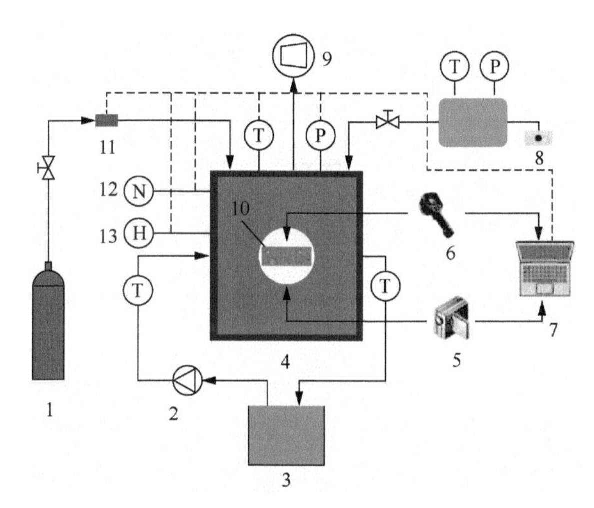

1——高纯氮气瓶；2——循环水泵；3——低温恒温反应浴；4——冷凝腔体；5——CCD 高速摄像机；6——红外热像仪；7——电脑；8——水蒸气发生器；9——真空泵；10——冷凝方铜管；11——转子流量计；12——氮气浓度传感器；13——湿度计。

图 5-2　密闭冷凝腔体试验系统原理

密闭冷凝腔体试验系统所用到的仪器及材料明细见表 5-1。

表 5-1　密闭冷凝腔体试验系统各部分明细

仪器名称	型号	数量	精度	作用
氮气瓶	40L	1		模拟不凝结气体
气体流量计	DFG-6T	1		控制气体流量
真空泵	T0103242	1		抽除不凝结气体
干燥硅胶	1L	1		滤除凝结水
数据采集系统	LDDAX1000	1	0.2%FS	采集试验数据
铜-康铜热电偶	T 型	4	0.1℃	测量温度

续表

仪器名称	型号	数量	精度	作用
红外热像仪	自制	1	0.05℃	测量冷凝液滴温度场
CCD	高速摄像机	1	MEMRECAM GX-3	拍摄记录蒸汽冷凝过程
信号发射器	JDS-2900	1	±20ppm	输入脉冲信号
功率放大器	SAST-D22	1		放大输入信号
扬声器号角	HG120-3	1	102dB	输出声音
低温恒温反应浴	5L	1	±0.1℃	提供恒温冷却水
水泵	GW15-9AUTO	1		提供水压
阀门	4 分	1		控制水路流量
水蒸气发生器	HSG20	1	0.1g/min	提供蒸汽
电磁流量计	LD	1	0.001L/min	测量水流量
冷凝腔体	定制	1		维持密闭冷凝环境
冷凝铜管	定制	1		提供冷凝表面
氮气浓度检测器	HJ-BXK-N2	1	3%FS	测量腔室内氮气浓度
湿度仪	AZ8726	1	0.1%RH	测量系统内水蒸气浓度
数显压力表	MIK-Y190	1	0.4 级	测量冷凝腔室压力
冷光源照明器	MLC-150C	1		提供光源

采用经典的纯水蒸气膜状冷凝传热试验来验证搭建的密闭冷凝腔体试验系统的可靠性，在冷凝传热系数理论计算方面，采用 Nusselt 推导的层流液膜平均表面传热系数计算式，即

$$h = 1.13 \times \left[\frac{g\rho^2\lambda^3 r}{\eta l(t_s - t_w)} \right]^{\frac{1}{4}} \tag{5-1}$$

式中：h——传热系数，W/（m^2 · K）；

g——重力加速度，m/s^2；

ρ——液膜密度，kg/m^3；

λ——液膜导热系数，W/（m · K）；

r——冷凝液的汽化潜热，kJ/kg；

η——动力黏度，Pa · s；

l——特征长度，m；

t_s——蒸汽温度，K；

t_W——壁面温度，K。

在冷凝传热系数试验测量方面，根据牛顿冷却公式可得

$$q_v \rho_l c_p \Delta t = A_0 h \Delta T_m \tag{5-2}$$

式中：q_v——循环冷却水体积流量，m^3/s；

ρ_l——冷却水密度，kg/m^3；

c_p——冷却水定压比热容，J/（kg·K）；

Δt——冷却水进出口温差，K；

A_0——冷凝铜管表面积，m^2；

ΔT_m——蒸汽侧对数平均温差，K。

由式（5-2），传热系数可写为

$$h = \frac{q_v \rho_l C_p \Delta t}{A_0 \Delta T_m} \tag{5-3}$$

试验过程中所需的饱和水蒸气由水蒸气发生器提供，其质量流量为 15g/min。试验结果如图 5-3 所示，对于试验系统中的蒸汽膜状凝结，由于蒸汽在进入铜管表面凝结时不可避免地存在一定的流速，蒸汽的流动强化了其凝结换热，而努塞特（Nusselt）推导的蒸汽层流膜状凝结忽略了蒸汽流速的影响，其假定蒸汽是静止的，因此试验测量得到的传热系数要高于理论计算结果，但试验结果的总体趋势与 Nusselt 模型相符合，最大误差在 10%以内。

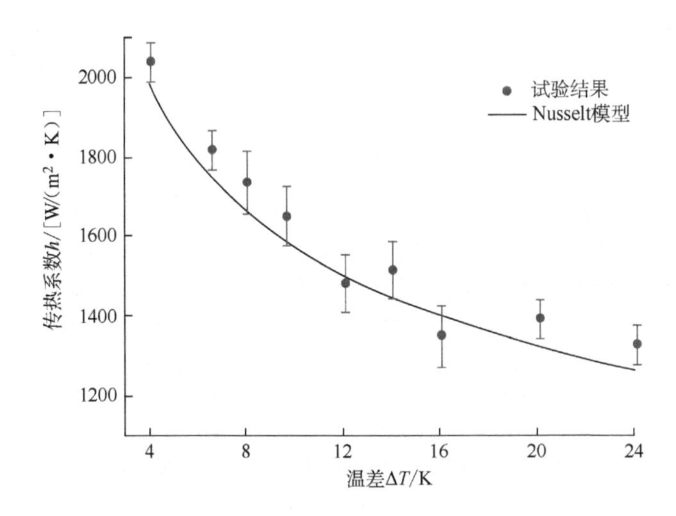

图 5-3　铜管表面膜状冷凝传热系数理论值与试验结果对比

烟气中的水蒸气凝结问题属于含大量不凝结气体的水蒸气凝结研究范畴，不凝结气体浓度是研究含大量不凝结气体水蒸气凝结特性中的一个重要参数。为防止周围环境中的空气渗入冷凝试验系统对研究造成干扰，搭建了密闭冷凝腔体试验系统。通过对试验系统中的冷凝腔体进行高压、低压试验的方式来验证其密闭可靠性，试验观察到的冷凝腔体内部压力随时间变化如图 5-4 所示。由图 5-4 可知，在 0～600s 内，冷凝腔体的高压、低压试验压力在小范围内波动，误差在 2%以内，由此证明了搭建的冷凝腔体试验系统的密闭可靠性。

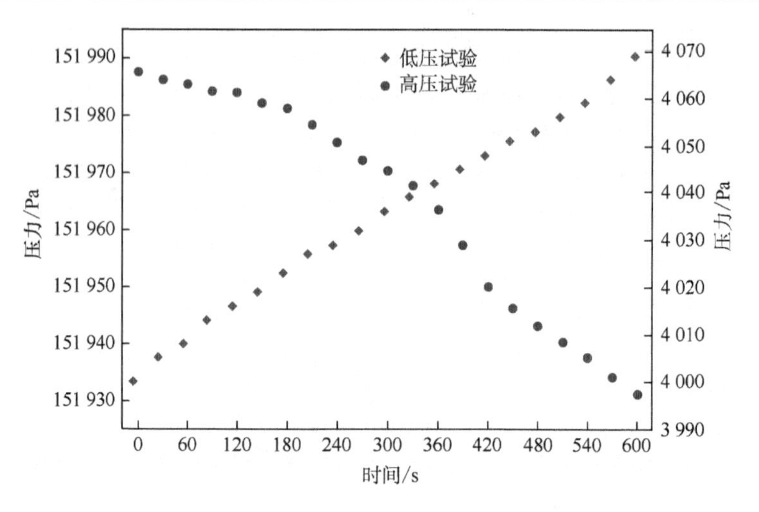

图 5-4　冷凝腔体内部压力随时间变化

5.1.2　冷凝表面制备及表征

蒸汽的冷凝形态分为膜状冷凝和珠状冷凝，如果冷凝液能较好地润湿冷凝表面且在其上形成液膜，则该种凝结模式称为膜状凝结；如果冷凝液不能较好地润湿冷凝表面，而是在凝结壁面上形成一个个小液滴，则该种凝结模式称为珠状凝结[6]。研究表明，珠状凝结比膜状凝结更有利于燃气锅炉尾部烟气与冷却水之间的换热[7-9]。在对冷凝锅炉进行现场热工试验时发现，经过冷凝器后的燃气烟气为含小液滴的气-液两相烟气，当使用直接接触式测量装置测量这部分烟气时：一方面，燃气烟气中的小液滴会与测量装置直接接触，对测量造成干扰；另一方面，燃气烟气中的水蒸气会不断在测量装置探头上凝结成小液滴，且在不同测量工况下凝结产生的小液滴温度相差很大且分布不均匀。本节在试验过程中以珠状凝结为研究对象，通过制备疏水表面、超疏水表面以使蒸汽在冷凝表面实现珠状凝结。

采用已有且常用的方法制备超疏水表面[10-11]，首先使用 1500#砂纸将铜片表面打磨平整；接着用 3000#砂纸对铜管表面继续打磨；随后使用 W0.5 研磨膏对铜片表面进行抛光，抛光后的铜片表面依次在丙酮、乙醇、去离子水中清洗 5min，清除铜片表面的杂质；将清洗后的铜片表面置于含 0.065mol/L 过硫酸钾（$K_2S_2O_8$）和 2.5mol/L 氢氧化钾（KOH）的水溶液中，在 70℃水浴锅内恒温 30min；然后将铜片取出，用去离子水清洗，在空气中自然干燥，放入干燥箱，180℃下加热 2h。将吹扫干燥后的铜片表面置于 2.5mmol/L 的十八烷基硫醇（$C_{18}H_{37}SH$）溶液中，密封，在 70℃恒温水浴中恒温 1h 后取出，自然干燥。

将打磨、抛光、清洗后的铜片表面直接置于 2.5mmol/L 的十八烷基硫醇

（$C_{18}H_{37}SH$）溶液中，密封；在70℃恒温水浴中恒温1h后取出，自然干燥即可得到疏水表面。

使用接触角测定仪（SL200KS，美国）对制备的光滑铜片表面、疏水表面、超疏水表面进行静态接触角分析，如图5-5所示。静态接触角选用躺液滴方法测量，水滴的体积为3μL，在表面上多个不同点进行测量，对多个不同点测量得到的静态接触角取平均，可以看出光滑铜片表面静态接触角为83.26°，疏水表面静态接触角为121.79°，超疏水表面静态接触角为142.58°。测量结果与目前已有文献报道结果相近[11]，证明了制备流程的正确性及制备的疏水表面、超疏水表面的有效可靠性。

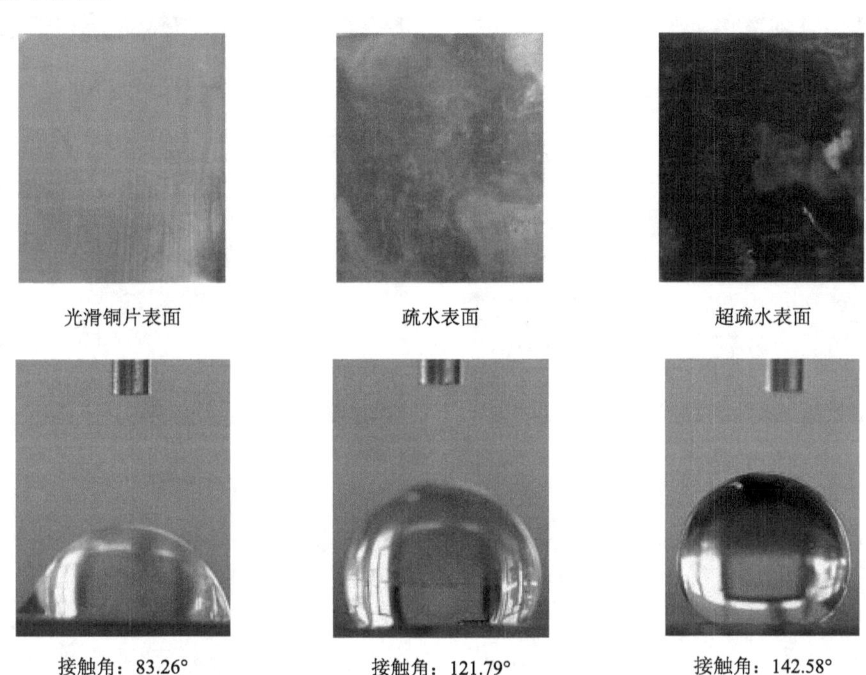

（a）光滑铜片表面及其静态接触角　（b）疏水表面及其静态接触角　（c）超疏水表面及其静态接触角

图5-5 制备的不同冷凝表面及其静态接触角

使用场发射扫描电镜（Quanta FEG 250，美国）对制备的光滑铜片表面、疏水表面、超疏水表面进行观察，结果如图5-6所示。可以看出，制备的光滑铜片表面较平滑且粗糙度分布均匀；对于制备的疏水表面，十八烷基硫醇（$C_{18}H_{37}SH$）的自组装作用使得其表面开始出现微米尺度的片状结构，且存在粗糙度分布不均匀现象；制备的超疏水表面由于过硫酸钾（$K_2S_2O_8$）和氢氧化钾（KOH）的强氧化刻蚀作用使其在微米尺度的片状基体上又长满了枝条状结构，该结构极大地提高了超疏水表面的粗糙度，在含有不凝结气体的氛围下，不凝结气体会在该结构中形成“气囊”，冷凝液滴在其表面上形成Cassie润湿模式，该润湿模式减小了固液的接触面积，有利于凝结液滴滚动脱落。

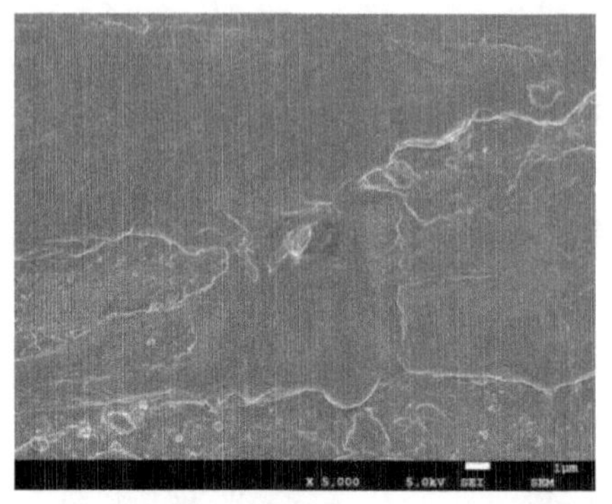

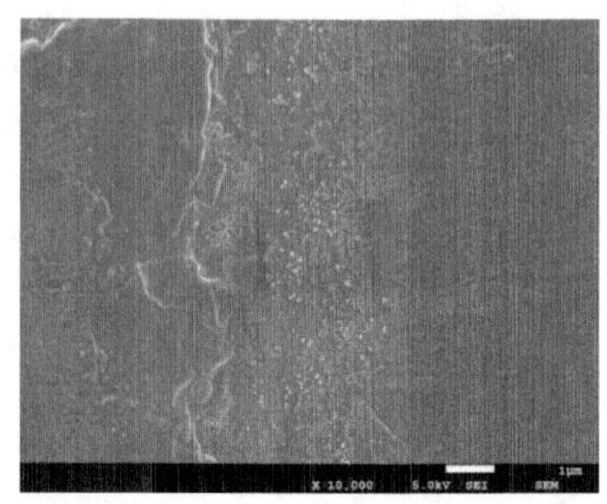

（a）光滑铜片场发射扫描电镜图

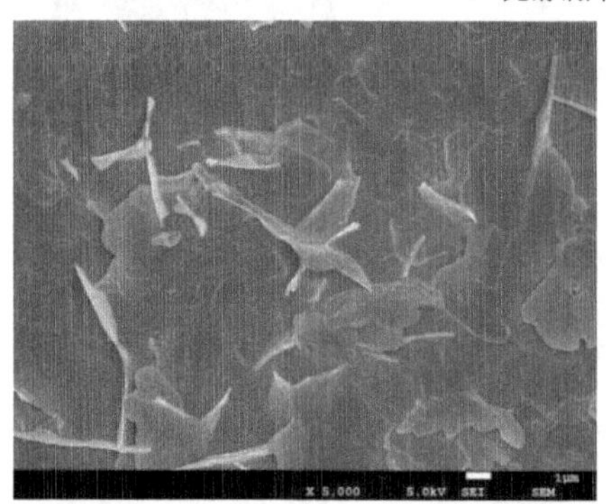

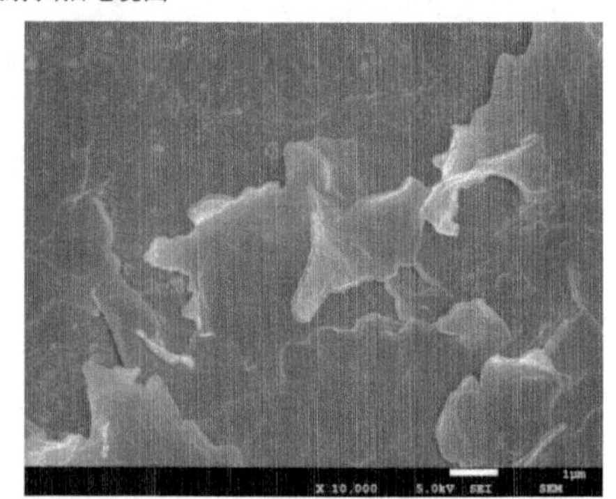

（b）疏水表面场发射扫描电镜图

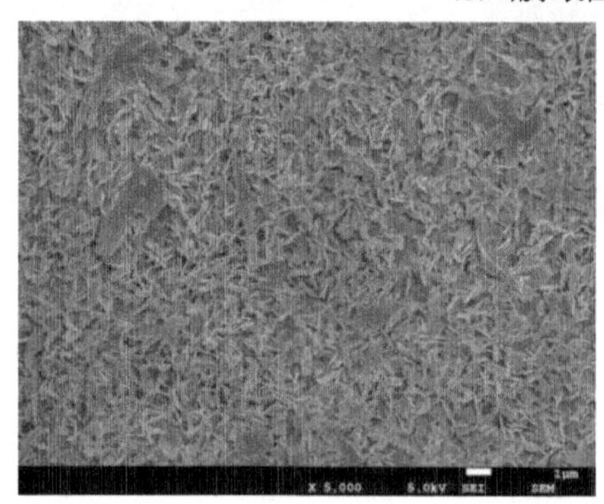

（c）超疏水表面场发射扫描电镜图

图 5-6　不同冷凝表面场发射扫描电镜图

5.1.3　含不凝气体蒸汽冷凝传热的特性

实际工程中，烟气是水蒸气和其他不凝结气体的混合物，需要开展不凝气体的传热研究，利于后续的温湿度测量。回收燃气烟气中的显热和潜热对于提高锅炉的效率具有重要意义，燃气烟气在冷凝锅炉余热回收装置中的换热过程较为复杂。现有的研究表明[12-17]，不凝结气体浓度、冷凝压力、冷凝壁面过冷度、冷凝壁面材质及几何结构均会对烟气换热产生影响，本节对含不凝结气体的蒸汽在光滑疏水表面换热特性进行了试验研究。

在研究含不凝结气体的蒸汽在试验系统中的光滑疏水表面换热特性前，首先对试验系统的热平衡进行校核，试验系统热平衡校核过程如下：

$$Q_{\text{gas}} = m_{\text{gas,in}} h_{\text{gas,in}} \tag{5-4}$$

式中：Q_{gas}——混气进入系统的热量，kW；

$m_{\text{gas,in}}$——混气的质量流量，kg/s；

$h_{\text{gas,in}}$——混气进入系统的焓值，kJ/kg。

$$Q_{\text{cool}} = m_{\text{cool}} (h_{\text{cool,out}} - h_{\text{cool,in}}) \tag{5-5}$$

式中：Q_{cool}——工质侧带走的热量，kW；

m_{cool}——工质的质量流量，kg/s；

$h_{\text{gas,out}}$——系统出口处工质的焓值，kJ/kg；

$h_{\text{gas,in}}$——系统进口处工质的焓值，kJ/kg。

$$Q_{\text{Cond}} = m_{\text{Cond}} h_{\text{Cond}} \tag{5-6}$$

式中：Q_{Cond}——蒸汽冷凝释放的热量，kW；

m_{Cond}——冷凝水的质量流量，kg/s；

h_{Cond}——冷凝水的焓值，kJ/kg。

定义试验系统的热平衡误差为

$$\text{DEV} = \left| \frac{Q_{\text{gas}} - (Q_{\text{cool}} + Q_{\text{Cond}})}{Q_{\text{gas}}} \right| \times 100\% \tag{5-7}$$

式中：DEV——试验系统的热平衡误差。

测量得到的试验系统热平衡数据如图 5-7 所示。从图 5-7 中可以看出，整个试验系统的热平衡误差在 15%以内。当混合气体进入系统内的热量在 0.50～0.60kW 时，整个试验系统热平衡误差最小，此时试验系统热平衡误差在 12%以内，因此选择进入试验系统的混气热量为 0.55kW 的工况为试验工况。

在余热回收装置中燃气烟气的放热形式包括烟气释放显热和气化潜热，烟气释放汽化潜热的过程为烟气中的水蒸气冷凝相变换热，烟气释放显热的过程主要为对流换热，为研究不同水蒸气体积分数下，混气对流换热所占的百分数，即

$$F_{\text{conv}} = \frac{Q_{\text{cool}} - Q_{\text{Cond}}}{Q_{\text{cool}}} \tag{5-8}$$

式中：F_{conv}——混气对流换热所占的比例，%。

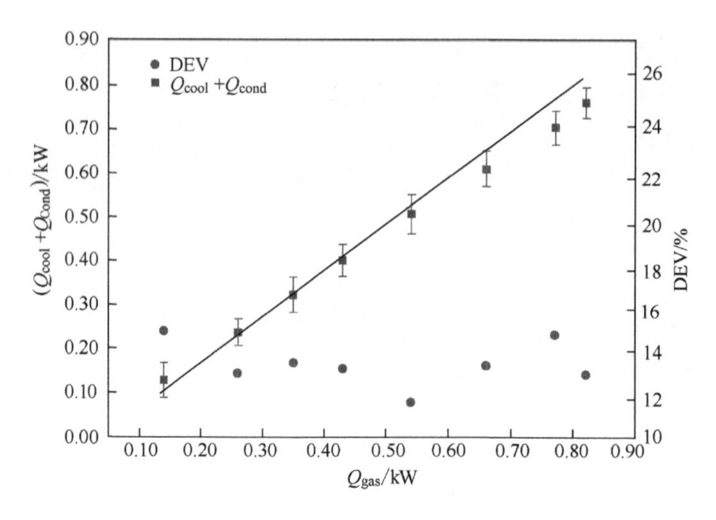

图 5-7　试验系统热平衡校正

根据式（5-8），测量计算得到不同水蒸气体积分数时混气对流换热所占的比例如图 5-8 所示。由图 5-8 可知，随着水蒸气体积分数的增加，混气对流换热所占比例逐渐降低，这意味着混气中水蒸气凝结放热所占的比例逐渐增大。燃气烟气中水蒸气的体积分数在 10%～20%时，燃气烟气释放显热在释放的总热量中占 45%左右（图 5-8 中 A 点），而剩余 55%左右的热量由燃气烟气中水蒸气释放的气化潜热得到。燃气烟气中水蒸气的体积份额虽不超过 20%，但凝结释放的潜热却占释放总热量的 50%以上，这是由水蒸气的汽化潜热较高所致。

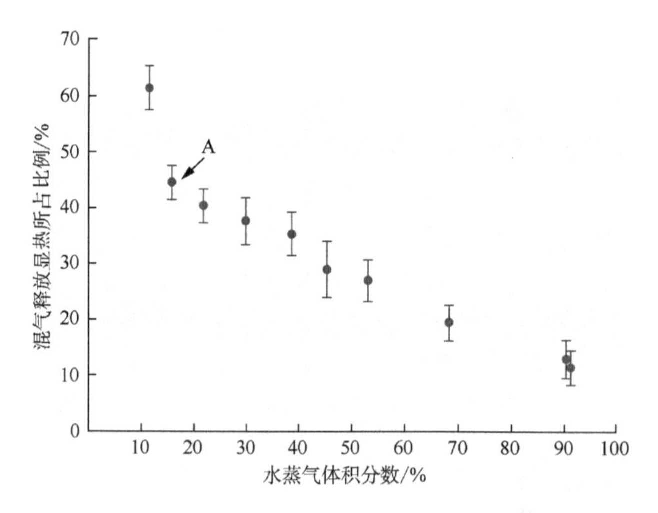

图 5-8　不同水蒸气体积分数时混气对流换热所占比例

图 5-9 为不同不凝结气体浓度时光滑疏水表面传热系数与表面过冷度的关系。从图 5-9 中可知，当不凝结气体的体积分数由 5%增加到 45%时，光滑疏水表

面的传热系数快速下降，这是由于当凝结过程中不凝结气体的体积分数过高时，不凝结气体会在气固交界面处聚集，逐渐形成不凝结气体层。不凝结气体层的存在一方面增加蒸汽在光滑疏水表面的传质阻力，另一方面由于光滑疏水表面界面处不凝结气体的分压增大，水蒸气分压降低，光滑疏水表面界面处水蒸气的饱和温度降低，进而导致蒸汽凝结过程中的驱动力下降。当不凝结气体的体积分数超过 45%时，不凝结体积分数对光滑疏水表面的传热系数影响逐渐降低，这是由于当不凝结气体的体积分数过高时，光滑疏水表面界面处形成的不凝结气体层会维持在相对稳定的水平，继续增加不凝结气体的体积分数对传热系数减弱的效果并不会明显增大。

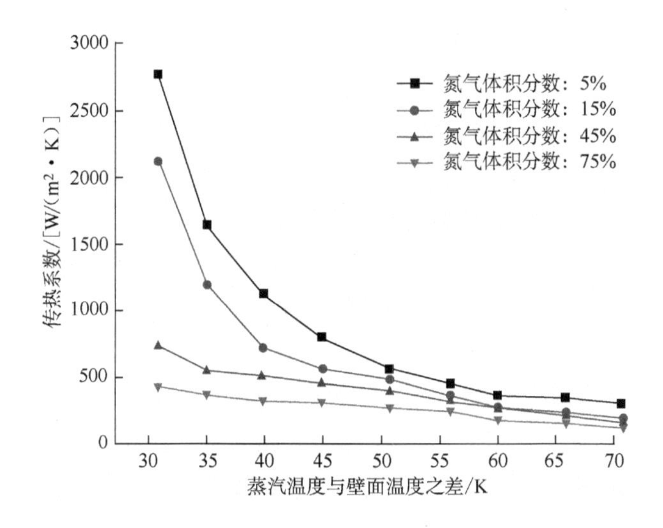

图 5-9　不同不凝结气体浓度时光滑疏水表面传热系数与表面过冷度的关系

含不同不凝结气体体积分数的水蒸气在光滑疏水表面冷凝时，在冷凝壁面 X 轴方向的温度分布（Z=6.5mm）如图 5-10（a）所示。试验过程中，由于含有不凝结气体的蒸汽在光滑疏水表面自左向右吹扫，混合气体首先在光滑疏水表面左端进行换热，混合气体的温度逐渐降低，所以随着 X 轴方向的长度逐渐增大，冷凝壁面的温度自左向右逐渐降低。图 5-10（b）为不同水蒸气体积分数时冷凝壁面 X 轴方向的温度分布，从图 5-10（b）中可以看出，随着混合气体中不凝结气体体积分数的增加，光滑疏水表面整体温度下降。这是由于进入试验系统的混合气体体积流量一定，当混合气体中不凝结气体体积分数增加，对应的混合气体中水蒸气的体积分数降低，蒸气释放的热量降低。虽然混合气体中不凝结气体的体积分数过高时会在光滑疏水表面形成一层稳定的不凝结气体层，该不凝结气体层的存在会阻碍蒸汽与光滑疏水表面换热，使光滑疏水表面温度升高，但由于不凝结气体的存在导致壁面温度的升高远抵消不了混气中蒸汽体积分数减小引起的混气释放热量的降低，故光滑疏水表面温度会整体下降。同时从图 5-10（b）中可知，当不凝结气体体积分数一定时，光滑疏水表面温度分布曲线上会出现峰值，这是由该区域被凝结液滴覆盖所致。

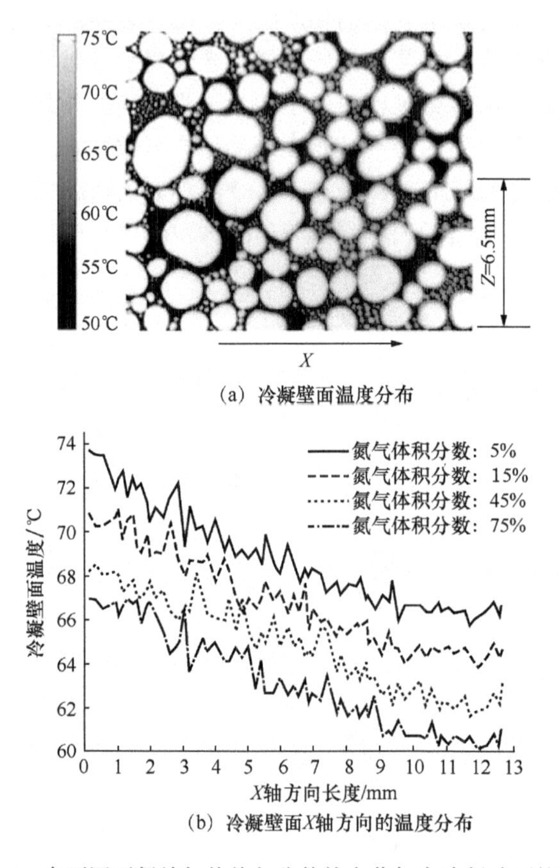

(a) 冷凝壁面温度分布

(b) 冷凝壁面X轴方向的温度分布

图 5-10　含不同不凝结气体体积分数的水蒸气在冷凝壁面的温度分布

从图 5-11 可知，当混合气体中不凝结气体的体积分数小于 80%时，随着系统冷凝压力的升高，含有不凝结气体的蒸汽冷凝传热过程增强。随着冷凝压力的升高，水蒸气的分压也会相应升高，导致水蒸气的饱和温度也随之升高，加强了混合气体冷凝的驱动力。同时，随着冷凝压力的升高，混合气体的温度也会升高，而混合气体中蒸汽的扩散系数与其温度呈正相关，加强了水蒸气穿过不凝结气体层向光滑疏水表面进行冷凝的过程。但随着不凝结气体的体积分数进一步增加，光滑疏水表面不凝结气体层的厚度会进一步增加，导致系统冷凝压力的提高强化混合气体中水蒸气传质过程的效果减弱，所以当不凝结气体体积分数超过 80%时，冷凝压力对传热系数提高的效果不大。

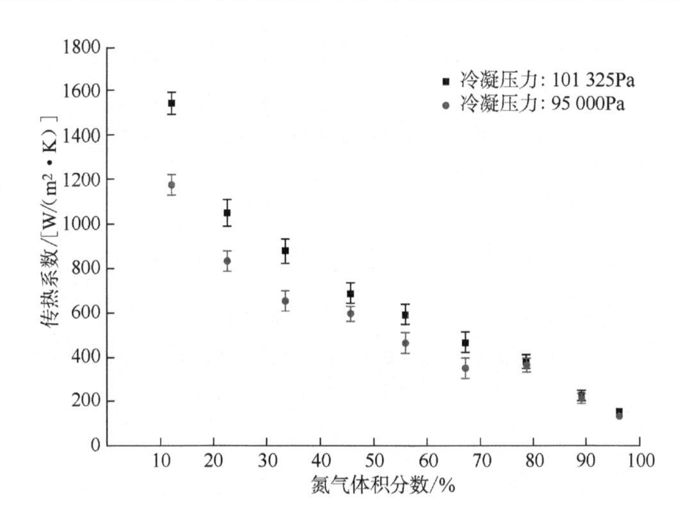

图 5-11　不同冷凝压力下时光滑疏水表面传热系数与不凝结气体体积分数的关系

5.2　过饱和烟气温度、湿度测量装置系统介绍

冷凝锅炉一般在锅炉尾部布置间壁式换热器或直接喷淋低温水以实现烟气冷凝换热。烟气冷凝换热后产生的凝结液滴存在温度梯度、后部低温受热面对前端凝结液滴的二次冷却、烟气侧压力变化等原因会导致凝结液滴存在过冷度。该过冷度一般为 3～5℃，某些条件下甚至达到 8～10℃。此时，若用直接接触式测温装置（热电偶、热电阻）测量冷凝换热后烟气的温度，测温端如果与过冷液滴接触，其测得的是过冷液滴的温度，而非烟气的真实温度；同时现有基于扩散原理的直接接触式湿度传感器也无法准确测量含过冷液滴过饱和烟气的湿度。

冷凝锅炉进行热工性能试验时，烟气的排烟温度、湿度是计算排烟热损失 q_2 的两项重要参数。由于冷凝锅炉尾部过饱和烟气中存在过冷液滴，采用直接接触式测量装置无法准确测得冷凝锅炉过饱和烟气温度、湿度，因此需要高精度、低测量不确定度的烟气温度、湿度测量装置来表征、监测烟气中水蒸气在余热回收装置中的凝结进程，即烟气温度、湿度的变化，进而评价冷凝锅炉排烟热损失 q_2 的真实情况。

《冷凝锅炉热工性能试验方法》(NB/T 47066—2018) 推荐采用原位烟气自伴热抽气式装置测量冷凝换热后过饱和烟气的温度、湿度，测量装置根据凝结过冷液滴的惯性大于烟气及 BBO 方程中确定的液滴在连续流体介质中跟随速度改变的原理，采用双层套管逆向（与来流烟气方向相反）抽气取样方式，达到分离烟气和过冷液滴的目的，在原位烟气伴热条件下，完成分离后烟气温度的测量；之后对烟气进行等湿加热，测量等湿加热后烟气的温度、湿度，计算烟气的绝对含湿量，从而获得最后一级冷凝受热面出口烟气的绝对含湿量。测量装置通过抽气取样，分离液滴，完成冷凝换热后过饱和烟气的温度、湿度测量。

5.2.1 测试系统

测试系统是在常规接触式测试系统的基础上，进行开发设计，采用双层套管抽气取样，达到滤除液滴的目的，完成气-液两相烟气温湿度的测量。整个测试系统通过抽气取样，滤除液滴，完成对含湿烟气温湿度的测量[18]，测试系统的原理如图 5-12 所示。

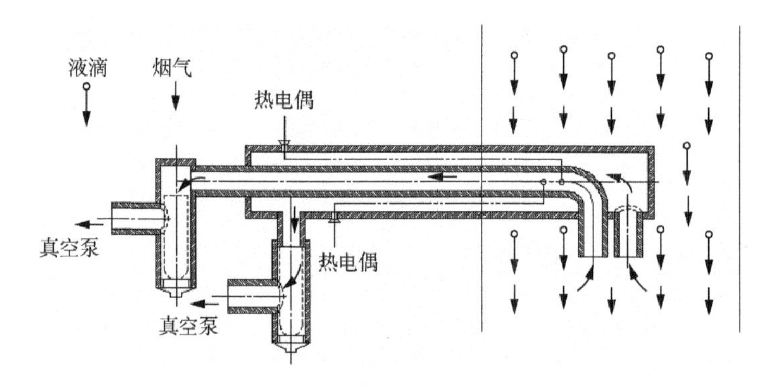

图 5-12 测试系统的原理

测试系统由内、外两层管路构成，内层管路由导热性能较强的紫铜管构成，外层管路由强度较高、导热性能较差的 304 号钢构成；在内层管路的中心设置测温装置，试验中采用精度较高的 PT100 铂电阻完成烟气温度的测量；整个外层管路由于强度高、导热性能差，在抽气取样系统中不仅起支撑作用，还对内层管路在抽气取样的过程中起伴热的效果，且能防止因液滴附着在内层管路，导致液膜的温度梯度对测温造成影响。根据惯性原理及 BBO[19] 方程中液滴对流体介质跟随性随流体速度改变（此处速度的改变指方向的改变）而降低的缘故，逆向取样，滤除液滴的影响，完成温湿度的测量。在抽气取样的过程中保证内外管抽气的流速小于烟道中烟气的流速，液滴质量大惯性大，运动状态难以改变，烟气因质量较轻，运动状态较易改变，就达到了滤除液滴的目的。完成了含液滴烟气温度测量的目的，为使测量的烟气温度接近真实值，采用外管路烟气的伴热加上内管路烟气的不断更新抽取，经过一段时间的稳定，能够实现内管路的烟气温度和烟道内的烟气温度一致，测量的温度更接近于真实值。根据上述原理，作者设计开发了抽气式测量装置，图 5-13 中黑点部分为设置的温度测点，整个测试装置结构如图 5-13 所示。

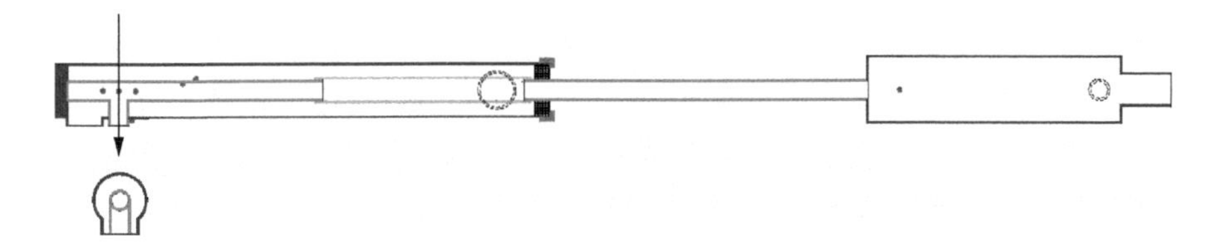

图 5-13　测试装置结构

从图 5-13 可以看出，外层管路的取样口处设置了测温装置 PT100 铂电阻，与内部的测温装置形成对比测试，验证抽气式测试装置能否滤除冷凝液滴的影响，完成含液滴烟气温度的测量；内管的外壁设置有温度传感器，探究外管路的烟气对内管路的伴热情况。从结构图可以看出，设计相对于原理图多出了一部分，是为了完成烟气湿度的测量，为防止抽气过程中烟气中的水蒸气发生二次冷凝现象，加装了能够实现在线伴热的结构，为探究伴热温度对测试装置的影响，在伴热装置后端设置有测温装置；为防止外伴热结构对前面温度的测量造成影响，两个铜管之间通过绝热管箍相连。内层管路在抽气的过程中，外部有外层管路的伴热保护，并且深入烟道之中，环境温度较高，一般不会在取样装置前端发生烟气的二次冷凝，在适宜的抽气流速和伴热温度下，就能完成烟气温湿度测量。从烟气温度的测量到烟气湿度的测量，整个过程是等湿的加热过程，在电加热过程中，烟气的含湿量不变，通过测量加热后烟气温湿度的值和实际的烟气温度，根据含湿量不变，就能计算出实际的烟气温度对应的烟气湿度。根据结构图加工设计的测试装置效果图如图 5-14 所示。

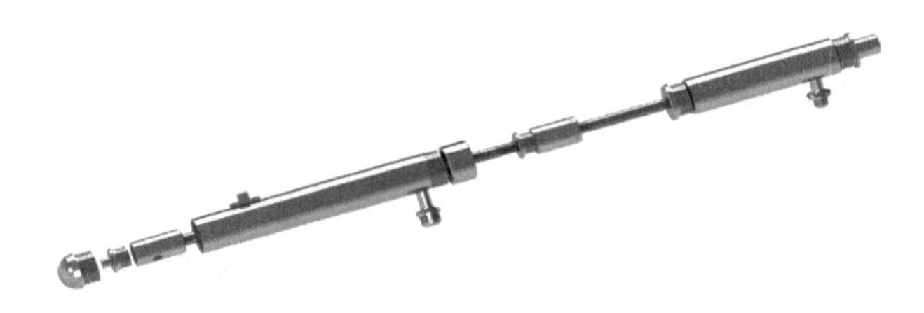

图 5-14　测试装置效果图

设计加工出来的整个测试装置，有效测试长度为 200mm（内外层管路取样口到连接外层管路抽气接口），外伴热紫铜管有效长度为 200mm，后面钢管有效长度为 150mm，钢管后面连接的一小段直径略微大于湿度仪探头直径 30mm 的管路（便于湿度仪的测量，能够防止外来空气的进入，也便于对其实行密封）。整个管路，内层紫铜管和外部伴热紫铜管都是同一型材，外径 θ=10mm，厚度 δ=1mm；304 号钢外径 θ=20mm，厚度 δ=1mm。

测试装置的设计加工提供了一种原理依据，能够滤除烟气中冷凝液滴的影响，要完成实际烟气温湿度的测量，需要各种仪器设备的辅助。抽气的动力设备、流量控制系统，通过烟气分析仪、真空泵、等速采样仪和转子流量计得以实现；测试装置设有温度传感器，能够完成烟气温度的测量；数据的采集工作需要其他装置完成，温度数据的采集工作由温度巡检仪完成；烟气湿度的测量是通过等湿加热过程，由湿度仪测量得到此温度下湿度和实际烟气的温度之间进行计算，得出实际烟气的湿度。整个烟气温湿度测量的完成就是基于以上原理，其测试系统如图 5-15 所示，基于原位烟气伴热夹层抽气测量系统原理如图 5-16 所示。

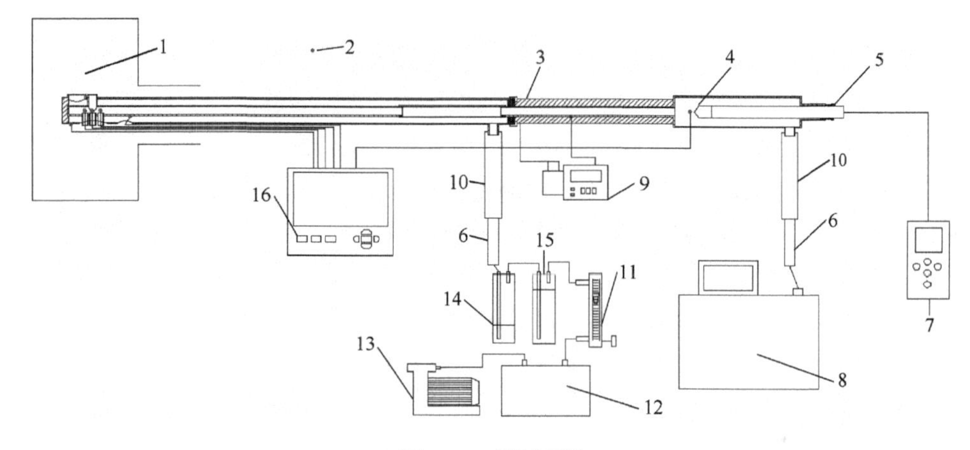

图 5-15　测试系统

1——烟气；2——温度测点；3——加热系统；4——温湿传感器；5——橡胶塞；6——硅胶软管；7——湿度仪；8——烟气分析仪；9——温度调节仪；10——冷却管；11——转子流量计；12——等速采样仪；13——真空泵；14——洗涤瓶；15——干燥瓶；16——温度巡检仪。

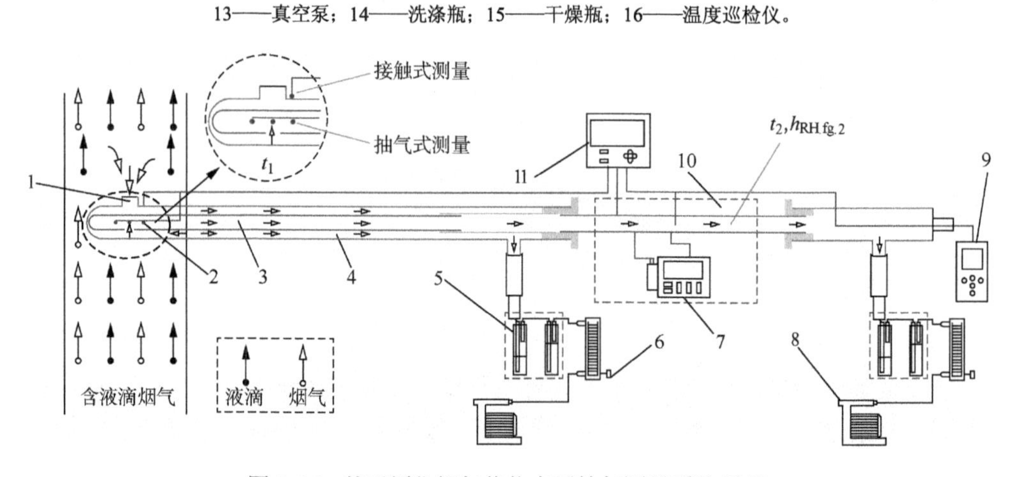

图 5-16　基于原位烟气伴热夹层抽气测量系统原理

1——取样孔；2——F-P 腔光纤温度传感器；3——内管；4——外管；5——数字微压计；6——转子流量计；7——干燥器；8——真空泵；9——温度仪；10——光纤光栅湿度传感器；11——温度巡检系统。

在伴热段测量点处能够测得经伴热后烟气的温度和相对湿度，测得的烟气温度和相对湿度分别记为 t_2 和 $h_{RH.fg.2}$。由于在测试系统中伴热结构是对烟气进行等湿加热，在加热过程中烟气的含湿量不变，因此通过测得的烟气温度 t_2、烟气

相对湿度 $h_{RH.fg.2}$，能够计算出绝对含湿量 $h_{ab.fg.Cond}$。根据含湿量不变原理，通过式（5-9）～式（5-11）即可计算出冷凝后含过冷液滴烟气的绝对含湿量。

$$\lg p_{st.sat.db}=3.01-7.902\,98\times\left(\frac{373.16}{t_2+273.15}-1\right)-1.3816\times10^{-7}\times\left[10^{11.344\times\left(1-\frac{t_2+273.15}{373.16}\right)}-1\right]$$
$$+5.028\,08\times\lg\left(\frac{373.16}{t_2+273.15}\right)+8.1328\times10^{-3}\times\left[10^{-3.491\,49\times\left(\frac{373.16}{t_2+273.15}-1\right)}-1\right] \tag{5-9}$$

式中：t_2——经伴热后烟气的温度，℃；

$p_{st.sat.db}$——t_2 温度下的水蒸气饱和压力，hPa。

$$p_{st.sat}=100p_{st.sat.db} \tag{5-10}$$

式中：$p_{st.sat}$——t_2 温度下的水蒸气饱和压力，Pa。

$$h_{ab.fg.Cond}=0.622\times\frac{\dfrac{h_{RH.fg.2}}{100}\times p_{st.sat}}{p_{at}-\dfrac{h_{RH.fg.2}}{100}\times p_{st.sat}} \tag{5-11}$$

式中：$h_{ab.fg.Cond}$——经伴热后烟气的相对湿度，%；

p_{at}——当地大气压力，Pa。

5.2.2　温度采集系统

测试装置的温度采集系统主要由温度传感器和温度巡检仪构成，温度传感器使用的是三线制 PT100 铂电阻，三线制可以大大减少系统误差，其主要参数如下：

精度等级：A 级［±（0.15+0.002| t |)］；

测温范围：–50～250℃；

公称压力：1.5MPa；

热响应时间：$t_{0.5}$=0.5s；

长期稳定性：R_0 漂移小于等于 0.04%。

PT100 铂电阻是烟气温度的测量部分，温度数据的采集显示，应用的是温度巡检仪，是香港昌晖公司生产的 SWP-ASR500 型无纸记录。

5.2.3　等速采样系统

测试系统中需要两路流量控制系统，一路由烟气分析仪提供，另一路由等速采样仪、真空泵、转子流量计、洗涤瓶和干燥瓶组成，在提供动力方面与烟气分析仪具有相同的功能，整个抽气采用逆向采样的原理，需要严格控制采样的速度，以达到滤除液滴的目的。采样测量时，需要保持采样口与烟道内烟气的流向相同，使采样速度小于采样点的烟气流速，保证不破坏冷凝液滴的惯性作用，达到滤除冷凝液滴的目的。整个等速采样系统通过转子流量计控制流量，真空泵需要干燥、室温的工作环境，所以在烟气进入真空泵前设置冷却管、洗涤瓶和干燥瓶。

5.2.4　温度控制系统

测试系统中，为了完成烟气湿度的测量，防止烟气抽取过程中发生二次冷凝现象，造成湿度测量的偏差，测量装置通过采用温度控制仪和电加热带实现在线伴热功能。

5.2.5　湿度测量系统

测试系统中，湿度的测量对排烟热损失 q_2 的确定起着重要的作用，试验采用温湿度仪完成电加热后烟气温湿度的测量，加热过程属于等湿加热过程，根据加热前后烟气含湿量不变，推导计算出实际烟气的湿度。温湿度仪采用的是德国德图公司的 Testo 635-2 型温湿度仪，探头为手持式，其实物如图 5-17 和图 5-18 所示。

图 5-17　温湿度仪

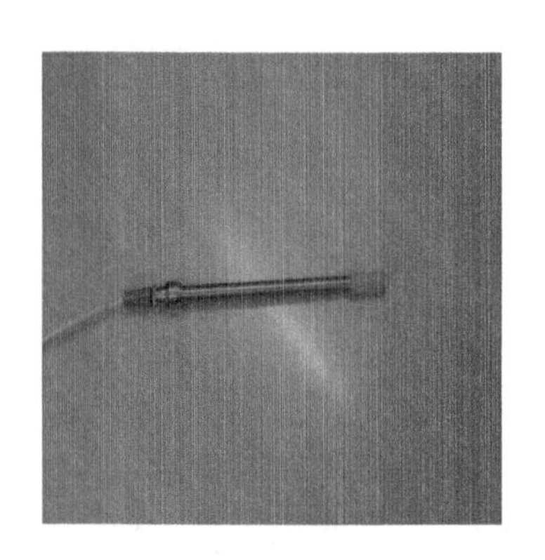

图 5-18　温湿度探头

Testo 635-2 型温湿度仪的主要参数见表 5-2。

表 5-2　Testo 635-2 型温湿度仪的主要参数

探头类型	温度探头	湿度探头
探头原理	NTC	湿敏电容
量程	–40～125℃	0～100%RH
精度	±0.2℃　(–25～74.9℃) ±0.4℃ (–40～–25.1℃) ±0.4℃ (+75～99.9℃) ±0.5% 的测量值（剩余量程）	0.1%RH
分辨率	0.1℃	0.1%RH

5.2.6　集成装置系统

测试系统属于工业应用型，要具有方便、快捷、易于携带的特点，在工业上才能带来成功的应用。在测试装置方面，设计加工的是一个能完成烟气取样测量的装置，但应用的仪器设备太多，工业应用不方便，为解决这一问题，作者设计开发了多功能集成装置，此集成装置包含两路流量控制系统、多路温度测点、一路湿度测点和两路电加热系统（其中一路为辅助设施），这样集成装置就能完成测试装置所需要的全部功能。两路流量控制系统，一路控制测试装置内管抽气流速，一路控制外管抽气流速，并且两路流量都能通过转子流量计控制；多路温度测点和一路湿度测点，其中电加热之后烟气的温湿度通过一路温湿度测点就能完成测量。集成装置根据加热前后含湿量不变的原理，在集成装置内部设置有湿度计算程序，能够完成实际烟气湿度的计算。两路电加热系统与温控仪具有相同的功能，通过电加热带对烟气温度实行控制。整个控制面板既能通过触屏控制，也能通过旋钮实现控制，其实物如图 5-19 所示。

（a）右视图

（b）主视图

（c）左视图

图 5-19　多功能集成装置系统

5.3　新一代过饱和烟气温度、湿度测量装置及原理

为了进一步提高前期开发装置的测量精度，降低测量不确定度，拟引入基于光的双光束干涉原理制备的 F-P 腔光纤温度传感器、光纤光栅湿度传感器，集成到前期提出的基于原位烟气伴热夹层抽气装置中，形成新一代的含液滴烟气的温湿度测量装置，将湿烟气与冷凝液滴分离，在同位烟气伴热条件下：使用光纤温度传感器测试湿烟气温度，然后将湿烟气快速加热，利用光纤光栅湿度传感器测试加热后的烟气温度、湿度，计算出烟气含湿量，从而获得最后一级冷凝受热面出口烟气中的水蒸气量。

5.3.1　F-P 腔光纤温度传感器原理

为达到烟气温度测量精度高、不确定度低、信号响应时间短的目标，基于原位烟气伴热夹层抽气测量系统中的温度传感器采用哈尔滨工业大学（威海）理学院光电科学系提出的 F-P 腔光纤温度传感器（图 5-20）。该传感器利用双光束相干涉原理，通过在腔内底部填充乙醇液体作为温敏材料，由于光纤微腔两侧的内壁平滑，与液体接触产生的交界面形成的反射面 1、2 组成双光束干涉法布里珀罗干涉仪结构，如图 5-21 所示。光纤中传输的光 I_0 被反射面 1、2 反射后，重新进入光纤内形成双光束干涉。

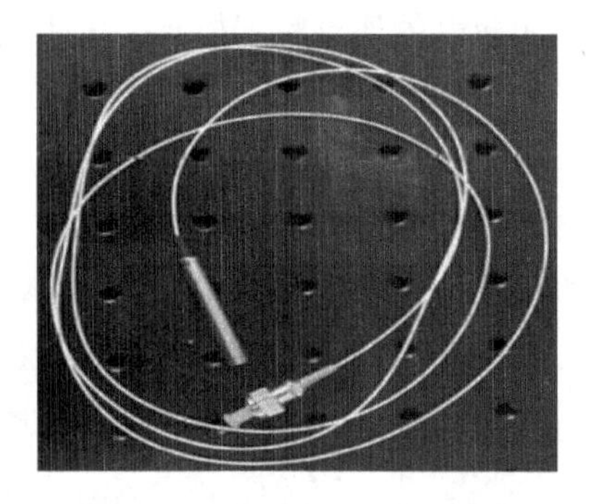

图 5-20　F-P 腔光纤温度传感器

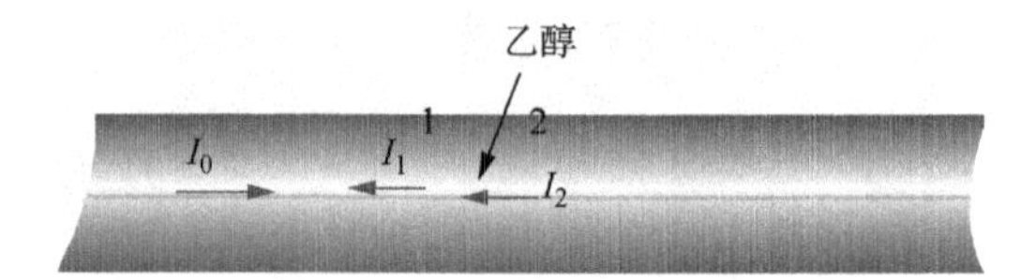

图 5-21　F-P 腔光纤温度传感器原理

反射光谱 $R(\lambda)$ 的光谱形状为余弦形式，当相位满足以下条件时，对应的反射光谱处于波谷位置，即

$$\frac{4\pi n_e L}{\lambda} + \pi = (2m+1)\pi \tag{5-12}$$

光谱波谷位置处对应的中心波长表示为

$$\lambda_m = \frac{2n_e L}{m} \quad (m = 1, 2, 3, \cdots, n) \tag{5-13}$$

当外界温度发生变化时，对式（5-13）求导，得到干涉光谱波谷位置对应的中心波长随温度的变化为

$$\Delta\lambda_m = \lambda_m \left(\frac{\sigma_{TOC}}{n_e} + \alpha_{TEC} \right) \Delta T \tag{5-14}$$

式中：σ_{TOC}——乙醇的热光系数；

α_{TEC}——二氧化硅的热膨胀系数。

由于光纤二氧化硅材料热膨胀系数（10^{-7}/℃）与乙醇的热光系数（10^{-4}/℃）相比极低，括号内与光纤微腔受热膨胀相关的项可以忽略不计。因此，式（5-14）中中心波长随温度的变化关系可以简化为

$$\Delta\lambda_m = \lambda_m \frac{\sigma_{\text{TOC}}}{n_{\text{e}}} \Delta T \tag{5-15}$$

已知乙醇的热光系数（折射率温度系数）为-3.7×10^{-4}/℃，由于乙醇的热光系数为负值，当温度降低时，根据公式反射光谱波谷处对应的中心波长向长波方向移动，理论推导得到制备出的光纤温度传感结构的灵敏度为 422pm/℃，比传统的全光纤温度传感器的敏感性提高了数十倍。同时，由于乙醇的凝固点非常低（−114.3℃），该光纤温度传感器还能用来进行零度以下温度的测量。

5.3.2　光纤光栅湿度传感器原理

基于原位烟气伴热夹层抽气测量系统中的湿度传感器采用哈尔滨工业大学（威海）理学院光电科学系提供的光纤布拉格光栅（fiber Bragg grating，FBG）湿度传感器，该光纤布拉格光栅通过对光纤纤芯曝光构成均匀空间相位光栅，根据布拉格原理对入射光内特定波长光进行反射构成反射镜，布拉格湿度传感器对光纤布拉格光栅的栅区涂覆湿敏材料涂层构建的湿敏探头，依据湿敏涂层吸收空气中的水蒸气膨胀产生应力，对栅区进行拉伸或压缩从而改变光栅周期，产生反射光中心波长的漂移。布拉格光栅湿度传感器通过测定波长变化来得到相应的湿度。其典型结构如图 5-22 所示，由对温度、湿度灵敏的光纤布拉格光栅 FBG1 和仅对温度灵敏的 FBG2 串联构成，FBG1 的涂覆层为改性聚酰亚胺（polyimide，PI）湿敏薄膜，湿度和温度的改变会导致 FBG 的布拉格反射波长 λ_{B1} 和 λ_{B2} 发生偏移，变化量分别为 $\Delta\lambda_1$ 和 $\Delta\lambda_2$，因此可求解出温度、湿度的改变值，并对湿度测量的温度交叉敏感进行抵偿。根据耦合模理论，FBG 反射波长 $\lambda_{\text{B}i}$（i=1,2）满足

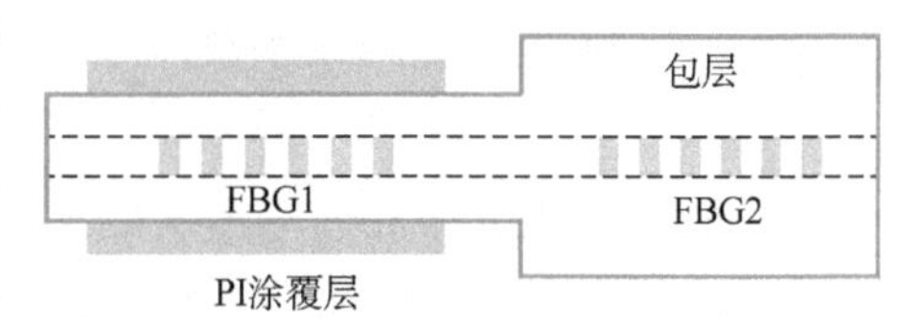

图 5-22　光纤布拉格光栅湿度传感器结构

$$\frac{\Delta\lambda_{\text{B}i}}{\lambda_{\text{B}i}} = \frac{\Delta n_{\text{eff}}}{n_{\text{eff}}} + \frac{\Delta\Lambda_i}{\Lambda_i} \tag{5-16}$$

式中：n_{eff}——FBG 的有效折射率；

$\Lambda_i (i=1,2)$——FBG 的光栅周期。

根据弹性理论，光栅周期变化可表示为

$$\frac{\Delta\Lambda_i}{\Lambda_i} = C_1 \beta \Delta S_{\text{h}} \tag{5-17}$$

式中：β——湿敏薄膜的湿膨胀系数；

ΔS_{h}——湿度变化；

C_1——弹性拉伸系数，与薄膜和光纤的物理特性有关，其计算公式如下：

$$C_1 = \frac{E_h(r_h^2 - r_F^2)(1-2\mu_F)}{(1-2\mu_h)r_F^2 E_F + (r_h^2 - r_F^2)(1-2\mu_F)E_h} \tag{5-18}$$

式中：E_h——薄膜杨氏模量；

E_F——光纤杨氏模量；

r_h——湿敏薄膜的横截面半径；

r_F——光纤包层的横截面半径；

μ_F——光纤的泊松比；

μ_h——薄膜的泊松比。

结合热光效应、弹光效应和膨胀效应，FBG1 的反射波长的相对改变量为

$$\frac{\Delta\lambda_{B1}}{\lambda_{B1}} = \left[C_1(\alpha_H - \alpha_F) + \xi\right]\Delta T + C_1(1-P_e)\beta\Delta S_h = K_{T_1}\Delta T + K_{S_1}\Delta S_h \tag{5-19}$$

式中：P_e——光纤的有效弹光系数；

ξ——光纤热光系数；

α_H——湿敏薄膜线膨胀系数；

α_F——光纤线膨胀系数；

K_{T_1}——FBG1 温度；

K_{S_1}——FBG1 相对湿度灵敏度系数。

对于 FBG2，由于 β=0，$K_{S_2}=0$，所以

$$\frac{\Delta\lambda_{B2}}{\lambda_{B2}} = [(1-P_e)\alpha_F + \xi]\Delta T = K_{T_2}\Delta T \tag{5-20}$$

根据式（5-16）和式（5-20）即可求出相对湿度的变化。

5.3.3 电磁加热系统伴热原理

基于原位烟气伴热夹层抽气测量系统中的加热结构对烟气进行等湿加热，在加热过程中烟气的绝对含湿量不变，通过测量伴热后烟气温度、相对湿度进而计算出烟气的绝对含湿量。前期通过在基于原位烟气伴热夹层抽气测量系统中的加热结构处缠绕电加热带以实现对烟气加热的目的，但是在现场试验中发现，该种加热方式对烟气升温较缓慢，导致整个热工测试过程耗时较长。对此，基于原位烟气伴热夹层抽气测量系统中的加热结构处采用电磁加热方式对烟气进行升温，该种加热方式利用金属受到高频磁场感应而自身发热的原理，用线圈通电，线圈中产生高频磁场，从而使处于线圈中的金属棒受磁场感应而发热，电磁加热系统的实物图如图 5-23 所示。

图 5-24 为电磁加热和伴热带加热对铜管内空气的加热效果比较。由图 5-24

可知，当采用电磁加热时，铜管内部空气温度呈线性上升，平均温度升高速率约 15℃/min，铜管内部空气在 6min 内就能加热到 103℃；当采用伴热带加热时，铜管内部空气的温度升高速率相对缓慢，平均温度升高速率约 5℃/min，铜管内部空气温度达到 100℃需要 14min。图 5-24 说明开发的电磁加热系统的有效性。

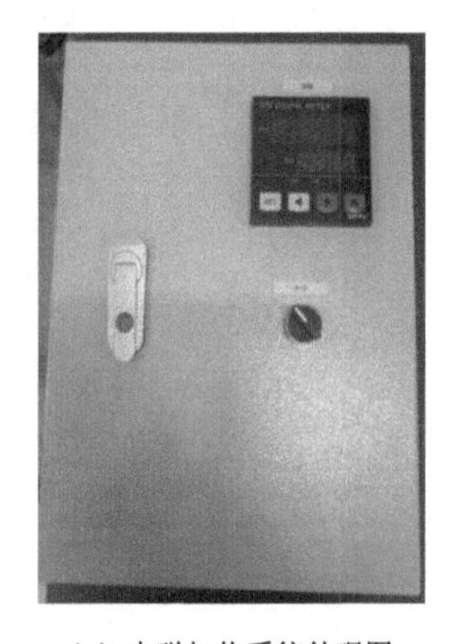

（a）电磁加热系统外观图

（b）电磁加热系统内部图

图 5-23　电磁加热系统的实物图

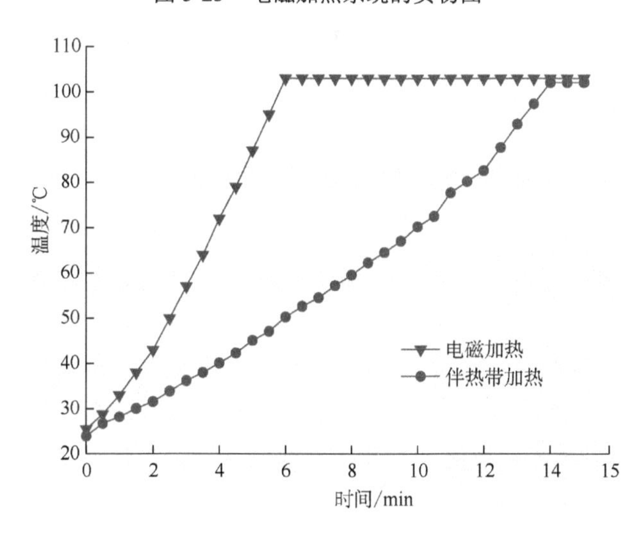

图 5-24　电磁加热和伴热带加热对铜管内空气的加热效果比较

5.3.4　集成系统

基于原位烟气伴热夹层抽气测量系统属于工业应用型，应满足体积小、质量轻、方便、便携的要求，对此将基于原位烟气伴热夹层抽气测量系统中的干燥器、转子流量计、真空泵、伴热系统、温度巡检仪、温湿度信号显示及记录仪器统一集成到一多功能集成柜中。该集成柜包括两路流量控制系统、两路抽气系统、多路温度测点接口、两路湿度测点接口、两路伴热系统。集成柜内部装载烟气绝对湿度计算程序，能够根据现场采集到的数据实时计算出烟气的绝对湿度，同时该集成柜具有实时显示测量数据和记录存储的功能。多功能集成柜实物图如图 5-25 所示。

（a）集成柜外观图

（b）集成柜内部图

图 5-25　多功能集成柜实物图

5.4　测试装置的试验验证和排烟热损失的计算

5.4.1　小型 30kW 冷凝换热热平衡试验台的测试分析

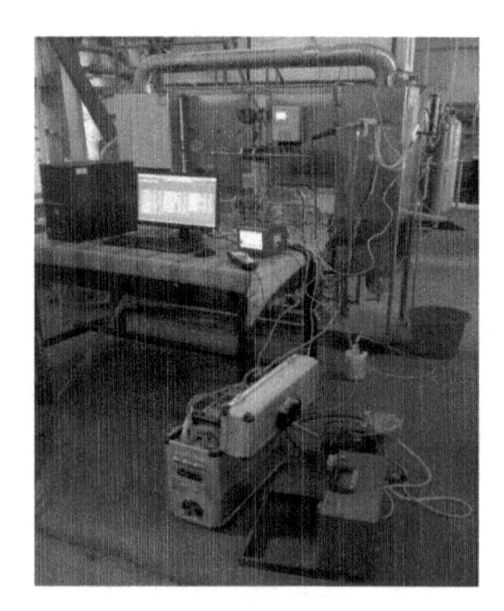

图 5-26　试验操作现场图

本节在小型 30kW 冷凝换热热平衡试验台上验证抽气式测试装置，是否能够在富含冷凝液滴烟气环境中，排除过冷液滴的干扰，测得烟气的实际温湿度，探究抽气式测量装置的最佳抽气范围和最佳伴热温度范围，得到稳定工况条件下烟气中水蒸气的凝结份额和热量分配的关系，为不同工况条件下烟气中水蒸气的凝结份额和热量分配的计算提供参考依据，明确气-液两相烟气温度测试与表征方法，并在此基础上完成燃气烟气冷凝条件下的热工测试与计算，得到 30kW 冷凝换热热平衡试验台的排烟热损失。图 5-26 是试验操作现场图。

1. 天然气成分

天然气成分是由气体质量监督检验站给出的报告，其成分如表 5-3 所示。

表 5-3　天然气成分

成分	CH_4	C_2H_6	C_3H_8	C_mH_n	O_2	N_2	H_2	CO_2
比例/%	85.3	4.07	3.17	1.89	0.23	0.03	2.14	3.17
低位发热量/（kJ/m³）	36 018							
高位发热量/（kJ/m³）	39 600							

2. 试验装置可行性的探究

在试验装置可行性验证方面，就天然气流量和水工质流量进行了调节，本节先介绍天然气流量改变对 30kW 冷凝换热热平衡试验台燃烧强度的影响，环境温度为 19.6℃，湿度为 23.7%，试验工况如表 5-4 所示，只是针对燃气热水器部分。

表 5-4　燃气热水器工况

进水流量/（m³/h）	进水温度/℃	出水温度/℃	进水压力/MPa	进气压力/MPa
0.16	10	48	0.72	0.02

在表 5-4 所示的工况条件下，改变天然气的流量分别为 0.38m³/h、0.50m³/h、0.63m³/h、0.75m³/h。取样换热之前的烟气，测量点根据采样要求，为烟道截面中心一点，通过抽气式测量装置完成烟气温度的测试，测试结果如图 5-27 所示。

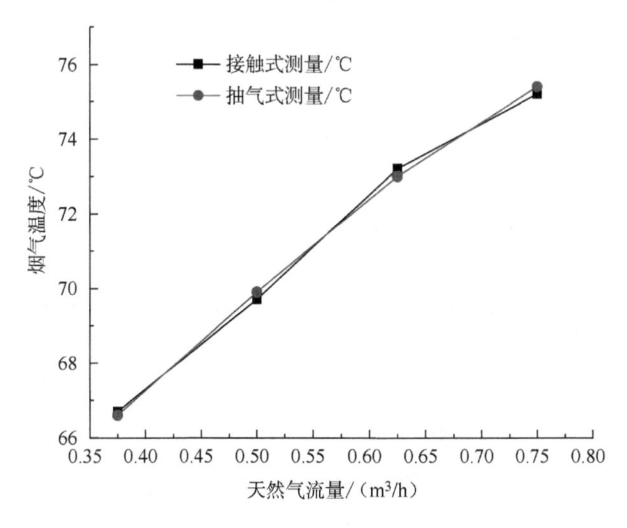

图 5-27　天然气流量与烟气温度的关系

随着天然气流量改变，燃气热水器的燃烧强度发生了改变，随着天然气流量的增大，燃烧强度增大，并直接体现为烟气排烟温度的升高。图 5-27 不仅能够说明 30kW 冷凝换热热平衡试验台的可行性，也能反映抽气式测量装置内管内设置的温度传感器通过抽气测得的温度与外管外部同测点处设置的温度传感器测得的温度几乎一致（下面将直接称为抽气式测量和接触式测量），由于此时未经冷凝换热，排烟温度在 70℃左右，烟气并未发生冷凝现象，即在此状况下，内外管抽气流速的选取不能左右测量温度的数据，也不存在液滴过冷的现象，抽气式测量装置与直接接触式测量装置具有同样的功效，能够完成温度的测量。

3. 测试装置有效性的探究

测试装置有效性的探究就是基于惯性原理和 BBO 方程，通过逆向抽气取样的方法，调节内外管抽气流速和外伴热温度，完成含液滴烟气温湿度的测量，证明抽气式测量装置测得的烟气温度在富含冷凝液滴的情况下比直接接触式测量装置测得的烟气温度高，并能完成烟气湿度的测量。

基于以上思路，调整 30kW 冷凝换热热平衡试验台处于稳定工况，改变翅片管式换热器的水工质流量，一方面验证换热热平衡试验台的可行性，另一方面完成抽气式测量装置的探究实验。燃气热水器部分：天然气流量保持 0.75m^3/h，燃气热水器的其余工况参数保持与表 5-4 相同，即此时燃气热水器处于稳定的燃烧强度下，燃烧产生的烟气量处于稳定状态，根据烟气成分计算标准及饱和水与饱和水蒸气的热力性质表，完成了烟气成分的测量，如表 5-5 所示。

表 5-5　烟气成分的测量结果

序号	名称	符号	单位	数值
1	过量空气系数	α		1.2
2	氧气体积量	V_{O_2}	m^3/h	1.91
3	二氧化碳体积量	V_{CO_2}	m^3/h	0.82
4	氮气体积量	V_{N_2}	m^3/h	7.61
5	实际烟气量	V_{py}	m^3/h	11.88
6	水蒸气体积量	V_{H_2O}	m^3/h	1.54
7	烟气压力	P	MPa	0.1
8	露点温度	T_d	℃	50.7

从表 5-5 中可以看出，此时的烟气量为 11.88m^3/h，翅片管式换热器换热截面为 200mm×199mm，冷凝换热前，在烟道内安装有烟气的均布装置，通过计算可知烟道内烟气的流速为 0.0825m/s，而通过靠背管和微电脑数字微压计测得差压并计算得到的烟气流速为 0.0831m/s，靠背管取样点为烟道的中心点，根据管道内气体流速分布规律可知，处于层流状态，气体流速由管道中心向管道壁面递减，所以测量流速大于平均流速，在抽气取样时，以取样点烟气流速 0.0831m/s 为基准；抽气式测量装置内外管取样口直径为 10mm，若保证取样流速与烟道内烟气流速相等，则抽气流量应为 0.392L/min，在这里转子流量计量程为 0～1L/min，精度为 0.01，分度值为 0.02L/min，精度等级为 1.5 级（即精

度为 0.015L/min）。

基于上述的工况条件，改变换热器水工质流量，分别为 30L/h、60L/h、90L/h、120L/h、150L/h、180L/h、210L/h、240L/h、270L/h、300L/h、330L/h 和 360L/h，进口水温为 14.0℃，出口水温随流量而改变，这里不做统计，对抽气式测量装置的内外管抽气流量进行调整，设置为 0.35L/min，保证不破坏冷凝液滴的惯性。取样换热之后的烟气，测量点为烟道中心，内外管同时抽气取样，暂不进行伴热的设置，后面的温湿度仪测量孔是封闭的，通过流量的调整，用抽气式测量装置得到烟气温度随水工质流量的变化如图 5-28 所示。

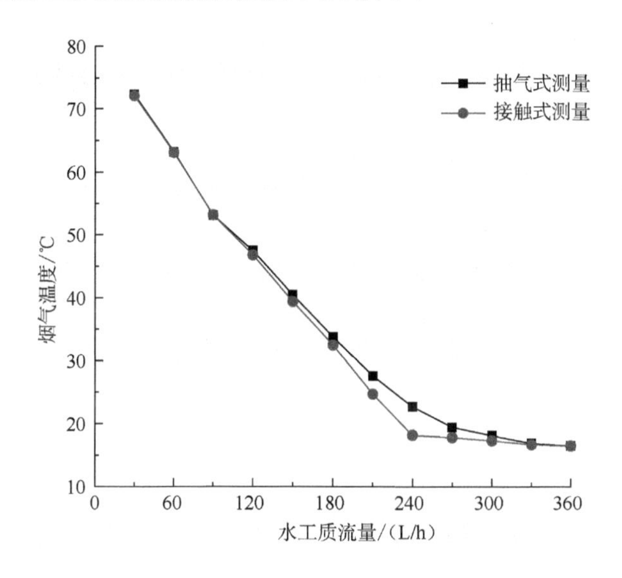

图 5-28　烟气温度随水工质流量的变化

从图 5-28 可以看出，随着水工质流量的增大，烟气经冷凝换热后的温度逐渐降低，当水工质流量达到 360L/h，烟气的温度不再变化，即在此工况下高温工质和低温工质之间的热量传递已达到极值。随着水工质流量的增大，而烟气温度释放热量和进口水温不变，出口水温将降低。图 5-28 验证了换热热平衡试验台的可行性。在烟气的温度高于 50℃时，由于此工况下天然气烟气的露点温度是 50.7℃，此时的温度未达到烟气的露点温度，或是刚达到烟气的露点温度，但冷凝液滴量很少，会与烟气之间进行热量的交换，达到温度的一致，不存在冷凝液滴过冷的现象，所以抽气式测量和直接接触式测量测得烟气温度一致；当达到露点温度时，烟气中的水蒸气将会出现大量的冷凝现象，大量的冷凝液滴将会产生，烟气与冷凝液滴之间的热量交换，由于烟速快、时间短、冷凝液量大，不足以弥补气相分压的变化、二次冷却和液膜梯度对液滴过冷造成的影响，形成的液滴具有一定的过冷度，过冷现象一般会有 3～5℃的温差。图 5-28 所示抽气式测量装置显现出比接触式测量装置明显的温升效果，过冷现象明显时，有 5℃左右的温差；随着水工质流量的增大，冷凝液滴的温度接近于水工质的温度，液滴在换热过程中二次冷却和温度梯度的影响作用就可以忽略不计，烟气与冷凝液滴之间的热量交换大于气相分压对冷凝液滴过冷度的影响，造成冷凝液滴的过冷现象随着水工质流量的增加而逐渐减小，直至不存在。

图 5-28 充分证明了在烟气中存在过冷液滴时，抽气式测量装置能够滤除过冷液滴的影响，完成温度的测量。

调节换热器水工质流量为 240L/h，使冷凝换热热平衡试验台处于最佳的冷凝工况状态下，探索最佳抽气流速和伴热温度范围。首先，保持内外管抽气流量为 0.35L/min，完成此工况下换热前烟气温度的测量，每隔 1min 记录一次数据，从开始取样测量直至烟气的温度达到稳定，得到烟气温度随时间的变化关系，如图 5-29 所示。

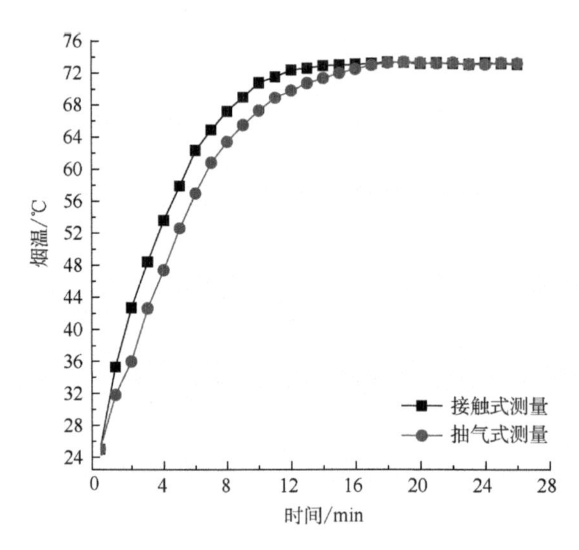

图 5-29　烟气温度随时间的变化关系

从图 5-29 可以看出，当保持内外管抽气流量为 0.35L/min 时，在换热之前的取样孔取样，由于未发生冷凝换热现象，抽气式测量装置测得的烟气温度与接触式测量得到的烟气温度相同，接触式测量测得的烟气温度在 12min 左右达到稳定，而抽气式测量装置测得的烟气温度在 14min 左右达到稳定。图 5-29 说明在烟气未发生冷凝现象时抽气式测量装置与接触式测量装置具有相同的功效。

维持上述工况不变，改变取样位置，在换热之后的取样孔取样，每隔 1min 记录一次数据。从开始取样测量到烟气温度达到稳定，得到烟气温度随时间的变化关系。从图 5-30 可以看出，烟气温度从最高点 75℃左右逐渐降低到冷凝换热之后的温度，数据稳定后，抽气式测量装置测得的烟气温度为 23℃左右，而接触式测量测得的烟气温度为 18℃左右，抽气式测量装置测得的烟气温度比接触式测量测得的烟气温度高 5℃左右。抽气式测量装置由于滤除了冷凝液滴的影响，直接对烟气进行测量，测的是烟气（气体）温度；直接接触式测量装置和冷凝液滴直接接触，这样在进行温度测量时，过冷液滴会附着在温度探头上，所测温度不再是烟气温度，而是过冷液滴的温度，故而两种测量产生温差，温差的大小取决于过冷度的大小，过冷度越大，温差越大，反之亦然，所以在冷凝式燃气锅炉中如果继续用接触式测量测得的烟气温度代替烟气的实际温度进行热工计算，将存在一定的偏差。从冷凝锅炉的热工计算中可以看出，燃气烟气冷凝条件下排烟热损失的计算需要烟气的温度，而非冷凝液滴的温度，这也是设计开发抽气式测量装置的原因之一。由于测量装置是从换热之前的取样口直接取出再深入到换热之后的取样口，所以烟气的温度是从换热之前的取样口测量温度降低而不是从室温开始降低，图 5-30 验证了在存在大量冷凝液滴的情况时，抽气式测量装置能够滤除冷凝液滴的影响，完成真实烟气温度的测量，比接触式测量装置的准确性更高，应用更广泛。

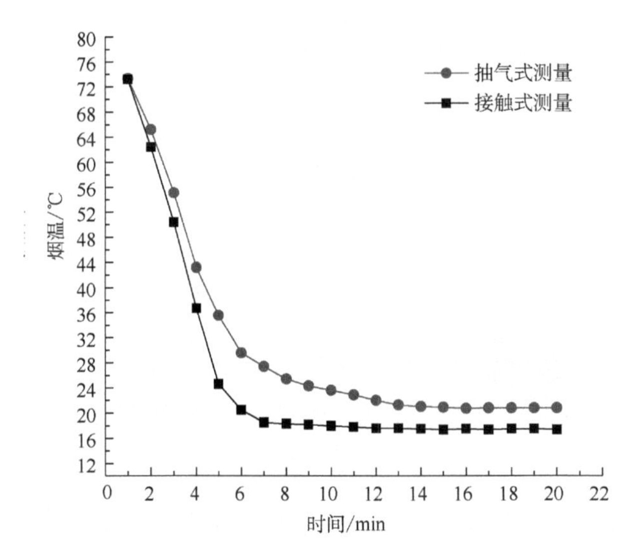

图 5-30　烟气温度随时间的变化关系

在完成抽气式测量装置可行性的探究之后，保持换热热平衡试验台工况参数不变，由于环境的原因，室温和水工质温度不能完全控制，此时室温为16.3℃，水工质温度为16℃。仅对抽气式测量装置内外管流速进行改变，温湿度仪测量孔依然封闭，探究抽气式测量装置最佳抽气流量。在试验测量中，为更好探究内外管抽气流速所起的作用及在测量中内外管所起的作用，先对外管抽气，对内管不抽气。首先为了探究外管抽气流量对温度测量的影响。外管抽气流量分别设置为 0.25L/min、0.30L/min、0.35L/min 和 0.40L/min，在换热之后的取样孔取样，每隔 1min 记录一次温度数据（附着在内管外壁上的温度传感器测得的温度）。整理数据，得到烟气的温度随外管抽气流量的变化关系。

从图 5-31 可以看出，由于室温低于冷凝换热后烟气的温度，取样测量时随着时间的推移，各抽气流量对应的温度都随之升高，当抽气流量为 0.25L/min、0.30L/min 和 0.35L/min 时，抽气流速小于烟道内的烟气流速，并未破坏烟道内冷凝液滴的惯性，可以达到滤除液滴影响的目的，且抽气流量越大，伴热效果越好，相应的温升越快，能够较快达到稳定；当抽气流量为 0.40L/min 时，抽气流速已经大于烟道内烟气流速，破坏了烟道内冷凝液滴的惯性，并不能滤除冷凝液滴的影响。虽然流速较快，伴热效果较好，但温升效果并不明显，因为冷凝液滴的温度与室温之间的温差较小，分子势能间不能很快进行能量的交换，又由于冷凝液滴的温度较低，故虽然温升不明显，但是也能较快达到稳定。

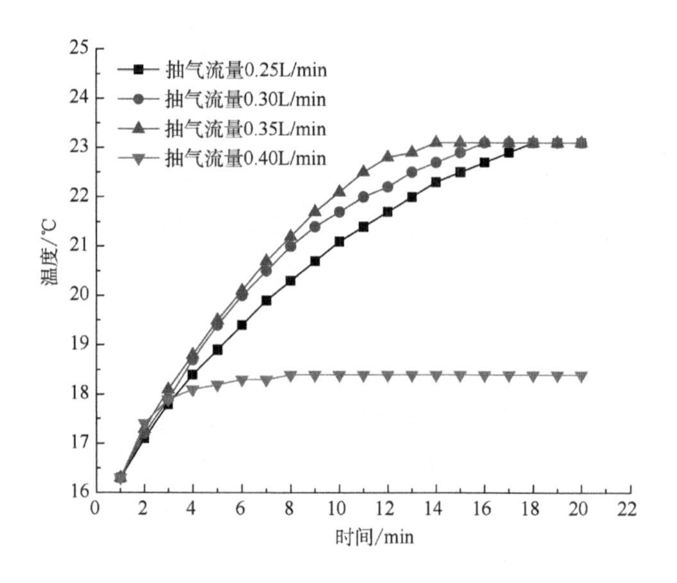

图 5-31　烟气温度与外管抽气流量的关系

维持冷凝换热热平衡试验台工况参数不变，室温和水工质温度也未发生改变，不改变取样孔和取样位置，分别调节内外管抽气流量为 0.25L/min、0.30L/min、0.35L/min 和 0.40L/min，不过内管流量的开启在外管流量开启 4min 之后进行，如开启外管抽气流量 0.25L/min，4min 后开启相对应的内管抽气流量 0.25L/min，以下抽气流量的开启也是如此。分别在内管开启时，每隔 1min 记录一次抽气测量装置的温度（下文如不特殊说明，仅指内管内的温度传感器测得的温度）。整理数据，得到烟气的温度随内管抽气流量的变化关系，如图 5-32 所示。

从图 5-32 可以看出，随着内管抽气流量的增加，温度随之增加，在抽气流量为 0.25L/min、0.30L/min 和 0.35L/min 时，内外管抽气流速均小于烟道内的烟气流速，并未破坏烟道内冷凝液滴的惯性，可以达到滤除液滴影响的目的，且抽气流量越大，伴热效果越好，相应的温升越快，能够较短时间达到稳定；当抽气流

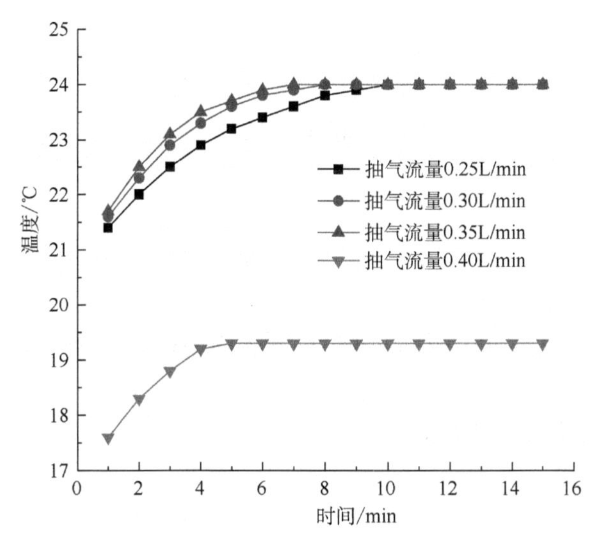

图 5-32 烟气温度与内管抽气流量的关系

量为 0.40L/min，抽气流速大于烟道内烟气流速，破坏了烟道内冷凝液滴的惯性，并不能滤除冷凝液滴的影响，虽然流速较快，伴热效果较好，但温差较小，并未显示出较大的温升效果，由于冷凝液滴温度较低，故而能够很快达到稳定。从图 5-32 也能看出各抽气流量所对应的温度起点不同，在抽气流量为 0.25L/min、0.30L/min 和 0.35L/min 时，温度的起点随抽气流量有较小程度的提升，即说明抽气流量越大，流速越快，外管气体对内管气体的伴热效果越好，在达到稳定时，相对于图 5-31 稳定温度要高 1℃左右，说明外管路的存在减小了附着在抽气式测量装置上的液膜温度梯度对温度测量的影响，起到了一定的保护作用；在抽气流量为 0.40L/min 时，抽气流速已经大于烟道内烟气流速，破坏了烟道内冷凝液滴的惯性，并不能滤除冷凝液滴的影响，冷凝液滴被随之抽入，导致所测烟气温度较实际偏低。

最大抽气流量为 0.40L/min 时，相对于天然气流量 0.75m^3/h 的燃烧工况，烟气流量为 11.88m^3/h，抽气流量为烟气流量的 2/1000，远小于采样量上限 5%的要求，更不会对烟道内原有流场造成破坏。

综上可知，在此工况参数下，最佳流量为 0.35L/min，此流量抽气时既能滤除冷凝液滴的影响，温度数据也能较快达到稳定。这为温度测量提供了一定的依据，即根据烟道内的烟气流速选取抽气流量，使抽气流速略微小于烟道内的烟速；为防止冷凝液滴进入，也可稍微降低抽气流量，温度稳定时间延长，并不会产生其他影响，但要考虑到时效性问题，不能大幅度降低抽气流量。

4. 冷凝换热前后烟气温湿度的测量

在完成测量装置抽气流量的探究后，本节将对最佳伴热温度进行探究，并在此基础上，完成真实烟气温湿度测量。

为探究外伴热温度对测量装置的影响，维持试验台工况参数不变：①室温10℃；②燃气热水器部分：天然气流量 0.75m^3/h、热水器进水流量 0.16m^3/h、进水温度 10℃、出水温度 48℃、过量空气系数 1.2、烟气量 11.88m^3/h；③换热器部分：进水流量 240L/h、进水温度 10℃、出水温度 12℃；④测量装置部分：内外管抽气流量 0.35L/min。在此工况参数下探究外伴热温度的影响。

首先，在冷凝换热之前的取样孔进行取样分析，取样点不变，利用温控仪设置伴热温度，从 80℃到 200℃每隔 10℃进行一次伴热温度的设置，待伴热之后的温度传感器温度稳定后，记录整理数据，得到伴热之后的温湿度与温控仪设置温度之间的关系，如图 5-33 所示。

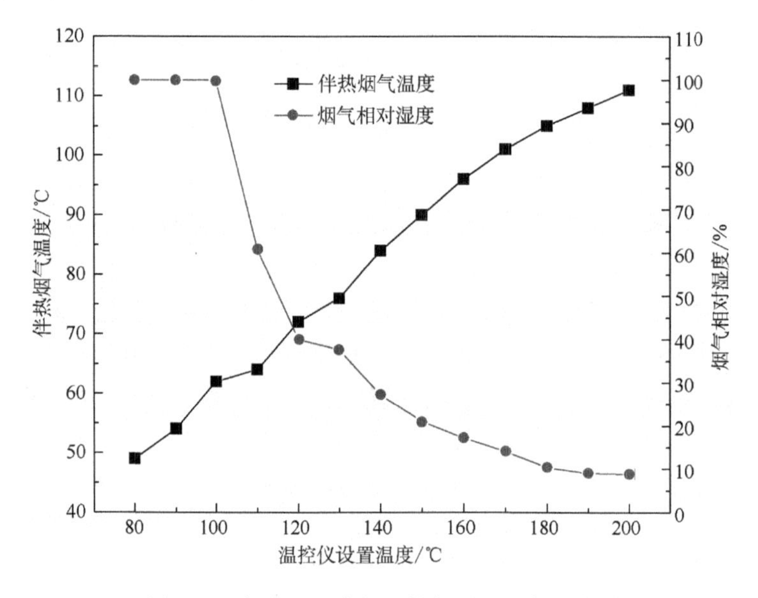

图 5-33　烟气温湿度与温控仪设置温度的关系

从图 5-33 可以看出，随着温控仪设置温度的提高，伴热烟气温度随之提高，相对应的湿度逐渐减小。当温控仪设置温度小于 100℃时，伴热烟气温度小于65℃，烟气相对湿度是 99.9%，达到了温湿度仪的上限，即此时抽气过程中，发生了烟气的二次冷凝现象，出现冷凝液滴，无法完成烟气湿度的测量；当温控仪设置温度在 100～130℃时，伴热烟气温度在 65～75℃，此时虽然能够完成烟气湿度的测量，但湿度斜率较大，温度变化不均匀，数据随温度变化较大，读取时会导致较大的偏差；当温控仪设置温度在 130～170℃时，伴热烟气温度在 75～100℃，此时伴热烟气的温度变化较为均匀，相应的湿度变化也较为平缓，是最佳的温控仪设置温度区间；当温控仪设置温度在 170～200℃时，伴热烟气温度在100～115℃，达到温湿度仪的测温量程，无法测量。温控仪最佳温度设置范围为130～170℃。

选取 130～170℃伴热温度范围内经过伴热之后的烟气温湿度数据和抽气式测量装置测得的烟气温度数据，按照式（5-9）～式（5-11）计算，得到冷凝换热之前的取样孔数据，整理数据，如表 5-6 所示。

表 5-6　冷凝换热之前的烟气温湿度

温控仪设置温度/℃	加热后的温度/℃	加热后的湿度/%	实际烟气温度/℃	实际烟气湿度/%
130	76	37.63	75.2	38.91
140	84	27.11	74.8	39.42
150	90	20.97	75.1	38.00
160	96	17.10	75.2	38.61

在换热之后的取样孔取样，只改变温控仪设置温度，从 20～200℃每隔 20℃调节一次设置温度，得到伴热之后的伴热烟气、烟气相对湿度与温控仪设置温度的关系，如图 5-34 所示。

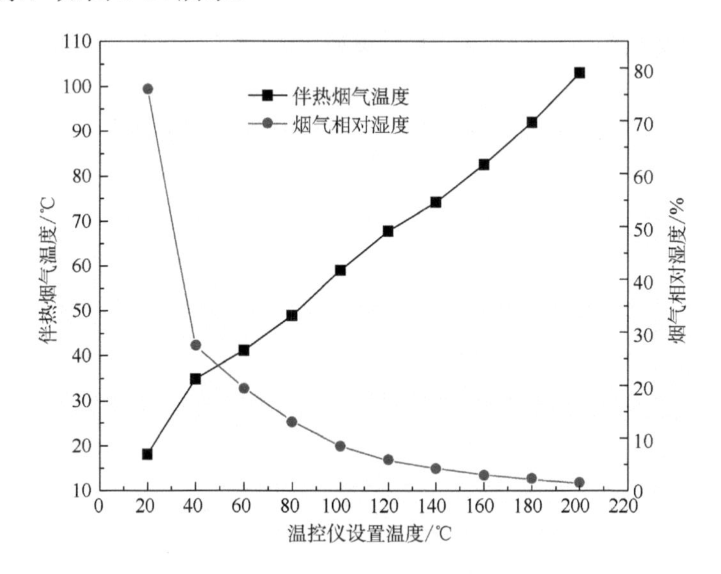

图 5-34　烟气温湿度与温控仪设置温度的关系

从图 5-34 可以看出，随着温控仪设置温度的提高，伴热烟气温度随着提高，相对应的相对湿度在逐渐减小。当温控仪温度设置在 20～40℃时，伴热烟气温度在 20～35℃，此时虽然能够完成烟气温湿度的测量，但温湿度斜率都较大，数据随温度变化较快，读取时会导致较大的偏差；温控仪温度设置在 40～170℃时，伴热烟气温度在 35～100℃，此时伴热后烟气温度变化较为均匀，相应的相对湿度变化也较为平缓，是温控仪最佳的温度设置区间；当温控仪温度设置在 170～200℃时，伴热烟气温度在 100～105℃，伴热烟气温度达到了温湿度仪的测温量程，无法完成烟气湿度测量。温控仪的最佳温度设置范围为 40～170℃，但为了方便和烟气高于室温时的伴热设置相统一，温控仪的最佳温度设置范围为 130～170℃。

选取 40～170℃伴热温度范围内经过伴热之后的烟气温湿度数据和抽气式测量装置测得的烟气温度数据，并且进行整理计算，得到如表 5-7 所示的数据。

由表 5-7 可知，在换热之后的取样孔进行烟气温度的测量，抽气式测量测得的烟气温度为 14.2℃，而接触式测量测得的烟气温度为 11℃。

表 5-7　冷凝换热之后的烟气温湿度

温控仪设置温度/℃	加热后的温度/℃	加热后的湿度/%	实际烟气温度/℃	实际烟气湿度/%
120	67.8	5.7	14.3	98.81
140	74.2	4.2	14.2	96.47
160	82.6	3	14.2	97.19

5. 燃气烟气冷凝条件下排烟热损失的计算

在 30kW 冷凝换热热平衡试验台稳定运行工况下，各参数如表 5-8 所示。

表 5-8　换热热平衡试验台的具体运行参数

名称	符号	单位	数值
天然气消耗量	B	m^3/h	0.75
过量空气系数	α		1.2
冷凝器进口烟气温度	t_{py}	℃	75.1
冷凝器出口烟气温度	t'_{py}	℃	14.2
进风温度	t_{lk}	℃	10
冷凝器给水流量	D	L/h	240
冷凝器出水温度	t_{out}	℃	12
冷凝器给水温度	t_{in}	℃	10
冷凝液温度	t_1	℃	11
散热面积	F	m^2	0.32
理论空气体积量	V^0	m^3/m^3	9.48
干烟气体积量	V_{gy}	m^3/m^3	10.34
水蒸气体积量	V_{H_2O}	m^3/m^3	1.54

以 1h 为计算基准，查表知：$c_{gy,75.1℃}$=1.32kJ/（m^3 · ℃），$c_{H_2O,75.1℃}$=1.50kJ/（m^3 · ℃），$c_{gy,14℃}$=1.32kJ/（m^3 · ℃），$c_{H_2O,14℃}$=1.50kJ/（m^3 · ℃），$c_{lk,10℃}$=1.32kJ/（m^3 · ℃），$\rho_{H_2O,75.1℃}$=0.094kg/m^3，$\rho_{H_2O,14℃}$=0.012kg/m^3，$h_{in,10℃}$=42kJ/kg，$h_{out,12℃}$=50.38kJ/kg，r=2400kJ/kg，$h_{out,11℃}$=46.19kJ/kg。

冷凝换热部分烟气的输入热量 Q 为

$$h_{\mathrm{py}} = V_{\mathrm{gy}} c_{\mathrm{gy},75.1℃} t_{\mathrm{g}} + V_{\mathrm{H_2O}} c_{\mathrm{H_2O},75.1℃} t_{\mathrm{H_2O}} \approx 1198.5\mathrm{kJ/m^3} \tag{5-21}$$

$$h_{\mathrm{lk}} = \alpha \times V^{\mathrm{O}} \times c_{\mathrm{lk},10℃} \times t_{\mathrm{lk}} \approx 150.2\mathrm{kJ/m^3} \tag{5-22}$$

$$Q = B(h_{\mathrm{py}} - h_{\mathrm{lk}}) = 786.2\mathrm{kJ/m^3} \tag{5-23}$$

冷凝换热部分有效吸收热量 Q_1 为

$$Q_1 = D(h_{\mathrm{out},12℃} - h_{\mathrm{in},10℃}) = 2011.2\mathrm{kJ/m^3} \tag{5-24}$$

冷凝换热部分烟气的输出热量 Q_2 为

$$h'_{\mathrm{py}} = V_{\mathrm{gy}} c'_{\mathrm{gy},14℃} t'_{\mathrm{py}} + V'_{\mathrm{H_2O}} c'_{\mathrm{H_2O},14℃} t'_{\mathrm{py}} = 203.05\mathrm{kJ/m^3} \tag{5-25}$$

$$Q_2 = B(h'_{\mathrm{py}} - h_{\mathrm{lk}}) = 39.66\mathrm{kJ/m^3} \tag{5-26}$$

冷凝换热部分烟气中的水蒸气释放的汽化潜热 Q_3 为

$$Q_3 = M_1 r B = 1402.8\mathrm{kJ/m^3} \tag{5-27}$$

冷凝换热部分冷凝水排出的显热量 Q_4 为

$$Q_4 = BM_1(h_1 - h_2) = 2.45\mathrm{kJ/m^3} \tag{5-28}$$

冷凝换热部分的散热损失 Q_5，由于外部添加了保温措施，假定为零，即

$$Q_5 = 0\mathrm{kJ/m^3} \tag{5-29}$$

此时，$Q+Q_3$=2189kJ/m^3＞$Q_1+Q_2+Q_4+Q_5$=2053.31kJ/m^3，即烟气输入热量与水蒸气汽化潜热之和大于有效吸热、烟气的输出热量、冷凝水排出的显热与散热量之和。热量处于不平衡的状态，是因为本节假定了散热损失 Q_5 为 0kJ/m^3；如果计算中考虑散热损失，冷凝换热器应该处于热平衡状态。

换热热平衡实验台总输入热量 Q_{r} 为

$$Q_{\mathrm{r}} = Q_{\mathrm{net,v,ar}} + Q_{\mathrm{wl}} + Q_{\mathrm{rx}} + Q_{\mathrm{zy}} \tag{5-30}$$

式中：$Q_{\mathrm{net,v,ar}}$——燃料收到基低位发热量；

Q_{wl}——加热燃料或外来热量，在试验稳定运行工况下假定为 0kJ/m^3；

Q_{rx}——燃料物理显热，由于本试验台并未对燃料进行预热，可以忽略不计；

Q_{zy}——自用蒸汽带入热量。

这里未涉及 Q_{zy}，所以输入热量即为燃料的低位热值，即 Q_{r}=36 018kJ/m^3，则排烟热损失 q_2 为

$$q_2 = \frac{Q_2}{BQ_{\mathrm{r}}} \times 100\% = 0.147\% \tag{5-31}$$

由于冷凝换热后烟气的温度（14℃）和空气温度（10℃）非常接近，故排烟热损失 q_2 非常小。对于冷凝式燃气锅炉来说，热损失 80%集中于排烟热损失，若

将排烟热损失通过冷凝换热降低到与进风温度接近，那么排烟热损失几乎为零，这时锅炉的效率很高。

6. 30kW 试验台热效率

工况稳定运行条件下，燃气燃烧部分：燃气消耗量为 0.75m^3/h，水工质流量为 0.16m^3/h，进口水温为 10℃，出口水温为 48℃；工质循环部分：冷凝器给水流量为 240L/h，给水温度为 10℃，出口温度为 12℃；进风温度为 10℃，燃气的低位热值为 36 018kJ/m^3，高位热值为 39 600kJ/m^3。正平衡热效率为

$$\eta_1 = \frac{G(h_{cs} - h_{js}) + D(h_o - h_i)}{BQ_r} \times 100\% \tag{5-32}$$

式中：η_1——正平衡热效率；

G——燃气燃烧部分的水工质流量，kg/h；

h_{cs}——燃气燃烧部分的水工质出口焓，kJ/kg；

h_{js}——燃气燃烧部分的水工质进口焓，kJ/kg；

h_o——工质循环部分冷凝水的出口焓，kJ/kg；

h_i——工质循环部分冷凝水的进口焓，kJ/kg。

Q_r采用高位热值时，正平衡热效率为

$$\eta_1 = \frac{G(h_{cs} - h_{js}) + D(h_o - h_i)}{BQ_r} \times 100\% = 92.77\% \tag{5-33}$$

反平衡法采用的输入热量保证与正平衡法一致时，能与正平衡法测得的效率值进行对比。反平衡法测得的热效率为

$$\eta_2 = 1 - q_2 - q_3 - q_4 - q_5 - q_6 \tag{5-34}$$

对于冷凝式燃气锅炉，气体未完全燃烧的热损失 q_3、固体未完全燃烧的热损失 q_4、灰、渣热物理损失 q_6 为零，冷凝换热部分的热损失为 136.05kJ，由于散热损失与散热面积成正比，整个冷凝换热热平衡试验台散热面积为冷凝换热器的 12 倍，则散热损失为

$$q_5 = \frac{Q_5}{BQ_r} \times 100\% = 5.50\% \tag{5-35}$$

排烟热损失为

$$q_2 = \frac{Q_2}{BQ_r} \times 100\% = 0.13\% \tag{5-36}$$

热效率为

$$\eta_2 = 1 - q_2 - q_3 - q_4 - q_5 - q_6 = 94.37\% \tag{5-37}$$

$$\eta_2 - \eta_1 = 1.6\% \tag{5-38}$$

正平衡与反平衡热效率之差小于 2%，满足《工业锅炉热工性能试验规程》（GB/T 10180—2003）关于燃油、燃气锅炉各种平衡的热效率之差均应不大于 2%的要求，从数据方面能够直接论证 30kW 冷凝换热热平衡试验台满足了热平衡的要求，也说明测试装置能够用于冷凝式锅炉排烟热损失的确定，为冷凝式锅炉热工测试标准的制订提供了参考依据。

5.4.2　中型 700kW 冷凝式燃气锅炉的测试分析

30kW 冷凝换热热平衡试验台冷凝换热截面较小，只能在换热截面上一点取样测试，并不能完成冷凝换热截面上温湿度的分布测量，为测量换热截面上烟气温湿度的分布，进一步验证抽气式测量装置，对 700kW 冷凝式燃气锅炉的冷凝换热部分进行测试分析，冷凝式燃气锅炉系统如图 5-35 所示。

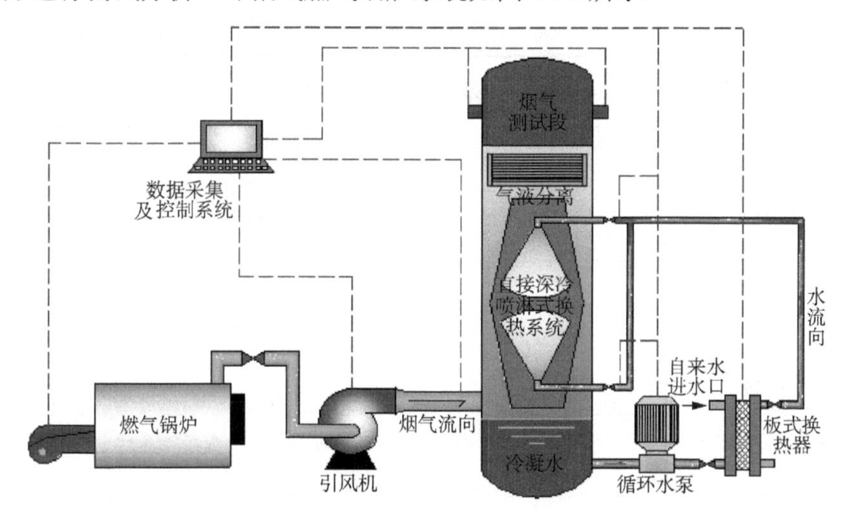

图 5-35　700kW 冷凝式燃气锅炉系统

从图 5-35 可以看出，700kW 冷凝式燃气锅炉冷凝换热部分采用喷淋式直接接触换热方式进行高温烟气和低温水工质之间的热量交换，通过换热实现烟气的冷凝，整个冷凝换热截面为圆形管道，有效直径为 300mm，依据 ASME PTC 4—2013、《工业锅炉热工性能试验规程》（GB/T 10180—2003）、TSG G0003—2010 中的取样规则，将圆形烟道的横截面沿直径方向划分为 2 个关于烟道中心对称分布的区域，除中心测点外，单侧 4 个测点距烟道中心的距离分别为 0mm、53.1mm、91.8mm、118.5mm 和 140.2mm，分别对 9 个测量点取样测试分析，使抽气流量等于等速取样流量的 9/10，记录整理数据。锅炉运行工况参数如表 5-9 所示。

表 5-9　锅炉运行工况参数

额定蒸发量/kW	额定工作压力/MPa	额定蒸汽温度/℃	锅炉排烟温度/℃	给水温度/℃
700	1.0	164	105	50

锅炉稳定运行时，燃烧强度不变，天然气成分及烟气成分的测量结果如表 5-10 和表 5-11 所示。

表 5-10　天然气成分的测量结果

名称	符号	单位	体积分数/%
甲烷	CH_4		79.86
乙烷	C_2H_6		1.93
丙烷	C_3H_8		7.64
丁烷	C_4H_{10}		5.63
氮气	N_2		2.90
二氧化碳	CO_2		1.19
氧气	O_2		0.85

表 5-11　烟气成分的测量结果

名称	符号	单位	结果
理论空气量	V^{O}	Nm^3/Nm^3	11.45
过量空气系数	α		1.3
实际空气量	V	m^3/m^3	14.88
二氧化碳体积量	V_{CO_2}	m^3/m^3	1.31
氮气体积量	V_{N_2}	m^3/m^3	11.78
过剩氧气体积量	$V_{O_2}^{*}$	m^3/m^3	0.72
水蒸气体积量	V_{H_2O}	m^3/m^3	2.32
实际烟气量	V_f	m^3/m^3	16.13
二氧化碳容积份额	r_{CO_2}	%	8.08
氮气容积份额	r_{N_2}	%	73.06
过剩氧气容积份额	r_{O_2}	%	4.47
水蒸气容积份额	r_{H_2O}	%	14.39
水蒸气质量分数	g_{H_2O}	%	9.24
烟气含湿量	d_s	g/kg	101.80
烟气露点温度	t_d	℃	54.77

锅炉稳定运行，烟气量高达 $800m^3/h$，抽气流速等于烟道内烟气流速时计算抽气流量为 $1.17m^3/h$，本次设定的抽气流量小于 $1.17m^3/h$，为 $1.0m^3/h$，约为等速取样时烟气流量的 9/10，由于冷凝换热部分水工质的流量不能直接读出，只能通

过给水压力表示流量，在计算排烟热损失时，会存在较大的偏差，因此该换热工况下，只对测量装置的可行性进行探究实验，而对排烟热损失未作计算，取样烟道中心，探究烟气温度与水工质流量的关系，调整给水压力分别为 10kPa、20kPa、30kPa、40kPa、50kPa、60kPa、80kPa、100kPa、150kPa、200kPa、250kPa 和 300kPa，待烟气温度示数稳定后，改变给水压力，记录数据，整理分析，得到烟气温度与给水压力之间的关系，如图 5-36 所示。

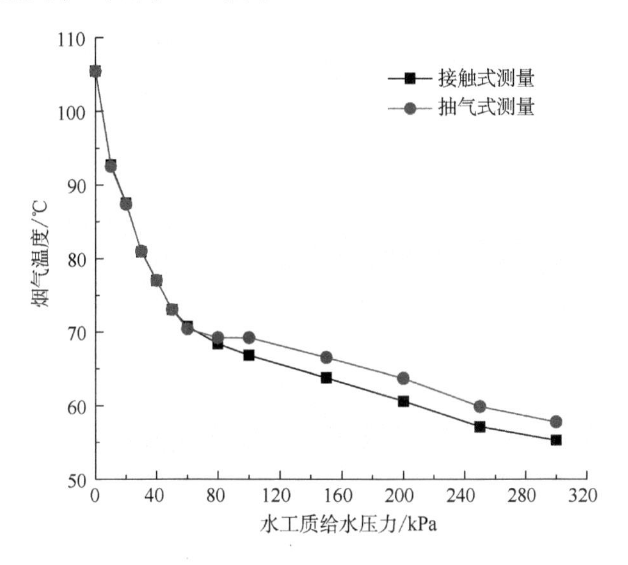

图 5-36　烟气温度与给水压力之间的关系

从图 5-36 可以看出，随着冷凝换热部分水工质给水压力的增大，即水工质流量越来越大，换热之后烟气温度越来越低，当烟气的温度接近露点温度时，发生冷凝现象，并伴随有过冷液滴的产生，抽气式测量比接触式测量测得的烟气温度高 3℃，证明了抽气式测量确实能够滤除冷凝液滴的影响，完成温度的测量。

固定水工质给水压力为 100kPa，冷凝换热前烟气温度为 104.7℃，水工质进口温度为 53℃，出口温度为 59℃，其余工况参数不变，调节温控仪温度设置在 160℃，取样换热之后的截面进行测量，测量的温湿度数据进行整理后，得到烟气温度和相对湿度在横截面的分布情况，如图 5-37 所示。

从图 5-37 可以看出，烟气温度从烟道中心到烟道壁面处逐渐变大，但温差较小，在 0.4℃内，温度分布较为均匀，中心处烟气温度较低，是因为冷凝换热的喷淋给水装置分布在烟道中心，造成换热不均，中间换热效果要强于烟道管壁处的换热效果；烟气相对湿度从烟道中心到烟道壁面处出现先降低后升高的现象，一是由于换热效果不均，二是由于管道壁面处保温效果不佳，烟气相对湿度先降低后增加，湿度变化也较小，分布较为均匀。

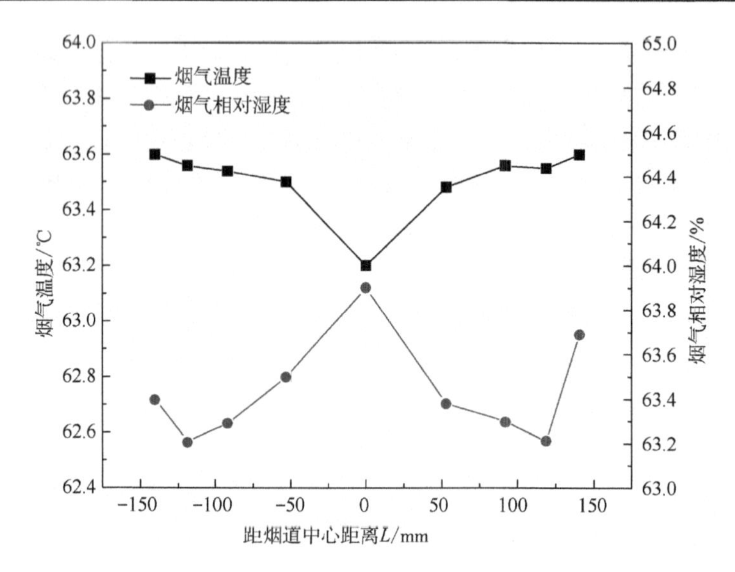

图 5-37　烟气温度和相对湿度在横截面上的分布情况

5.5　测试装置的工业验证和排烟热损失的计算

本节采用工程取样测量装置，其有效测量长度与试验所用测量装置相比有所增加。此抽气式测量装置抽气取样原理不变，温度传感器设置点不变，仍是 PT100 铂电阻，有效测量长度（测量装置取样口至外管抽气口）为 700mm，其实物如图 5-38 所示。本节采用该测量装置完成工业验证并进行排烟热损失的计算。

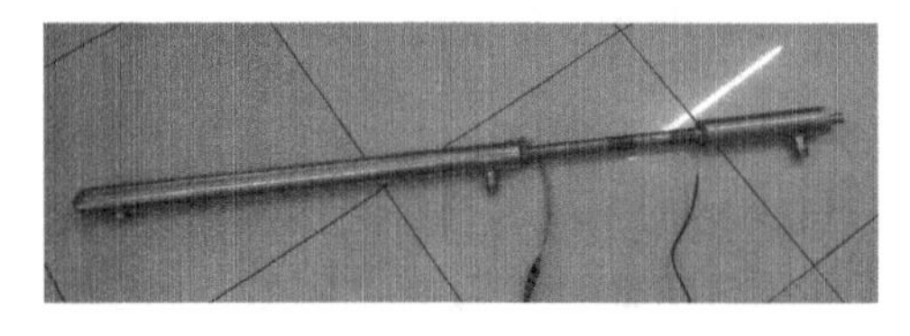

图 5-38　工程取样抽气式测量装置

5.5.1　30t/h 全自动燃气冷凝蒸汽锅炉的测试分析

30t/h 全自动燃气冷凝蒸汽锅炉燃用天然气成分与表 5-1 相同，测量单位属于生产企业，需根据生产情况调节热负荷，工况稳定时并不一定是满负荷运行。当工况稳定时，其运行参数如下：负荷输出为满负荷的 45.8%、燃气流量 1300m^3/h、炉膛温度 431℃、炉膛压力 0.69kPa、蒸汽压力 1.8MPa、蒸汽流量 17.2t/h、省煤器入口气温 96℃、省煤器出口气温 128℃、省煤器给水流量 16t/h、给水压力 3.22MPa、省煤器出口烟气温度 148℃，在此工况参数下进行抽气式取样测量。

30t/h 燃气冷凝蒸汽锅炉换热之后的烟道为圆形管道，直径为 1000mm，根据 ASME PTC 4—2013、GB/T 10180—2017、TSG G0003—2010 中的取样规则，将圆形管道沿直径方向划分为 2 个区域，共 11 个测点，关于截面中心对称分布，单侧 6 个测点距烟道中心的距离分别为 0mm、158mm、274mm、353.5mm、418.5mm 和 474.5mm，对这 6 个测点进行取样分析。用微电脑微压计和靠背管测得烟气流速为 7.36m/s，抽气流速等于烟气流速时抽气流量为 2.1m^3/h，而烟气流量为 20 800m^3/h，为达到滤除液滴的目的，烟道中心测点内外管抽气流量取 1.9m^3/h，其余测点按照靠近管壁依次减小 0.1m^3/h 进行抽气流量设计，抽气流量不足烟气流量的 1/10 000，不会破坏烟道内原流场，温控调节仪温度设置为 160℃，取样测量烟气温湿度，整理数据，得到烟气的温湿度分布，如图 5-39 和图 5-40 所示。

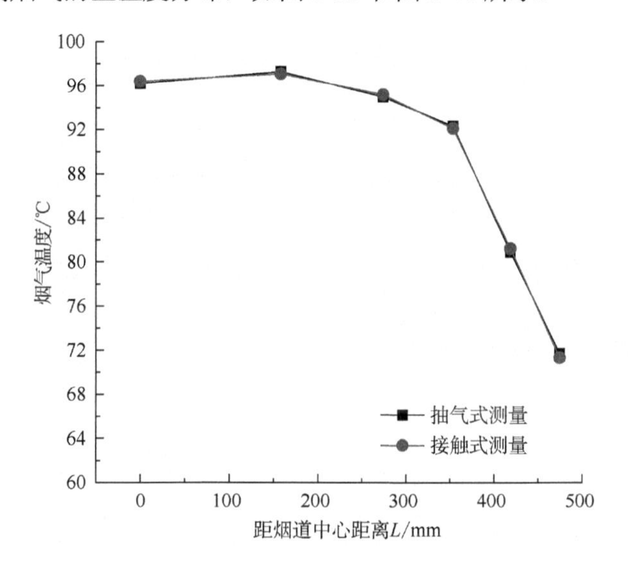

图 5-39　烟气温度在烟道截面的分布

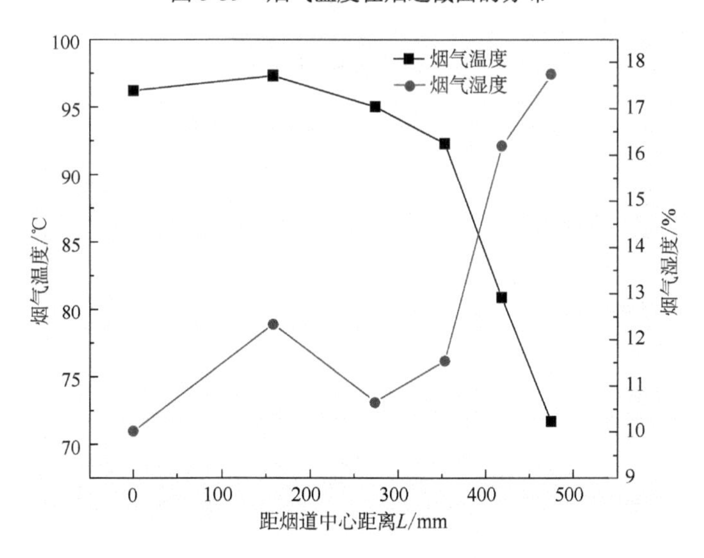

图 5-40　烟气温湿度在烟道内的分布

从图 5-39 可以看出，烟气温度从管道中心至壁面处，从均匀状态到逐渐降低，抽气式测量和接触式测量测得的烟气温度几乎一致，这是由于烟气温度高于露点温度，不会发生冷凝现象。

从图 5-40 可以看出，烟气温度分布中心位置较为均匀，随后逐渐向管壁递减；烟气湿度分布中心位置虽有较小变动但仍处于误差允许范围内，随后逐渐向管壁递增。由计算可知，此时烟道内的气体流动 R_e 大约为 10^5，处于湍流状态，所以温湿度分布比较均匀。受管壁的影响，靠近管壁的近壁层流层，烟气不能得到充分的混合，并由于壁面散热，出现烟气温度降低、湿度增高的现象。

5.5.2 6t/h 燃气冷凝蒸汽锅炉测试分析及排烟热损失计算

6t/h 燃气冷凝蒸汽锅炉燃用天然气成分如表 5-12 所示。

表 5-12 6t/h 燃气冷凝蒸汽锅炉燃用天然气成分

名称	符号	单位	数值
甲烷	CH_4	%	91.561
乙烷	C_2H_6	%	5.719
丙烷	C_3H_8	%	0.277
氧气	O_2	%	0.135
二氧化碳	CO_2	%	2.308
高位热值	$Q_{gr,v,ar}$	MJ/m^3	37.97
低位热值	$Q_{net,v,ar}$	MJ/m^3	34.26

锅炉满负荷稳定运行时，运行参数如表 5-13 所示。

表 5-13 锅炉运行参数

名称	符号	单位	数值
天然气消耗量	B	m^3/h	411
过量空气系数	α	1	1.18
室温	t_{lk}	℃	27.1
冷凝换热器进水温度	t_{in}	℃	22.7
冷凝换热器进水流量	D	kg/h	1000
冷凝换热器出水温度	t_{out}	℃	47.1
空预器出口烟气温度	t	℃	120

烟道为圆形管道，有效直径为 800mm，外加长度 300mm 的法兰，工程取样测量装置有效长度为 700mm，能够完成测量，根据 ASME PTC 4—2013、GB/T 10180—2017、TSG G0003—2010 取样规则，沿半径方向取样的 6 个测点距离烟

道中心的距离分别为 0mm、126.4mm、219.2mm、282.8mm、334.8mm 和 379.6mm，烟气量为 5343m^3/h，用微电脑微压计和靠背管测得烟道中心流速为 2.96m/s，取样流速等于烟道内烟气流速时，抽气流量为 0.83m^3/h，为达到滤除液滴的目的，各个测点内外管抽气流量都采用 0.60m^3/h，温度控制仪温度设置为 160℃，对换热之后的烟道进行取样测量，工业现场测量及数据分别如图 5-41 和图 5-42 所示。

图 5-41　工业现场测量

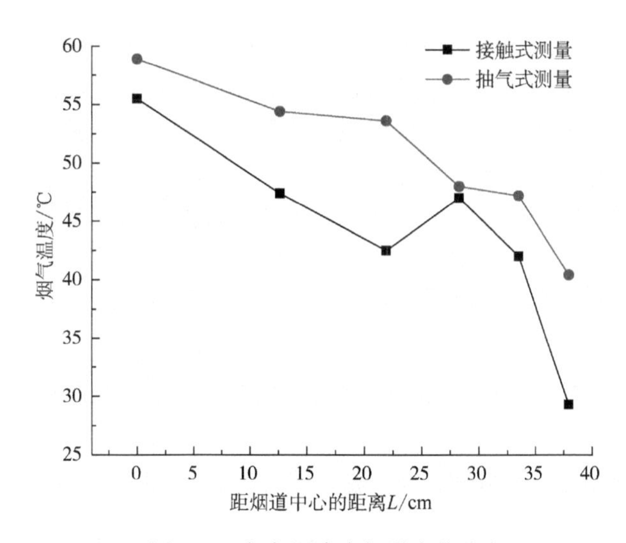

图 5-42　烟气温度在烟道内的分布

从图 5-42 可以看出，烟气温度从烟道中心向烟道管壁处逐渐降低，抽气式测量测得的烟气温度比接触式测量测得的烟气温度高，这是由于烟道管壁处没有保温措施，散热情况较好，故烟气温度逐渐降低；烟气经换热之后温度低于露点温度，发生冷凝现象，并伴有过冷度的产生，抽气式测量装置达到了滤除液滴的目的，因此测得的烟气温度比接触式测量测得的烟气温度高。

整理烟气温度和湿度的相关数据，得到烟气温度和湿度的对应关系，如图 5-43 所示。

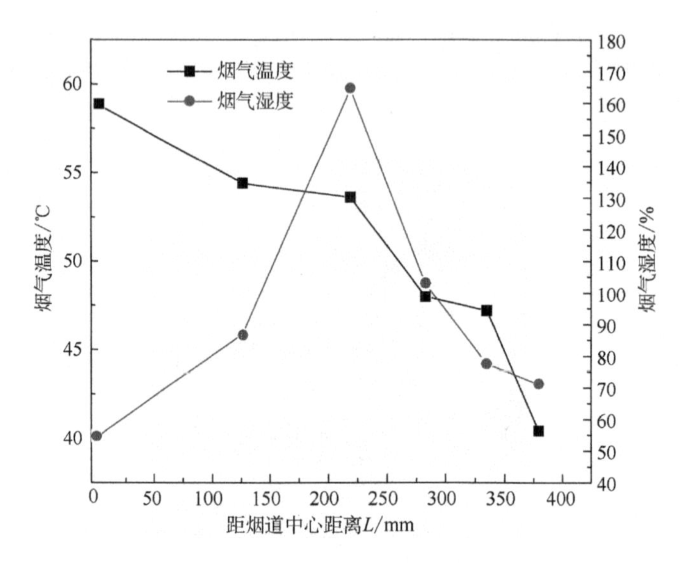

图 5-43　烟气温湿度的分布

从图 5-43 可以看出，烟气湿度分布并没有呈现规律性，第 3 个和第 4 个测点（从烟道中心向烟道壁面处排序）烟气湿度分别为 164%和 102%，明显是测量无效点，每一个测点温湿度达到稳定状态都需要 15min 左右，从第一个测点后锅炉工况参数就处于生产运营状态，根据生产调节工况参数，后面测点的工况参数处于随时变动之中，不具有参考价值。

在进行排烟热损失计算时，选取烟道中心的数据作为计算依据，得到冷凝后烟气温度 t_{py} 为 58.9℃，冷凝水的温度为 55.5℃。

查气体的热力性质表知，$c_{gy,120℃}$=1.32kJ/(m^3 · ℃)，$c_{H_2O,120℃}$ =1.51kJ/(m^3 · ℃)，$c_{lk, 27.1℃}$=1.32kJ/(m^3 · ℃)，$c_{gy,58.9℃}$=1.32kJ/(m^3 · ℃)，$c_{H_2O,58.9℃}$ =1.51kJ/(m^3 · ℃)，$\rho_{H_2O,120℃}$ =1.12kg/m^3，$\rho_{H_2O,58.9℃}$ =0.0673kg/m^3，根据 4.4.1.5 节和 4.4.1.6 节，计算锅炉的排烟热损失。

以 1m^3 天然气为计算基准，排烟热损失 Q_2 为

$$Q_2 = B(c_{gy} \times V_{gy} \times t_{gy} + c_{gy} \times V'_{H_2O} \times t_{H_2O} - \alpha \times V^O \times c_{lk} \times t_{lk}) \tag{5-39}$$

理论空气量为

$$V^O = 0.0476 \times \left[0.5V_{O_2}^{CO} + 0.5V_{O_2}^{H_2} + 1.5V_{O_2}^{H_2S} + 2V_{O_2}^{CH_4} + \sum \left(m + \frac{n}{4} \right) V_{O_2}^{C_mH_n} - V_{O_2} \right]$$

$$= 9.73 m^3/m^3 \tag{5-40}$$

理论水蒸气量为

$$V'_{H_2O}=0.01\left(V_{H_2O}^{H_2S}+V_{H_2O}^{H_2}+\sum\frac{n}{2}V_{H_2O}^{C_mH_n}+0.124M_d\right)+0.0161V^O=2.17m^3/m^3 \tag{5-41}$$

实际水蒸气量为

$$V_{H_2O}=V_{H_2O}^O+0.0161(\alpha-1)V^O=2.20m^3/m^3 \tag{5-42}$$

理论氮气量为

$$V_{N_2}^O=0.79V^O+\frac{N_2}{100}=7.69m^3/m^3 \tag{5-43}$$

三原子气体量为

$$V_{RO_2}=0.01(V_{RO_2}^{CO_2}+V_{RO_2}^{CO}+V_{RO_2}^{H_2S}+\sum m V_{RO_2}^{C_mH_n})=1.06m^3/m^3 \tag{5-44}$$

干烟气量为

$$V_{gy}=V_{RO_2}+V_{N_2}^O+(\alpha-1)V^O=10.5m^3/m^3 \tag{5-45}$$

湿烟气量为

$$V_{py}=V_{gy}+V_{H_2O}=12.7m^3/m^3 \tag{5-46}$$

$1m^3$ 天然气燃烧后含有的水蒸气量为

$$M_{120℃}=2.20m^3/m^3\times1.12kg/m^3=2.46kg/m^3 \tag{5-47}$$

冷凝的水蒸气量为

$$M_1=2.46kg/m^3-V_{py}\times\rho_{H_2O,58.9℃}=1.61kg/m^3 \tag{5-48}$$

冷凝换热之后烟气中水蒸气量为

$$V'_{H_2O}=V_{H_2O}-\frac{M_1}{1.12}=0.76m^3/m^3 \tag{5-49}$$

代入 Q_2 的计算公式，得到

$$Q_2=B(C_{gy}V_{gy}t_{gy}+C_{H_2O}V'_{H_2O}t_{H_2O}-\alpha V^O C_{lk}t_{lk})=194\,499kJ/h \tag{5-50}$$

6t/h 燃气冷凝蒸汽锅炉 1h 的总输入热量为

$$Q_r=BQ_{net,v,ar}=4\,080\,860kJ/h \tag{5-51}$$

$$q_2=\frac{Q_2}{Q_r}\times100\%=1.38\% \tag{5-52}$$

在计算输入热量时，加热燃料或外来热量 Q_{wl}、燃料的物理显热 Q_{rx} 和自用蒸汽带入热量 Q_{zy} 均未作考虑，输入热量为燃料的低位热值，经冷凝换热锅炉的排烟热损失为 1.38%。

参 考 文 献

[1] 孙志浩．燃气烟气中水蒸气凝结过冷及温湿度场测试研究［D］．哈尔滨：哈尔滨工业大学，2018．

[2] 王丕嶺．天然气烟气间壁凝结对流换热特性研究［D］．哈尔滨：哈尔滨工业大学，2016．

[3] 高建民．内循环多级喷动流态化烟气脱硫技术研究［D］．哈尔滨：哈尔滨工业大学．

[4] 高继慧，王帅，高建民，等．提升管内熟石灰浆液雾化脱除烟气中 SO_2 过程的研究［J］．中国电机工程学报，2007，27（29）：40-44．

[5] 高建民，栾积毅，管坚，等．一种冷凝式燃气锅炉低温高湿排烟温度测量及取样装置：CN201610012957.7［P］．2020-07-03．

[6] 杨世铭，陶文铨．传热学［M］．北京：高等教育出版社，2006．

[7] ROSE J W. Condensation heat transfer［J］． Heat and Mass Transfer，1999，35：479-485．

[8] MEI M F，YU B M，CAI J C，et al．A fractal analysis of dropwise condensation heat transfer［J］．International Journal of Heat and Mass Transfer，2009，52（21/22）：4823-4828．

[9] 刘民科．烟气凝结换热器传热强化与工程应用研究［D］．北京：北京建筑工程学院，2012．

[10] 王四芳．超疏水表面混合蒸气滴状冷凝液滴行为与传热［D］．大连：大连理工大学，2012．

[11] 温荣福．低压蒸气滴状冷凝传热微观机理及强化［D］．大连：大连理工大学，2015．

[12] YI Q J，TIAN M C，YAN W J，et al. Visualization study of the influence of non-condensable gas on steam condensation heat transfer［J］．Applied Thermal Engineering，2016，106：13-21．

[13] LAN Z，WEN R F，WANG A L，et al. A droplet model in steam condensation with noncondensable gas［J］．International Journal of Thermal Sciences，2013，68：1-7．

[14] 曹彦斌，艾效逸，郭全，等．伴随有水蒸气凝结的烟气对流换热的实验研究［J］．工程热物理学报，2000，21（6）：729-733．

[15] 葛明慧．含高浓度 CO_2 的蒸气凝结换热及其强化传热性能研究［D］．天津：天津大学，2013．

[16] 兰忠，马学虎，王爱丽，等．低压蒸汽滴状冷凝过程中液滴生长特性［J］．工程热物理学报，2012，33（1）：139-142．

[17] YU J W，GAO J M，CHEN Z，et al. Supercooling of steam condensation in natural gas fumes［J］．Energy Sources，Part A：Recovery，Utilization，and Environmental Effects，2019：1668876．

[18] 王志强．燃气烟气凝结条件下排烟损失测试方法研究［D］．哈尔滨：哈尔滨工业大学，2016．

[19] 舒玮．湍流中散射粒子的跟随性［J］．天津大学学报，1980（1）：75-83．

第6章　结果计算及修正

本章介绍冷凝锅炉热工性能试验的热效率计算方法，对应《冷凝锅炉热工性能试验方法》（NB/T 47066—2018）第6章“结果计算”、第7章“修正”[1]。本章介绍的思路即为热效率的计算过程。6.1节首先给出锅炉热效率的定义和计算方法。6.2节～6.5节分别介绍输入热量、输出热量、各项损失、外来热量的计算，从而实现热效率的正平衡和反平衡计算，对应《冷凝锅炉热工性能试验方法》（NB/T 47066—2018）中的“6.4 锅炉热效率”“6.1 输出热量”“6.2 输入热量”“6.9 各项损失”“6.10 外来热量”。《冷凝锅炉热工性能试验方法》（NB/T 47066—2018）中“6.3 能量平衡”“6.5 燃料特性”“6.6 燃烧空气性质”“6.7 烟气产物”“6.8 基准温度”为计算热效率时不可缺少的中间过程，在本书中按照计算所处的位置列出，不单独列章节。6.6节对修正进行说明。

6.1　锅炉热效率

6.1.1　燃料效率

根据热力学第一定律，锅炉系统应满足能量平衡，即

进入系统的能量–离开系统的能量=系统能量的增量

在稳定运行状态，锅炉系统能量的增量为零，因此进入系统的能量等于离开系统的能量，即满足

$$Qr_{\mathrm{F}} + Qr_{\mathrm{B}} = Qr_{\mathrm{O}} + Qr_{\mathrm{L}} \tag{6-1}$$

式中：Qr_{F}——燃料的输入热量，kJ/h；

Qr_{B}——外来热量，kJ/h；

Qr_{O}——输出热量，kJ/h；

Qr_{L}——损失热量，kJ/h。

进入系统的能量包括燃料燃烧可以释放的热量和进入系统的辅机驱动能量、空气携带热量等外来热量两个部分。

锅炉效率的定义是输出能量与输入能量的比值，通常以百分数来表示。若输入热量选为燃料燃烧可以释放的热量，则相应的锅炉热效率为燃料效率；若输入热量选为进入系统的总热量，则相应的锅炉热效率为系统总体热效率，也称为毛效率。《工业锅炉热工性能试验规程》（GB/T 10180—2017）中把燃料热量和外来

热量都作为输入热量，计算的锅炉热效率为毛热效率[2]。ASME PTC 4—2013 中锅炉效率为燃料效率，但同时在附录 D 中给出了毛效率的计算方法[3]。《电站锅炉性能试验规程》（GB/T 10184—2015）中锅炉效率也为燃料效率，而输入热量为进入系统边界的总热量时，对应的效率称为锅炉热效率[4]。由于锅炉是利用燃料燃烧释放的热能来加热工质的设备，燃料的发热量是系统的主动输入热量，因此《冷凝锅炉热工性能试验方法》（NB/T 47066—2018）采用燃料效率来描述锅炉的能量利用水平。如无特别说明，《冷凝锅炉热工性能试验方法》（NB/T 47066—2018）提到的锅炉热效率均为燃料效率。

6.1.2 计算方法

如本书第 2 章所述，锅炉热效率可采用两种方法计算：输入-输出法（正平衡法）和热损失法（能量平衡法或反平衡法）。其中，输入-输出法是根据锅炉热效率的定义，采用输出热量与输入热量的比值，直接求得锅炉热效率。对于燃气锅炉，输入热量为实际测量的燃料累积流量乘以天然气的高位发热量或低位发热量。热损失法是根据能量平衡，通过计算基于燃料输入的热损失和基于燃料输入的外来热量，进而求得锅炉热效率。通常，热损失法的总体试验不确定度较小，因为在热损失法中涉及的量相比于输入-输出法中能量输入、输出数值小得多。同时，采用热损失法对各项损失进行分析，可以为确定锅炉节能潜力、进一步提升能效水平提供参考依据。因此，《冷凝锅炉热工性能试验方法》（NB/T 47066—2018）推荐采用热损失法。

1. 热损失法

通过热损失法（能量平衡法或反平衡法）计算锅炉热效率为

$$\eta = \frac{Qr_{\mathrm{O}}}{Qr_{\mathrm{F}}} \times 100\% = 100 - \frac{Qr_{\mathrm{L}}}{Qr_{\mathrm{F}}} + \frac{Qr_{\mathrm{B}}}{Qr_{\mathrm{F}}} = 100 - q_{\mathrm{pL}} + q_{\mathrm{pB}} \tag{6-2}$$

式中：η——锅炉热效率；

q_{pL}——基于燃料输入的热损失；

q_{pB}——基于燃料输入的外来热量。

2. 输入-输出法

通过输入-输出法（正平衡法）计算锅炉热效率，即

$$\eta = 100\% \times \frac{Qr_{\mathrm{O}}}{Qr_{\mathrm{F}}} \tag{6-3}$$

3. 计算收敛度

锅炉热效率计算的收敛度宜采用 $10^{-5}\%$量级。

采用热损失法计算锅炉效率时，计算过程为迭代过程，即先假定一个效率值或燃料量，然后反复计算，直至效率值处于可接受的范围内。ASME PTC 4—2013 中规定，对仅为了确定效率的计算且仅要求效率值精确到一位或两位小数时，效率值的 0.1%作为收敛标准即可。如果计算目的是得到灵敏度系数（由基准效率与采用受干扰的数据计算的效率之间的差值确定），由于数据波动值可能很小，效率变化值可能也很小，推荐采用的效率收敛度为 10^{-5}%量级。《冷凝锅炉热工性能试验方法》（NB/T 47066—2018）推荐热效率计算的收敛度也采用 10^{-5}%量级，以便开展后续的不确定度评定。

6.2　输 入 热 量

对于燃气锅炉，由于燃料中氢含量高，高位发热量与低位发热量存在显著差异。特别是对于冷凝锅炉，烟气中的水蒸气连续凝结释放汽化潜热，这部分能量的利用常常使锅炉系统输出热量大于燃料低位发热量，此时基于低位发热量的锅炉效率将高于 100%。ASME PTC 4—2013 中燃料发热量采用高位发热量。《工业锅炉热工性能试验规程》（GB/T 10180—2017）、《电站锅炉性能试验规程》（GB/T 10184—2015）均采用低位发热量，并且我国燃料数据信息大多基于低位发热量。因此，《冷凝锅炉热工性能试验方法》（NB/T 47066—2018）分别基于低位发热量和高位发热量，给出输入热量的计算方法。

基于低位发热量，输入热量计算方法为

$$Qr_{\mathrm{I}} = Qr_{\mathrm{F}} = Vr_{\mathrm{F.Fl}} Q_{\mathrm{net.ar}} \tag{6-4}$$

式中：Qr_{I}——输入热量，kJ/h；

Qr_{F}——燃料的输入热量，kJ/h；

$Vr_{\mathrm{F.Fl}}$——燃料的体积流量，m^3/h；

$Q_{\mathrm{net.ar}}$——燃料的低位发热量，kJ/m^3。

基于高位发热量，输入热量计算方法为

$$Qr_{\mathrm{I}} = Qr_{\mathrm{F}} = Vr_{\mathrm{F.Fl}} Q_{\mathrm{gr.ar}} \tag{6-5}$$

式中：$Q_{\mathrm{gr.ar}}$——燃料的高位发热量，kJ/m^3。

相应地，通过输入-输出法（正平衡法）计算锅炉热效率，基于低位发热量的计算公式为

$$\eta = \frac{Qr_{\mathrm{O}}}{Vr_{\mathrm{F.Fl.M}} Q_{\mathrm{net.ar}}} \times 100\% \tag{6-6}$$

式中：$Vr_{\mathrm{F.Fl.M}}$——实际测量的燃料累积流量，m^3/h。

基于高位发热量的计算公式为

$$\eta = \frac{Qr_{\mathrm{O}}}{Vr_{\mathrm{F.Fl.M}} Q_{\mathrm{gr.ar}}} \times 100\% \tag{6-7}$$

6.3 输 出 热 量

锅炉系统的输出能量指的是被工质吸收且未在锅炉系统中被回收的那部分热量，即被工质利用并离开系统的热量。若热量被系统回收，即能量未离开系统边界，则不能计为系统的输出热量。根据输出介质不同，输出能量的计算方法有所不同。

6.3.1 热水锅炉

对于热水锅炉系统，如图 3-2 所示，最后一级冷凝受热面采用单独的水循环，因此进出系统的工质包括两部分，即锅炉的热水工质和最后一级受热面的工质，相应的输出热量包括两部分，分别是热水吸收的热量和最后一级冷凝受热面输出的热量，通过式（6-8）进行计算。其中，热水吸收的热量采用热水锅炉循环水量与出水、进水焓差计算；最后一级冷凝受热面输出热量采用最后一级受热面给水流量与出水、进水焓差计算。

$$Qr_{\mathrm{O.HW}} = Mr_{\mathrm{CW.Fl}}(H_{\mathrm{HW.Lv}} - H_{\mathrm{HW.En}}) + Qr_{\mathrm{HW.Cond}} \tag{6-8}$$

其中

$$Qr_{\mathrm{HW.Cond}} = Mr_{\mathrm{Cond.FW.Fl}}(H_{\mathrm{Cond.Lv}} - H_{\mathrm{Cond.En}}) \tag{6-9}$$

式中：$Qr_{\mathrm{O.HW}}$——热水锅炉输出热量，kJ/h；
$Mr_{\mathrm{CW.Fl}}$——热水锅炉循环水量，kg/h；
$H_{\mathrm{HW.Lv}}$——热水锅炉出水焓，kJ/kg；
$H_{\mathrm{HW.En}}$——热水锅炉进水焓，kJ/kg；
$Qr_{\mathrm{HW.Cond}}$——热水锅炉最后一级冷凝受热面输出热量，kJ/h；
$Mr_{\mathrm{Cond.FW.Fl}}$——最后一级冷凝受热面给水流量，kg/h；
$H_{\mathrm{Cond.Lv}}$——最后一级冷凝受热面出水焓，kJ/kg；
$H_{\mathrm{Cond.En}}$——最后一级冷凝受热面进水焓，kJ/kg。

6.3.2 饱和蒸汽锅炉

蒸汽锅炉分为饱和蒸汽锅炉与过热蒸汽锅炉。对于饱和蒸汽锅炉，输出热量包括给水吸收的热量和最后一级冷凝受热面输出热量，其中最后一级冷凝受热面输出热量计算方法与热水锅炉相同，在此不再赘述。给水吸收的热量为给水流量与饱和蒸汽焓、给水焓之差的乘积。需注意的是，由于饱和蒸汽锅炉蒸汽中不可避免会携带部分饱和水，在试验期间需定期对锅水进行取样和测定，这两部分工质以饱和水的状态离开系统，并未变成饱和蒸汽，在计算给水吸热量时需扣除这两部分工质对应的汽化潜热，通过式（6-10）计算。

$$Qr_{\text{O.Sat}}=\left[Mr_{\text{FW.Fl}}\left(H_{\text{Sat}}-H_{\text{FW}}-\frac{\gamma\omega}{100}\right)-Mr_{\text{BW.Sa}}\gamma\right]+Qr_{\text{Sat.Cond}} \tag{6-10}$$

其中

$$Qr_{\text{Sat.Cond}}=Mr_{\text{Cond.FW.Fl}}(H_{\text{Cond.Lv}}-H_{\text{Cond.En}}) \tag{6-11}$$

式中：$Qr_{\text{O.Sat}}$——饱和蒸汽锅炉输出热量，kJ/h；

$Mr_{\text{FW.Fl}}$——锅炉给水量，kg/h；

H_{Sat}——饱和蒸汽焓，kJ/kg；

H_{FW}——给水焓，kJ/kg；

γ——水的汽化潜热，kJ/kg；

ω——饱和蒸汽湿度［测试方法按《冷凝锅炉热工性能试验方法》（NB/T 47066—2018）附录 C 规定］，%；

$Mr_{\text{BW.Sa}}$——锅水取样量，kg/h；

$Qr_{\text{Sat.Cond}}$——饱和蒸汽锅炉最后一级冷凝受热面输出热量，kJ/h。

6.3.3　过热蒸汽锅炉

对于过热蒸汽锅炉，最后一级冷凝受热面输出热量计算方法与热水锅炉、饱和蒸汽锅炉计算方法相同，区别在于工质吸收热量的计算。当测量给水流量时，给水流量与过热蒸汽、给水焓差的积为给水的吸热量。由于过热蒸汽锅炉设有喷水减温装置，除给水外，减温水也作为工质吸收热量离开系统边界，需计入减温水的吸热量，即喷水流量与过热蒸汽、喷水焓差之积。锅水取样为饱和水，而非过热蒸汽，此部分热量差（可分为过热蒸汽与饱和蒸汽焓差，饱和蒸汽与饱和水焓差，即水的汽化潜热）应予以扣除，通过式（6-12）进行计算。

$$Qr_{\text{O.Sut}}=\left[Mr_{\text{FW.Fl}}\left(H_{\text{Sut}}-H_{\text{FW}}\right)+Mr_{\text{WJ}}\left(H_{\text{Sut}}-H_{\text{WJ}}\right)-Mr_{\text{BW.Sa}}\left(H_{\text{Sut}}-H_{\text{Sat}}+\gamma\right)\right]+Qr_{\text{Sut.Cond}} \tag{6-12}$$

其中

$$Qr_{\text{Sut.Cond}}=Mr_{\text{Cond.FW.Fl}}(H_{\text{Cond.Lv}}-H_{\text{Cond.En}}) \tag{6-13}$$

式中：$Qr_{\text{O.Sut}}$——过热蒸汽锅炉输出热量，kJ/h；

H_{Sut}——过热蒸汽焓，kJ/kg；

Mr_{WJ}——喷水流量，kg/h；

H_{WJ}——喷水焓，kJ/kg；

$Qr_{\text{Sut.Cond}}$——过热蒸汽锅炉最后一级冷凝受热面输出热量，kJ/h。

与测量给水流量不同，测量过热蒸汽流量时，过热蒸汽流量中包含减温水的流量，但减温水的初始焓值与给水的不同，应单独计算；过热蒸汽取样和锅水取样则未包含在内，这两部分吸热量也应计入总的输出热量，其中，过热蒸汽取样的吸热量为过热蒸汽取样量与过热蒸汽、给水焓差之积，锅水取样的吸热量为锅水取样量与饱和水、给水焓差之积，通过式（6-14）进行计算。

$$
\begin{aligned}
Qr_{\mathrm{O.Sut}} = \big[& (Mr_{\mathrm{Sut.Fl}} - Mr_{\mathrm{WJ}} + Mr_{\mathrm{Sut.Sa}})(H_{\mathrm{Sut}} - H_{\mathrm{FW}}) + Mr_{\mathrm{WJ}}(H_{\mathrm{Sut}} - H_{\mathrm{WJ}}) \\
& + Mr_{\mathrm{BW.Sa}}(H_{\mathrm{Sat}} - \gamma - H_{\mathrm{FW}}) \big] + Qr_{\mathrm{Sut.Cond}}
\end{aligned} \tag{6-14}
$$

式中：$Mr_{\mathrm{Sut.Fl}}$——过热蒸汽流量，kg/h；

$Mr_{\mathrm{Sut.Sa}}$——过热蒸汽取样量，kg/h。

6.3.4 带再热循环的锅炉机组

对于带再热循环的锅炉机组，系统输出热量还应计入再热蒸汽及再热蒸汽减温水吸收的热量。对每一级再热，应在输出热量公式中添加一项。根据《冷凝锅炉热工性能试验方法》（NB/T 47066—2018），第一级再热的附加输出热量为再热蒸汽吸收热量与减温水吸收热量之和，见式（6-15）。事实上，当存在多级再热时，也可采用式（6-15）对每一级进行计算，即

$$
Q_{\mathrm{Rh}} = Mr_{\mathrm{Sut.Rh}}(H_{\mathrm{Sut.Rh.Lv}} - H_{\mathrm{Sut.Rh.En}}) + Mr_{\mathrm{WJ.Rh}}(H_{\mathrm{WJ.Rh.Lv}} - H_{\mathrm{WJ.Rh.En}}) \tag{6-15}
$$

式中：Q_{Rh}——再热蒸汽输出热量，kJ/h；

$Mr_{\mathrm{Sut.Rh}}$——再热蒸汽质量流量，kg/h；

$H_{\mathrm{Sut.Rh.Lv}}$——再热蒸汽出口焓，kJ/kg；

$H_{\mathrm{Sut.Rh.En}}$——再热蒸汽进口焓，kJ/kg；

$Mr_{\mathrm{WJ.Rh}}$——再热蒸汽的喷水质量流量，kg/h；

$H_{\mathrm{WJ.Rh.Lv}}$——再热蒸汽的喷水出口焓，kJ/kg；

$H_{\mathrm{WJ.Rh.En}}$——再热蒸汽的喷水进口焓，kJ/kg。

6.3.5 排污

试验过程中，如果连续排污则输出热量中需加上这部分排污水携带的热量，计算方法见式（6-16），排污水焓即锅筒压力对应的饱和水焓，减去给水焓，即为排污水携带热量。

$$
Qr_{\mathrm{Bd}} = Mr_{\mathrm{W.Bd}}(H_{\mathrm{Sat.Bd}} - H_{\mathrm{FW}}) \tag{6-16}
$$

式中：Qr_{Bd}——排污水携带热量，kJ/h；

$Mr_{\mathrm{W.Bd}}$——排污水质量流量，kg/h；

$H_{\mathrm{Sat.Bd}}$——锅筒压力对应的饱和水焓，kJ/kg。

以上为输出热量的计算方法，基本思路是将从锅炉系统吸收热量的工质根据其进入、离开锅炉系统状态的不同分为若干部分分别计算，确定每部分工质的质量与进出系统的焓差，求和即为总的系统输出热量。明确了输出热量与输入热量

的计算方法后，可通过输入-输出法（正平衡法）计算锅炉热效率。

6.4 各项损失

若采用热损失法确定锅炉效率，需逐一计算各项损失和外来热量，在本节和 6.5 节中分别介绍。锅炉系统热损失和外来热量可以分为两类：①进入和离开锅炉系统的物质流携带的能量；②系统与外界的能量交换。

对于燃气锅炉，热损失包括排烟热损失、气体不完全燃烧热损失、散热损失。其中，排烟热损失由离开系统的烟气携带的能量引起，包括干烟气损失和烟气中水蒸气引起的损失，分别进行计算。

根据热损失法中锅炉热效率的计算式（6-2），各项损失均为损失能量与燃料输入能量的百分比，而燃料输入能量分别基于高位发热量和低位发热量给出计算方法，各项损失也分别基于高位发热量和低位发热量进行计算。

6.4.1 干烟气损失

干烟气损失为显热损失。干烟气损失能量为离开系统边界的烟气温度与基准温度之差、干烟气平均定压比热容、干烟气体积的乘积。《冷凝锅炉热工性能试验方法》（NB/T 47066—2018）的基准温度为 25℃。干烟气损失为损失能量与燃料输入能量的比。

1. 干烟气损失计算

基于低位发热量的干烟气损失由式（6-17）计算得出。

$$q_{\mathrm{p.L.fg.d.net}}=\frac{V_{\mathrm{fg.d.Cond.Lv}}c_{\mathrm{p.fg.d}}\left(t_{\mathrm{fg.Cond.Lv}}-t_{\mathrm{fg.Cond.Re}}\right)}{Q_{\mathrm{net.ar}}}\times 100\% \qquad (6\text{-}17)$$

式中：$q_{\mathrm{p.L.fg.d.net}}$——基于低位发热量的干烟气损失；

$V_{\mathrm{fg.d.Cond.\,Lv}}$——最后一级冷凝受热面出口每标准立方米燃料燃烧生成的干烟气体积［按式（6-20）计算］，m^3/m^3；

$c_{\mathrm{p.fg.d}}$——最后一级冷凝受热面出口干烟气的平均定压比热容，为各烟气成分的定压比热容加权平均值［按式（6-19）计算］，kJ/（m^3 · ℃）；

$t_{\mathrm{fg.Cond.Lv}}$——离开系统边界的烟气温度，℃；

$t_{\mathrm{fg.Cond.Re}}$——离开系统边界的烟气基准温度，℃。

基于高位发热量的干烟气损失由式（6-18）计算得出。

$$q_{\mathrm{p.L.fg.d.gr}}=\frac{V_{\mathrm{fg.d.Cond.Lv}}c_{\mathrm{p.fg.d}}\left(t_{\mathrm{fg.Cond.Lv}}-t_{\mathrm{fg.Cond.Re}}\right)}{Q_{\mathrm{gr.ar}}}\times 100\% \qquad (6\text{-}18)$$

式中：$q_{p.L.fg.d.gr}$——基于高位发热量的干烟气损失。

$$c_{p.fg.d}=\frac{\varphi_{CO_2.fg}c_{p.CO_2}+\varphi_{N_2.fg}c_{p.N_2}+\varphi_{O_2.fg}c_{p.O_2}+\varphi_{CO.fg}c_{p.CO}+\varphi_{H_2.fg}c_{p.H_2}+\varphi_{\sum C_mH_n.fg}c_{p.\sum C_mH_n}}{100} \tag{6-19}$$

式中：$\varphi_{CO_2.fg}$、$\varphi_{N_2.fg}$、$\varphi_{O_2.fg}$、$\varphi_{CO.fg}$、$\varphi_{H_2.fg}$、$\varphi_{\sum C_mH_n.fg}$——烟气中二氧化碳、氮气、氧气、一氧化碳、氢气、碳氢化合物的体积分数，%；

$c_{p.CO_2}$、$c_{p.N_2}$、$c_{p.O_2}$、$c_{p.CO}$、$c_{p.H_2}$、$c_{p.\sum C_mH_n}$——烟气中二氧化碳、氮气、氧气、一氧化碳、氢气、碳氢化合物的定压比热容（按照《冷凝锅炉热工性能试验方法》（NB/T 47066—2018）的附录 E 查表或计算），kJ/（m^3·℃）。

2. 干烟气体积

干烟气包含 CO、CO_2、N_2、O_2、SO_2 等成分，来源包括四个部分：①燃料中 CO、H_2S、C_mH_n 等反应生成的气体；②燃料中的 CO_2、N_2；③理论干空气中的 N_2；④未反应的过量空气。干烟气体积为

$$V_{fg.d.g}=\frac{\varphi_{CO_2.g}+\varphi_{CO.g}+\varphi_{H_2S.g}+\sum m\varphi_{C_mH_n.g}}{100}+0.79V_{a.d.th.g}+\frac{\varphi_{N_2.g}}{100}+(\alpha-1)V_{a.d.th.g} \tag{6-20}$$

式中：$\varphi_{CO_2.g}$、$\varphi_{CO.g}$、$\varphi_{H_2S.g}$、$\varphi_{C_mH_n.g}$、$\varphi_{N_2.g}$——天然气中二氧化碳、一氧化碳、硫化氢、碳氢化合物、氮气的体积分数，%；

$V_{a.d.th.g}$——燃用天然气的理论干空气量［按照式（6-21）计算］，m^3/m^3；

α——过量空气系数［按照式（6-22）计算］。

3. 理论干空气量

理论干空气量采用燃料燃烧所需的 O_2 量进行推算，燃料中 CO、H_2、H_2S、C_mH_n 反应所需的 O_2 扣除燃料中的 O_2 即为反应所需的 O_2 量。理论干空气量由式（6-21）计算得出。

$$V_{a.d.th.g}=\frac{1}{21}\left(0.5\varphi_{CO.g}+0.5\varphi_{H_2.g}+1.5\varphi_{H_2S.g}+\sum\left(m+\frac{n}{4}\right)\varphi_{\sum C_mH_n.g}-\varphi_{O_2.g}\right) \tag{6-21}$$

式中：$\varphi_{H_2.g}$、$\varphi_{O_2.g}$——天然气中氢气、氧气的体积分数，%；

m、n——碳氢化合物中碳、氢原子数。

$\varphi_{\sum C_mH_n.g}$ 与式（6-20）中 $\varphi_{C_mH_n.g}$ 相同，指天然气中碳氢化合物的体积分数，计算时与 $\left(m+\frac{n}{4}\right)$ 相乘后求和即可，无须重复求和。

4. 过量空气系数

过量空气系数为实际送入炉内的空气量与理论空气量的比，即

$$\alpha = \frac{V_{a}}{V_{a.th}} \tag{6-22}$$

式中：V_{a}——对应每立方米燃料实际送入炉内的空气量，m^3/m^3；

$V_{a.th}$——入炉燃料完全燃烧所需的空气量，称为理论空气量，m^3/m^3。

基于干基 O_2 分析的排烟处过量空气系数为

$$\alpha = \frac{21}{21 - 79\dfrac{\varphi_{O_2.fg} - (0.5\varphi_{CO.fg} + 0.5\varphi_{H_2.fg} + 2\varphi_{CH_4.fg})}{\varphi_{N_2.fg} - \dfrac{\varphi_{N_2.g}(\varphi_{RO_2.fg} + \varphi_{CO.fg} + \varphi_{CH_4.fg})}{\varphi_{CO_2.g} + \varphi_{CO.g} + \sum m\varphi_{\sum C_mH_n.g} + \varphi_{H_2S.g}}}} \tag{6-23}$$

式中：$\varphi_{RO_2.fg}$——烟气中 RO_2 的体积分数，为烟气中 CO_2 和 SO_2 的体积分数之和，%。

推导过程如下：

$$\alpha = \frac{V_{a}}{V_{a.th}} = \frac{V_{a}}{V_{a} - \Delta V} = \frac{1}{1 - \dfrac{\Delta V}{V_{a}}} \tag{6-24}$$

式中：ΔV——对应每立方米燃料的过量空气量，m^3/m^3。

不完全燃烧时，烟气中氧的来源包括两个部分：①过量空气；②理论空气中由于 CO、H_2、CH_4 等未完全燃烧而未消耗的氧气。

CO 燃烧的化学反应式为

$$CO + \frac{1}{2}O_2 \longrightarrow CO_2 \tag{6-25}$$

未完全燃烧产物中，有 1mol CO 未消耗氧的体积份额为 0.5mol。

H_2 燃烧的化学反应式为

$$H_2 + \frac{1}{2}O_2 \longrightarrow H_2O \tag{6-26}$$

未完全燃烧产物中，有 1mol H_2 未消耗氧的体积份额为 0.5mol。

CH_4 燃烧的化学反应式为

$$CH_4 + 2O_2 \longrightarrow CO_2 + 2H_2O \tag{6-27}$$

未完全燃烧产物中，有 1mol CH_4 未消耗氧的体积份额为 2mol。

因此，过量空气中的氧气量计算式为

$$V_{O_2} = \frac{\varphi_{O_2.fg} - (0.5\varphi_{CO.fg} + 0.5\varphi_{H_2.fg} + 2\varphi_{CH_4.fg})}{100} V_{fg.d.g} \tag{6-28}$$

过量空气中的氧气量除以 0.21，可得过量空气量的计算式

$$\Delta V=\frac{\varphi_{O_2.fg}-(0.5\varphi_{CO.fg}+0.5\varphi_{H_2.fg}+2\varphi_{CH_4.fg})}{21}V_{fg.d.g} \tag{6-29}$$

烟气中氮的来源包括两个部分：①空气中的氮；②燃料中的氮。

干烟气中由空气带入的氮气量计算式为

$$V_{N_2}=\frac{\varphi_{N_2.fg}-\varphi_{N_2.fg.g}}{100}V_{fg.d.g} \tag{6-30}$$

式中：$\varphi_{N_2.fg.g}$——烟气中来自燃料的氮气的体积分数，%。

由空气带入的氮气量除以 0.79，可得燃烧所用的实际空气量为

$$V_a=\frac{\varphi_{N_2.fg}-\varphi_{N_2.fg.g}}{79}V_{fg.d.g} \tag{6-31}$$

燃烧 1m^3 天然气，产生的三原子气体、一氧化碳、甲烷的总体积为

$$V_{RO_2}+V_{CO}+V_{CH_4}=\frac{\varphi_{CO_2.g}+\varphi_{CO.g}+\sum m\varphi_{CH_4.g}+\varphi_{H_2S.g}}{100} \tag{6-32}$$

式中：V_{RO_2}、V_{CO}、V_{CH_4}——燃烧 1m^3 天然气，产生的三原子气体、一氧化碳、甲烷的体积，m^3/m^3。

实测烟气中 RO_2、CO、CH_4 的体积成分为

$$\varphi_{RO_2.fg}+\varphi_{CO.fg}+\varphi_{CH_4.fg}=\frac{V_{RO_2}+V_{CO}+V_{CH_4}}{V_{fg.d.g}}\times 100$$

$$=\frac{\varphi_{CO_2.g}+\varphi_{CO.g}+\sum m\varphi_{CH_4.g}+\varphi_{H_2S.g}}{V_{fg.d.g}} \tag{6-33}$$

则干烟气的体积为

$$V_{fg.d.g}=\frac{\varphi_{CO_2.g}+\varphi_{CO.g}+\sum m\varphi_{CH_4.g}+\varphi_{H_2S.g}}{\varphi_{RO_2.fg}+\varphi_{CO.fg}+\varphi_{CH_4.fg}} \tag{6-34}$$

干烟气中由燃料带入的氮的体积分数计算式为

$$\varphi_{N_2.fg.g}=\frac{V_{N_2.g}}{V_{fg.d.g}}\times 100=\frac{\varphi_{N_2.g}}{V_{fg.d.g}}=\frac{\varphi_{N_2.g}(\varphi_{RO_2.fg}+\varphi_{CO.fg}+\varphi_{CH_4.fg})}{\varphi_{CO_2.g}+\varphi_{CO.g}+\sum m\varphi_{CH_4.g}+\varphi_{H_2S.g}} \tag{6-35}$$

因此，实际空气量为

$$V_a=\frac{\varphi_{N_2.fg}-\varphi_{N_2.fg.g}}{79}V_{fg.d.g}=\frac{\varphi_{N_2.fg}-\dfrac{\varphi_{N_2.g}(\varphi_{RO_2.fg}+\varphi_{CO.fg}+\varphi_{CH_4.fg})}{\varphi_{CO_2.g}+\varphi_{CO.g}+\sum m\varphi_{CH_4.g}+\varphi_{H_2S.g}}}{79}V_{fg.d.g} \tag{6-36}$$

将式（6-29）、式（6-36）代入式（6-24）可得式（6-23）。

6.4.2　烟气中水分引起的损失

对于燃气锅炉，由于燃料中氢含量高，烟气中存在大量的水蒸气，部分水蒸气发生凝结释放汽化潜热，剩余的水蒸气随烟气离开系统。因此，在计算水蒸气引起的热损失时，应对以上两部分分别进行考虑。

根据燃料发热量的定义，高位发热量是指 1kg 或 1m^3 燃料完全燃烧时放出的全部热量，包括烟气中水蒸气凝结成水所放出的汽化潜热。从燃料的高位发热量中扣除烟气中水蒸气的汽化潜热时，称为燃料的低位发热量。显然，高位发热量在数值上大于低位发热量，差值为水蒸气的汽化潜热。燃料为天然气时，高、低位发热量存在显著差异。

若基于燃料低位发热量计算效率，则输入热量中并未考虑水蒸气汽化潜热，根据能量平衡，在计算热损失时也不应考虑水蒸气汽化潜热，即系统基准状态水蒸气为气态，计算水蒸气或冷凝水引起的热损失均应以气态水蒸气为基准。若基于燃料高位发热量计算效率，则输入热量中考虑了烟气水蒸气凝结成水所放出的汽化潜热，假定水蒸气全部凝结，根据能量平衡，在计算热损失时也应考虑水蒸气汽化潜热，即系统基准状态水蒸气为液态，计算水蒸气或冷凝水引起的热损失均应以液态水为基准。

1. 水蒸气显热损失

基于燃料低位发热量时，水蒸气或冷凝水引起的热损失均应以气态水蒸气为基准，最后一级冷凝受热面后烟气携带水蒸气仅有显热损失，为水蒸气热容与温差之积，即

$$q_{\text{p.L.fg.Cond.net}} = \frac{V_{\text{fg.Cond.H}_2\text{O.g}} c_{\text{p.H}_2\text{O}} (t_{\text{fg.Cond.Lv}} - t_{\text{fg.Cond.Re}})}{Q_{\text{net.ar}}} \times 100\% \tag{6-37}$$

式中：$q_{\text{p.L.fg.Cond.net}}$——基于低位发热量的烟气携带水蒸气损失；

$V_{\text{fg.Cond.H}_2\text{O.g}}$——对应每立方米燃料的最后一级冷凝受热面出口烟气中水蒸气含量［按式（6-39）计算］，m^3/m^3；

$c_{\text{p.H}_2\text{O}}$——水蒸气的定压比热容（按照《冷凝锅炉热工性能试验方法》（NB/T 47066—2018）的附录 E 计算），kJ/（m^3·℃）。

基于燃料高位发热量时，水蒸气或冷凝水引起的热损失均应以液态水为基准，最后一级冷凝受热面后烟气携带水蒸气而造成的损失包括显热损失与潜热损失两个部分，显热损失部分由式（6-38）计算得出，潜热损失部分计入了式（6-41），下面将对此进行说明。

$$q_{\text{p.L.fg.Cond.gr}} = \frac{V_{\text{fg.Cond.H}_2\text{O.g}} c_{\text{p.H}_2\text{O}} (t_{\text{fg.Cond.Lv}} - t_{\text{fg.Cond.Re}})}{Q_{\text{gr.ar}}} \times 100\% \tag{6-38}$$

式中：$q_{\text{p.L.fg.Cond.gr}}$——基于高位发热量的烟气携带水蒸气损失。

对应每立方米燃料的最后一级冷凝受热面出口烟气中水蒸气含量计算方法如下：

$$V_{\text{fg.Cond.H}_2\text{O.g}}=\frac{1.338h_{\text{ab.fg}}V_{\text{fg.d.g}}}{0.804} \tag{6-39}$$

式中：$V_{\text{fg.d.g}}$——每立方米燃料燃烧生成的干烟气体积[按式(6-20)计算]，m^3/m^3；

$h_{\text{ab.fg}}$——最后一级冷凝受热面冷凝后烟气的含湿量，kg/kg；

1.338——干烟气密度，kg/m^3；

0.804——水蒸气密度，kg/m^3。

2. 冷凝水热损失

基于低位发热量时，冷凝水引起的热损失应为冷凝水与基准状态水蒸气焓差，计算时可分解为两个部分。

冷凝水热损失=冷凝水焓–基准温度下水蒸气焓

=（冷凝水焓–冷凝温度下水蒸气焓）

+（冷凝温度下水蒸气焓–基准温度下水蒸气焓）

也就是说，一方面，由于冷凝温度高于基准温度而存在显热损失；另一方面，水蒸气冷凝后的汽化潜热被锅炉系统吸收，发生冷凝的水蒸气释放的热量对于锅炉系统损失而言应为负值。冷凝水引起的热损失计算方法见式（6-40），其中第一项为水蒸气冷凝的汽化潜热，为负值；第二项为冷凝温度高于基准温度引起的显热损失，由发生冷凝的部分水蒸气热容与温差计算得到。式（6-40）与式（6-37）相加即为烟气中水分引起的热损失。

$$q_{\text{p.L.fg.Cond.net.l}}=-\frac{0.804V_{\text{fg.Cond.H}_2\text{O.l}}\gamma_{\text{Cond}}}{Q_{\text{net.ar}}}+\frac{0.804V_{\text{fg.Cond.H}_2\text{O.l}}c_{\text{p.H}_2\text{O}}(t_{\text{fg.Cond.Lv}}-t_{\text{fg.Cond.Re}})}{Q_{\text{net.ar}}}\times 100\% \tag{6-40}$$

式中：$q_{\text{p.L.fg.Cond.net.l}}$——基于低位发热量的发生冷凝的水蒸气汽化潜热被吸收造成的损失，为负值；

$V_{\text{fg.Cond.H}_2\text{O.l}}$——每标准立方米燃料燃烧生成的烟气经最后一级冷凝受热面后冷凝下来的水蒸气量［按式（6-42）计算］，m^3/m^3；

γ_{Cond}——最后一级冷凝受热面中烟气平均压力下的水蒸气汽化潜热，kJ/kg。

基于高位发热量时，冷凝水引起的热损失为显热损失，计算方法见式（6-41）第二项。此外，如上所述，烟气携带水蒸气还会造成潜热损失，计算方法见式（6-41）第一项。式（6-41）与式（6-38）相加即为烟气中水分引起的热损失。

$$q_{\mathrm{p.L.fg.Cond.gr.l}} = \frac{0.804V_{\mathrm{fg.Cond.H_2O.g}}\gamma_{\mathrm{Cond}}}{Q_{\mathrm{gr.ar}}} + \frac{0.804V_{\mathrm{fg.Cond.H_2O.l}}(H_{\mathrm{fg.Cond.H_2O.l.Lv}} - H_{\mathrm{fg.Cond.H_2O.l.Re}})}{Q_{\mathrm{gr.ar}}} \times 100\% \tag{6-41}$$

式中：$q_{\mathrm{p.L.fg.Cond.gr.l}}$——基于高位发热量的发生冷凝的水蒸气汽化潜热被吸收造成的损失；

$H_{\mathrm{fg.Cond.H_2O.l.Lv}}$——离开系统边界的烟气温度对应的冷凝水焓，kJ/kg；

$H_{\mathrm{fg.Cond.H_2O.l.Re}}$——基准温度对应的冷凝水焓，kJ/kg。

冷凝下来的水蒸气量为未冷凝烟气中的总水分与出口烟气中水蒸气含量之差，即

$$V_{\mathrm{fg.Cond.H_2O.l}} = V_{\mathrm{fg.H_2O.g}} - V_{\mathrm{fg.Cond.H_2O.g}} \tag{6-42}$$

式中：$V_{\mathrm{fg.H_2O.g}}$——烟气中的总水分，m^3/m^3。

未冷凝烟气中的总水分包括三部分：①燃料中携带的水蒸气；②空气中携带的水蒸气；③燃料中氢燃烧产生的水蒸气。未冷凝烟气中的总水分由式（6-43）计算得出。

$$V_{\mathrm{fg.H_2O.g}} = V_{\mathrm{F.H_2O.g}} + V_{\mathrm{a.H_2O.g}} + V_{\mathrm{F.H_2.H_2O.g}} \tag{6-43}$$

式中：$V_{\mathrm{F.H_2O.g}}$——每立方米气体燃料所携带的水蒸气量［按式（6-44）计算］，m^3/m^3；

$V_{\mathrm{a.H_2O.g}}$——空气携带的水蒸气量［按式（6-45）计算］，m^3/m^3；

$V_{\mathrm{F.H_2.H_2O.g}}$——每立方米气体燃料中氢燃烧产生的水蒸气量［按式（6-56）计算］，m^3/m^3。

1）燃料气携带的水蒸气量

每立方米气体燃料携带的水蒸气体积为每立方米气体燃料携带的水蒸气质量，即每立方米气体燃料质量与气体燃料绝对湿度（每立方米干气体燃料转化为每千克干气体燃料携带的水蒸气质量）之积，再除以水蒸气密度，由式（6-44）计算得出。

$$V_{\mathrm{F.H_2O.g}} = \frac{\rho_{\mathrm{F.g}} h_{\mathrm{ab.F}}}{0.804} \tag{6-44}$$

式中：$\rho_{\mathrm{F.g}}$——干燃料气体密度，kg/m^3；

$h_{\mathrm{ab.F}}$——气体燃料绝对湿度，指每千克干气体燃料中水蒸气的质量，kg/kg；

0.804——水蒸气密度，kg/m^3。

需注意的是，式（6-44）计算得出的实际上是每立方米干气体燃料所携带的水蒸气量，而《冷凝锅炉热工性能试验方法》（NB/T 47066—2018）中计算空气量与烟气产物等时均基于每立方米气体燃料计算，式（6-43）中燃料携带水蒸气量也是基于每立方米气体燃料，这两部分计算的基准相差燃料中的水分，可以忽略不计，因此采用式（6-44）计算每立方米气体燃料所携带的水蒸气量。

2）空气中携带的水蒸气量

每立方米燃料所对应的干空气携带的水蒸气体积为干空气携带的水蒸气质量

除以水蒸气密度，其中干空气携带的水蒸气质量为干空气质量（干空气密度与干空气体积之积）与空气绝对湿度之积，由式（6-45）计算得出。

$$V_{a.H_2O.g}=\frac{1.293h_{ab.a}V_{a.d.g}}{0.804}=\frac{1.293h_{ab.a}\alpha V_{a.d.th.g}}{0.804} \tag{6-45}$$

式中：1.293——干空气密度，kg/m^3；

$V_{a.d.g}$——对应每立方米燃料的实际干空气量［由式（6-46）计算得出］，m^3/m^3。

$$V_{a.d.g}=\alpha V_{a.d.th.g} \tag{6-46}$$

空气绝对湿度 $h_{ab.a}$ 计算式见式（6-47）。

$$h_{ab.a}=0.622\times\frac{h_{RH.a}p_{st.Sat.t_a}/100}{p_{at}-h_{RH.a}p_{st.Sat.t_a}/100} \tag{6-47}$$

其中

$$p_{st.Sat.t_a}=611.7927+42.7809t_a+1.6883t_a^2+1.2079\times10^{-2}t_a^3+6.1637\times10^{-4}t_a^4 \tag{6-48}$$

式中：$h_{ab.a}$——空气的绝对湿度，指每千克干空气中水蒸气的质量，kg/kg；

$h_{RH.a}$——按干、湿球温度查得的空气相对湿度，%；

p_{at}——当地大气压力，Pa；

$p_{st.Sat.t_a}$——在 t_a 温度下的水蒸气饱和压力［在 0～50℃内］，Pa；

t_a——被测空气温度，℃。

式（6-47）推导过程如下：

根据空气绝对湿度的定义可得

$$h_{ab.a}=\frac{m_{H_2O}}{m_{a.d}} \tag{6-49}$$

式中：m_{H_2O}——空气中水蒸气的质量，kg；

$m_{a.d}$——空气中干空气的质量，kg。

湿空气中水蒸气组分的状态方程为

$$\frac{m_{H_2O}}{V}=\frac{p_{H_2O}}{R_{H_2O}T} \tag{6-50}$$

式中：p_{H_2O}——空气中水蒸气的分压，Pa；

V——空气体积，m^3；

T——空气温度，K；

R_{H_2O}——水蒸气的摩尔气体常数，R_{H_2O}=461.5J/（kg・K）。

湿空气中干空气组分的状态方程为

$$\frac{m_{a.d}}{V}=\frac{p_{a.d}}{R_{a.d}T} \tag{6-51}$$

式中：$p_{a.d}$ ——空气中干空气的分压，Pa；

$R_{a.d}$ ——空气的摩尔气体常数，$R_{a.d}$ =287J/（kg・K）。

将式（6-50）、式（6-51）代入式（6-49）可得

$$h_{ab.a} = \frac{R_{a.d}}{R_{H_2O}} \frac{p_{H_2O}}{p_{a.d}} \tag{6-52}$$

将摩尔气体常数代入式（6-52），进一步可得

$$h_{ab.a} = \frac{287}{461.5} \times \frac{p_{H_2O}}{p_{a.d}} = 0.622 \frac{p_{H_2O}}{p_{at} - p_{H_2O}} \tag{6-53}$$

根据空气相对湿度的定义可知

$$h_{RH.a} = \frac{p_{H_2O}}{p_{st.Sat.t_a}} \times 100 \tag{6-54}$$

可得

$$p_{H_2O} = \frac{h_{RH.a} p_{st.Sat.t_a}}{100} \tag{6-55}$$

将式（6-55）代入式（6-53）可得式（6-47）。

3）燃料中氢燃烧产生的水蒸气量

燃料中氢燃烧产生的水蒸气来源包括三部分：①H_2S 燃烧；②H_2 燃烧；③C_mH_n 燃烧。每立方米气体燃料中氢燃烧产生的水蒸气量计算方法如下：

$$V_{F.H_2.H_2O.g} = \frac{1}{100}\left(\varphi_{H_2S.g} + \varphi_{H_2.g} + \sum \frac{n}{2} \varphi_{\sum C_mH_n.g}\right) \tag{6-56}$$

其中 $\varphi_{\sum C_mH_n.g}$ 与式（6-20）中 $\varphi_{C_mH_n.g}$ 相同，指天然气中碳氢化合物的体积分数，计算时与 $\frac{n}{2}$ 相乘后求和即可，无须重复求和。

6.4.3 烟气中一氧化碳、未燃碳氢物质造成的损失

未完全燃烧损失是燃料中 CO、H_2、CH_4 等可燃物质未完全燃烧引起的损失，损失能量为烟气中这些物质燃烧可释放热量之和。基于低位发热量与高位发热量计算锅炉效率时，未燃物质引起的损失也应采用相应的低位发热量与高位发热量进行计算，其中未燃碳氢物质高、低位发热量不同，而 CO 由于不含氢不存在高、低位发热量之分。

基于低位发热量的由烟气中一氧化碳、未燃碳氢物质造成的损失为

$$q_{p.L.fg.CO.Hc.net} = \frac{V_{fg.d.Cond.Lv}(123.36\varphi_{CO.fg} + 358.18\varphi_{CH_4.fg} + 107.98\varphi_{H_2.fg} + 590.79\varphi_{\sum C_mH_n.fg})}{Q_{net.ar}} \times 100\% \tag{6-57}$$

式中：$q_{p.L.fg.CO.Hc.net}$ ——基于低位发热量的烟气中一氧化碳、未燃碳氢物质造成的

损失；

123.36、358.18、107.98、590.79——CO、CH_4、H_2、C_mH_n 的低位发热量值。

基于高位发热量的由烟气中一氧化碳、未燃碳氢物质造成的损失为

$$q_{p.L.fg.CO.Hc.gr}=\frac{V_{fg.d.Cond.Lv}(123.36\varphi_{CO.fg}+398.40\varphi_{CH_4.fg}+127.88\varphi_{H_2.fg}+630.6\varphi_{C_mH_n.fg})}{Q_{gr.ar}}\times 100\%$$

（6-58）

式中：$q_{p.L.fg.CO.Hc.gr}$——基于高位发热量的烟气中一氧化碳、未燃碳氢物质造成的损失；

123.36、398.40、127.88、630.6——CO、CH_4、H_2、C_mH_n 的高位发热量值。

6.4.4　表面辐射和对流引起的损失

表面辐射和对流引起的损失为系统与外界的能量交换，由于锅炉表面温度高于环境温度引起，损失能量与锅炉散热面积成正比。

基于低位发热量的由表面辐射和对流引起的损失为

$$q_{r.L.Src.net}=\frac{1670A_{Src}}{Vr_{F.Fl}Q_{net.ar}}\times 100\% \quad (6\text{-}59)$$

式中：$q_{r.L.Src.net}$——基于低位发热量的由表面辐射和对流引起的损失；

A_{Src}——平面投影面积（对圆形取外表面积）[按《设备及管道绝热效果的测试与评价》（GB/T 8174—2008）方法测量；当测量值与厂家/用户给出的面积存在差异时，采用测量数据]，m^2；

1670——经验系数（估计 B 类标准不确定度为 20%）。

基于高位发热量的表面辐射和对流引起的损失为

$$q_{r.L.Src.gr}=\frac{1670A_{Src}}{Vr_{F.Fl}Q_{gr.ar}}\times 100\% \quad (6\text{-}60)$$

式中：$q_{r.L.Src.gr}$——基于高位发热量的由表面辐射和对流引起的损失。

实际上，如果需要更精确的测量散热损失，可以采用传热学经典方法，分别测量锅炉与环境由于对流产生的损失、辐射散热损失然后计算锅炉散热损失，也可以参考 ASME PTC 4—2013 的 4-16 节进行锅炉散热损失的测量。

6.5　外来热量

外来热量是指除燃料发热量外，进入系统边界的其他热量，包括空气携带热量、燃料显热及辅机设备的功率。其中，空气携带热量可分为进入系统的干空气所携带的外来热量和空气中水分带来的外来热量。

6.5.1　进入系统的干空气所携带的外来热量

进入系统的干空气所携带的外来热量根据基准温度来计算，为空气温度与基准温度对应的焓差，若空气温度高于基准温度，外来热量为正值；若空气温度低于基准温度，则外来热量为负值。

基于低位发热量的进入系统的干空气所携带的外来热量为

$$q_{\mathrm{p.B.a.d.net}}=\frac{V_{\mathrm{a.d.g}}c_{\mathrm{p.a.d}}(t_{\mathrm{a.d}}-t_{\mathrm{Re}})}{Q_{\mathrm{net.ar}}}\times 100\% \tag{6-61}$$

式中：$q_{\mathrm{p.B.a.d.net}}$——基于低位发热量的进入系统的干空气所携带的外来热量；

$c_{\mathrm{p.a.d}}$——干空气的定压比热容［按《冷凝锅炉热工性能试验方法》（NB/T 47066—2018）的附录 E 查表或计算］，kJ/（m^3·℃）；

$t_{\mathrm{a.d}}$——进入系统的干空气温度，℃。

基于高位发热量的进入系统的干空气所携带的外来热量为

$$q_{\mathrm{p.B.a.d.gr}}=\frac{V_{\mathrm{a.d.g}}c_{\mathrm{p.a.d}}(t_{\mathrm{a.d}}-t_{\mathrm{Re}})}{Q_{\mathrm{gr.ar}}}\times 100\% \tag{6-62}$$

式中：$q_{\mathrm{p.B.a.d.gr}}$——基于高位发热量的进入系统的干空气所携带的外来热量。

6.5.2　空气中水分带来的外来热量

空气中水分带来的外来热量根据基准温度计算，但基于低位发热量或高位发热量计算锅炉效率时，由于基准水分状态不同而有所差异。

当基于低位发热量计算时，空气中水分带来的外来热量为进入锅炉空气温度对应的水蒸气焓与基准温度对应的水蒸气焓之差，若空气温度高于基准温度，外来热量为正值；若空气温度低于基准温度，则外来热量为负值，按式（6-63）计算。

$$q_{\mathrm{p.B.H_2O.net}}=100\%\times\frac{V_{\mathrm{a.H_2O.g}}(H_{\mathrm{a.H_2O.g.En}}-H_{\mathrm{a.H_2O.g.Re}})}{Q_{\mathrm{net.ar}}} \tag{6-63}$$

式中：$q_{\mathrm{p.B.H_2O.net}}$——基于低位发热量的空气中水分带来的外来热量；

$H_{\mathrm{a.H_2O.g.En}}$——进入锅炉空气温度对应的水蒸气焓，kJ/m^3；

$H_{\mathrm{a.H_2O.g.Re}}$——基准温度对应的进入锅炉空气的水蒸气焓，kJ/m^3。

当基于高位发热量计算时，空气中水分带来的外来热量为进入锅炉空气温度对应的水蒸气焓与基准温度对应的水焓之差，即

$$q_{\mathrm{p.B.H_2O.gr}}=100\%\times\frac{V_{\mathrm{a.H_2O.g}}(H_{\mathrm{a.H_2O.g.En}}-H_{\mathrm{a.H_2O.l.Re}})}{Q_{\mathrm{gr.ar}}} \tag{6-64}$$

式中：$q_{p.B.H_2O.gr}$——基于高位发热量的空气中水分带来的外来热量；

$H_{a.H_2O.l.Re}$——基准温度对应的进入锅炉空气的水蒸气变为水的焓，kJ/m^3。

6.5.3 燃料显热带来的外来热量

燃料显热带来的外来热量，即由燃料温度高于基准温度引入的热量，为进入系统的燃料温度与基准温度对应的燃料焓差。

基于低位发热量的燃料显热带来的外来热量为

$$q_{p.B.F.net} = 100\% \times \frac{H_{F.En} - H_{F.Re}}{Q_{net.ar}} \tag{6-65}$$

式中：$q_{p.B.F.net}$——基于低位发热量的燃料显热带来的外来热量，%；

$H_{F.En}$——进入系统的燃料温度对应的燃料焓，kJ/m^3；

$H_{F.Re}$——进入系统的燃料基准温度对应的燃料焓，kJ/m^3。

基于高位发热量的燃料显热带来的外来热量为

$$q_{p.B.F.gr} = 100\% \times \frac{H_{F.En} - H_{F.Re}}{Q_{gr.ar}} \tag{6-66}$$

式中：$q_{p.B.F.gr}$——基于高位发热量的燃料显热带来的外来热量。

此处需注意的是，分别基于高位、低位发热量计算时，进入系统的燃料温度对应的燃料焓、基准温度对应的燃料焓都不同，也可参考《电站锅炉性能试验规程》（GB/T 10184—2015）采用燃料比热与温差计算。

6.5.4 辅机设备功率的外来热量

辅机设备功率的外来热量是指由于辅机设备运转带入系统的能量，为设备输入的驱动能量与驱动效率之积。每小时输入的驱动能量单位为 kW • h/h，即 kW，需乘以系数 C_1 将单位转换为 kJ/h。

基于低位发热量的辅机设备功率的外来热量为

$$q_{p.B.X.net} = 100\% \times \frac{Q_X C_1 \frac{EX}{100}}{Vr_{F.Fl} Q_{net.ar}} \tag{6-67}$$

式中：$q_{p.B.X.net}$——基于低位发热量的辅机设备功率的外来热量；

Q_X——输入的驱动能量，kW；

C_1——系数，取 3600；

EX——总驱动效率，包括电机效率、电液耦合效率和传动效率，%。

基于高位发热量的辅机设备功率的外来热量为

$$q_{\text{p.B.X.gr}} = 100\% \times \frac{Q_{\text{X}} C_1 \dfrac{EX}{100}}{Vr_{\text{F.Fl}} Q_{\text{gr.ar}}} \tag{6-68}$$

式中：$q_{\text{p.B.X.gr}}$——基于高位发热量的辅机设备功率的外来热量。

以上辅机设备不包括燃烧器自带风机。如果有烟气外循环风机可以考虑包括在辅机设备中。如果不确定度范围允许，也可以不考虑烟气外循环风机等辅机设备功率带入的热量。

6.6　修　　正

6.6.1　出力修正

以定型或验收为目的的热工性能试验，每次试验的实测出力应为额定出力的97%～105%。当蒸汽和给水的实测参数与设计不一致时，应按照工质吸热量对锅炉的蒸发量进行修正。

1. 饱和蒸汽锅炉折算蒸发量

饱和蒸汽锅炉工质的吸热量为实测输出蒸发量与实测饱和蒸汽、给水的焓差，除以设计饱和蒸汽、给水的焓差，即可得折算至设计状态下的蒸发量，即

$$D_{\text{ev.Sat.cr}} = D_{\text{ev.Sat.O.M}} \frac{H_{\text{Sat.M}} - H_{\text{FW.M}}}{H_{\text{Sat.D}} - H_{\text{FW.D}}} \tag{6-69}$$

式中：$D_{\text{ev.Sat.cr}}$——饱和蒸汽锅炉折算蒸发量，t/h；
$D_{\text{ev.Sat.O.M}}$——实测饱和蒸汽锅炉输出蒸发量，t/h；
$H_{\text{Sat.M}}$——实测饱和蒸汽焓，kJ/kg；
$H_{\text{FW.M}}$——实测给水焓，kJ/kg；
$H_{\text{Sat.D}}$——设计饱和蒸汽焓，kJ/kg；
$H_{\text{FW.D}}$——设计给水焓，kJ/kg。

2. 过热蒸汽锅炉折算蒸发量

过热蒸汽锅炉工质的吸热量为实测输出蒸发量与实测过热蒸汽、给水的焓差，除以设计过热蒸汽、给水的焓差，即可得折算至设计状态下的蒸发量，按式（6-70）计算。

$$D_{\text{ev.Sut.cr}} = D_{\text{ev.Sut.O.M}} \frac{H_{\text{Sut.M}} - H_{\text{FW.M}}}{H_{\text{Sut.D}} - H_{\text{FW.D}}} \tag{6-70}$$

式中：$D_{ev.Sut.cr}$——过热蒸汽锅炉折算蒸发量，t/h；

$D_{ev.Sut.O.M}$——实测过热蒸汽锅炉输出蒸发量，t/h；

$H_{Sut.M}$——实测过热蒸汽焓，kJ/kg；

$H_{Sut.D}$——设计过热蒸汽焓，kJ/kg。

6.6.2　给水温度偏离设计值的修正

1. 蒸汽锅炉给水温度偏离设计值的修正

对于蒸汽锅炉，当锅炉给水温度远低于设计值时，省煤器（冷凝器）出口烟气温度会出现大幅度降低，排烟带走的热损失降低，特别是对于冷凝锅炉，烟气中部分水蒸气的冷凝会使热效率明显升高，因此，当实际给水温度与设计给水温度出现较大负偏差时，需对热效率进行修正。具体规定如下。

蒸汽锅炉的实际给水温度与设计值之差不应大于±10℃。当实际给水温度与设计给水温度之差超过–10℃时，应由省煤器（冷凝器）制造厂家提供换热效率修正曲线进行修正。

在理解上述冷凝锅炉标准说明时，应充分理解现行的相关标准，包括《工业锅炉热工性能试验规程》（GB/T 10180—2017），这个标准对非冷凝锅炉规定了热效率折算方法，但针对冷凝锅炉没有给出如何折算，如果冷凝锅炉按照非冷凝锅炉的折算方法进行效率修正，将出现巨大偏差。因此在制定《冷凝锅炉热工性能试验方法》（NB/T 47066—2018）时，充分考虑了冷凝锅炉和非冷凝锅炉的差异，当实际给水温度与设计给水温度出现较大负偏差时，建议由锅炉厂家提供修正曲线，以反映真实的锅炉能效状况。

2. 热水锅炉给水温度偏离设计值的修正

热水锅炉与蒸汽锅炉类似，由于热水锅炉工质流量大，允许的进出水温度与设计值偏差小，不应大于±5℃。当实际进出水温平均值与设计温度平均值出现较大负偏差时，需对热效率进行修正。具体规定如下。

热水锅炉的进水温度和出水温度与设计值之差不应大于±5℃，当实际进出水温平均值与设计温度平均值之偏差超过–5℃时，应由省煤器（冷凝器）制造厂家提供换热效率修正曲线进行修正。

一般而言，热水锅炉设计进水温度和出水温度应根据实际使用情况进行设计，然而我国《工业锅炉产品型号编制方法》（JB/T 1626—2002）规定了锅炉进出水设计参数系列，如 70/95℃、70/130℃、90/150℃，实际使用情况一般回水温度是 40～60℃，与设计参数相差较大，这是标准规定不合理造成的，在标准修订之前，应由省煤器（冷凝器）制造厂家提供热效率修正曲线进行修正[5]。

参 考 文 献

［1］全国锅炉压力容器标准化技术委员会. 冷凝锅炉热工性能试验方法：NB/T 47066—2018［S］. 北京：新华出版社，2018.
［2］全国锅炉压力容器标准化技术委员会. 工业锅炉热工性能试验规程：GB/T 10180—2017［S］. 北京：中国标准出版社，2017.
［3］The American Society of Mechanical Engineers. Fired steam generators performance test codes：ASME PTC 4—2013［S］. New York：The American Society of Mechanical Engineers，2009.
［4］全国锅炉压力容器标准化技术委员会. 电站锅炉性能试验规程：GB/T 10184—2015［S］. 北京：中国标准出版社，2016.
［5］全国锅炉标准化技术委员会. 工业锅炉产品型号编制方法：JB/T 1626—2002［S］. 北京：机械工业出版社，2002.

第 7 章　测量不确定度的基本原理与分析方法

科学技术中的不确定度是为了准确测量而规定的。准确测量，即意味着需要使用测量标准及测量过程中需要对不确定度进行估计，对于科学技术的各个领域都是必要的。其主要内容是在测量过程中识别、分析和使误差最小化，并通过计算得到测量结果的不确定度[1]。

《测量的不确定度第三部分：测量中不确定度的表达指南（GUM：1995）》[*Uncertainty of Measurement - Part 3：Guide to the Expression of Uncertainty in Measurement*（*GUM：1995*）] 中指出："当报告物理量的测量结果时，应当对测量结果的质量给出定量的说明，以便使用者能了解其可靠程度。如果没有这样的说明，则测量结果之间、测量结果与标准或规范中给定的参考值之间都不可能进行比较。所以，必须要一个容易理解、便于实现或公认的方法来表征测量结果的质量，也就是评定和表示测量不确定度"[2]。与误差理论相比较，不确定度概念在测量历史中时间较短，不确定度首次被提及是 1927 年 Heisenberg 提出不确定度关系，也称测不准关系。20 世纪中期，各国对误差理论涉及误差的表示、误差的性质和误差的合成问题存在不同的意见，这给测量结果在质量评定和各国测量结果中的互认造成了极大困难[3]。1977 年，国际计量委员会（International Committee of Weights and Measures，CIPM）要求国际计量局（Bureau International des Poids et Mesures，BIPM）与各国实验室协调解决测量不确定度表示统一性问题。BIPM 成立工作组，起草《试验不确定度的表达（INC-1）》[*Expression of Experimental Uncertainties*（*INC-1*）]，1981 年 CIPM 批准。按照 INC-1（1980）的要求，需要建立不确定度评定指导性文件，CIPM 委托国际标准化组织（International Organization for Standardization，ISO）进行制定，ISO 责成其所属的计量顾问组（TAG4）承担制定任务，TAG4 成立了由 BIPM、国际电工委员会（International Electrotechnial Commission，IEC）、ISO 和国际法制计量组织提名的工作组，于 1993 年完成了测量中不确定度的表达指南（*Guide to the Expression of Uncertainty in Measurement*，GUM）。

然而，在使用的过程中，一些书籍还是将"误差"（error）和"不确定度"（uncertainty）混用，尽管 GUM 在测量的所有领域具有主导地位，但在 2005 年前，在世界范围内并不被大学知道[1]。随着 GUM 在工业和商业实验室的广泛应用，一些学者也希望在科学研究中应用不确定度的概念和估计方法。

在锅炉性能试验中，采用仪表测量温度、烟气流中某些成分的浓度，大多数测量仪器只能在某一瞬间或有限时间段内检测某一点或在一些有限空间内的参数。例如，烟气温度和成分在测量过程中，烟气温度分层、烟气成分随时间非稳态变化。《测量不确定度评定与表示》（JJF 1059.1—2012）明确其不确定度评定方法“主要适用于输入量的概率分布为对称分布、输出量的概率分布近似为正态分布或 t 分布，并且测量模型为线性模型或可用线性模型近似表示的情况”[4]。《用蒙特卡洛法评定测量不确定度》（JJF 1059.2—2012）中明确了蒙特卡洛方法（Monte Carlo method，MCM）特别适用于评定以下典型情况的测量不确定度问题：各不确定度分量的大小不相近；应用不确定度传播公式时，计算测量模型的偏导数困难或不方便；输出量的概率密度函数（probability density function，PDF）偏离正态分布或缩放位移 t 分布；输出量的估计值和其标准不确定度的大小相当；模型非常复杂，不能用线性测量模型近似；输入量的 PDF 不对称[5]。《测量不确定度评定与表示》（JJF 1059.1—2012）和《用蒙特卡洛法评定测量不确定度》（JJF 1059.2—2012）都是基于定值模型，也就是假定参数不随时间和/或空间变化；实际上，在锅炉排烟温度、烟气成分测量过程中，烟气温度、成分随时间和空间连续变化，因此使用定值模型不能解决锅炉热工性能测试中一些参数测量不确定度评定问题，而且排烟温度、成分等参数的变化主要是来自物理过程，这些参数的变化并不是试验误差。在 ASME PTC 4—2013 中，使用连续变量模型进行不确定度的评定[6]。

ISO GUM 采用测量不确定度 A 类评定和测量不确定度 B 类评定进行不确定度评定[3]。

7.1　误差和不确定度

按照《测量不确定度评定与表示》（JJF 1059.1—2012）的规定，测量误差（简称误差）的概念是测得的量值减去参考量值。误差是一个理想概念，因为只有“当某量被完善地确定并能排除所有测量上的缺陷时，通过测量所得到的量值”才是量的真值。传统上，把误差分为两类：一类是随机误差，一类是系统误差。在 GUM 1995 中认为，随机误差是由影响量的不可预测或随机的时空变化引起的，这种变化量的影响称为随机影响，它会引起被测量的重复观测中的变动性，测量结果的随机误差不能用修正来补偿，但可以通过增加测量次数来减小。GUM 1995 中认为，系统误差与随机误差一样，都是不可能消除的，如果系统影响可以定量给出，可用估计的修正值或修正因子进行补偿，可以假设修正后由系统影响引起的误差的期望值为零。

从测量的角度来说，真值不可能确切获知，因此使用误差评价测量结果也就异常困难，于是引入不确定度。测量不确定度的概念是根据所用到的信息，表征赋予被测量量值分散性的非负参数。

ASME PTC 4—2013 中认为，将一个数赋值给误差时，其就成为不确定度。实际上，不确定度是符合高斯分布、t 分布、正态分布等的概率区间内的分布域，如果包含概率是 99%，意味着有 99%的测量值在真值加上或减去不确定度的区间范围内。

7.2 准确度和精密度

准确度是反映被测量的测得值与其真值间的一致程度。它是一个定性的指标，不是定量的概念。准确度高也就是精度高，反之则不成立，高精度不一定是准确度高，如果存在严重的系统误差（如测量方法错误等），高精度并不意味着准确度高。

《测量不确定度评定与表示》（JJF 1059.1—2012）中对精密度（全称测量精密度）给出的定义：在规定的条件下，对同一或类似被测对象重复测量所得示值或测得值间的一致程度。测量精密度通常用不精密程度以数字形式表示，如在规定测量条件下的标准偏差、方差或变差系数。

精密度和准确度两者不能混淆。

7.3 测量不确定度的来源

在实际测量中，有大量的因素可能导致测量不确定度的产生，《测量不确定度评定与表示》（JJF 1059.1—2012）中把测量不确定度的来源归纳为 10 项，本书针对在燃气锅炉性能试验中可能的不确定度来源进行阐述。

（1）被测量的定义不完整。被测量带有模糊性，使被测量定义不完善，从而成为不确定度来源[3]。

（2）被测量定义的复现不理想。如某一时间、空间的烟气温度、成分，在某一时间测量完成后，就很难重复，因为下一时间测量的烟气温度、成分已经不是上一测量时间的烟气温度、成分。

（3）取样的代表性不够，即被测量样本可能不完全代表所定义的被测量。如测量锅炉表面温度，不能全部测量锅炉外表面温度，从而产生不确定度。

（4）对测量受环境条件的影响认识不足或对环境条件的测量不完善。如测量锅炉散热损失，需要测量风速，对于无锅炉房的锅炉，受环境风速影响较大。

（5）模拟式仪器的人员读数偏移。模拟式仪器，操作者根据仪表指针或记录笔在标尺上所处位置可读取变量的数值，如锅炉使用的压力表。

（6）测量仪器的计量性能（如最大允许误差、灵敏度、鉴别力、分辨力、死区、稳定性等）的局限，即仪器导致的不确定度。

（7）测量标准或标准物质提供的标准值的不准确。

（8）引用的常数或其他参数值的不准确，如测量表面辐射和对流引起的损失，经验系数取 1670，带有不确定度。

（9）测量方法和程序的近似和假设，如测量过程中的一些重要因素在推导测量结果的表达式中没有反映出来、经验公式函数类型选择的近似性、对成熟的方法进行了不当的简化等。

（10）在相同条件下，被测量重复观测值的变化。

7.4　不确定度评定中的统计学概念

7.4.1　样本均值和样本方差

在一个统计问题中，我们把研究对象的全体称为总体，然而在数理统计中，总体分布永远是未知的，所以希望从客观存在的总体中按一定规则选取一些个体，通过这些个体作观察或测试来推断关于总体分布的某些量，被抽取出的这部分个体就组成了总体的一个样本。在总体中抽取样本的过程称为抽样[7]。

设（X_1，X_2，…，X_n）为取自总体的一个样本，样本均值为

$$\bar{X}=\frac{1}{n}\sum_{i=1}^{n}X_i \tag{7-1}$$

样本方差为

$$S^2=\frac{1}{n-1}\sum_{i=1}^{n}(X_i-\bar{X})^2=\frac{1}{n-1}\left(\sum_{i=1}^{n}X_i^2-n\bar{X}^2\right) \tag{7-2}$$

样本标准差为

$$S=\sqrt{S^2} \tag{7-3}$$

它们的观测值分别为式（7-4）～式（7-6），这些观测值仍然称为样本均值、样本方差和样本标准差，即

$$\bar{x}=\frac{1}{n}\sum_{i=1}^{n}x_i \tag{7-4}$$

$$s^2=\frac{1}{n-1}\sum_{i=1}^{n}(x_i-\bar{x})^2=\frac{1}{n-1}\left(\sum_{i=1}^{n}x_i^2-n\bar{x}^2\right) \tag{7-5}$$

$$s=\sqrt{s^2} \tag{7-6}$$

7.4.2　数学期望

为了得到合理的简化，常用一些“特征值”来概要地描述概率分布，其中期望值或者均值在特征值中非常重要，由于其易于做分析处理和抽样稳定性较好的性质，得到统计学的重视，它的定义来源于平均概念[8]。

1）离散型随机变量的数学期望

定义：设 X 是离散型随机变量，其分布律为 $P(X=x_i)=p_i$（i=1，2，…）。如果级数 $\sum_{i=1}^{\infty}x_i p_i$ 绝对收敛，称 $E(x)=\sum_{i=1}^{\infty}x_i p_i$ 为离散型随机变量 X 的数学期望，也称为期望或均值。

2）连续型随机变量的数学期望

定义：设 X 是连续型随机变量，其密度函数为 $f(x)$。如果广义积分 $\int_{-\infty}^{+\infty}xf(x)\mathrm{d}x$ 绝对收敛，则称 $E(x)=\int_{-\infty}^{+\infty}xf(x)\,\mathrm{d}x$ 为连续型随机变量 X 的数学期望，也称为期望或均值。

3）概率密度的一般特性

实际上，概率密度函数常用 $p(x)$ 表示，而不是 $f(x)$。数学期望刻画随机变量取值的平均值，既有直观意义，也有物理含义。如图 7-1 所示，在数轴上放置一单位质量的细棒，在离散点 x_i 处分布着质点，其质量为 m_i（i=1，2，…），则 $\sum_{i=1}^{\infty}x_i m_i$ 表示该细棒的重心坐标；或若在数轴上放置一单位质量的细棒，它有质量密度函数 $p(x)$，则 $\int_{-\infty}^{+\infty}xp(x)\,\mathrm{d}x$ 表示该细棒的重心坐标，如图 7-2 所示。

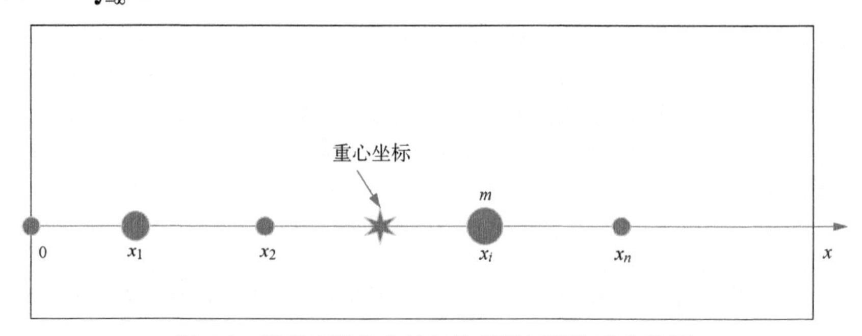

图 7-1　质量离散分布的单位质量细棒的重心坐标

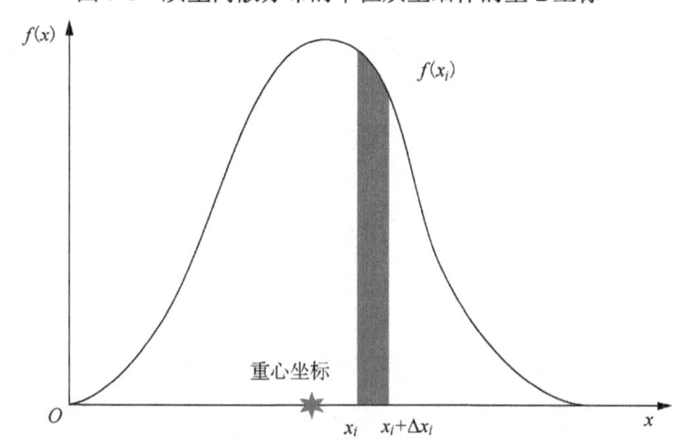

图 7-2　质量连续分布的单位质量细棒的重心坐标

4）数学期望的性质

数学期望性质如下：

（1）设 c 为常数，则 $E(c)=c$ 。

（2）设 X 为随机变量，且 $E(X)$ 存在，k、c 为常数，则 $E(kX+c)=kE(X)+c$ 。

（3）设 X、Y 为任意两个随机变量，且 $E(X)$ 和 $E(Y)$ 存在，则 $E(X+Y)=E(X)+E(Y)$ 。

（4）设 X 与 Y 为相互独立的随机变量，且 $E(X)$ 和 $E(Y)$ 存在，则 $E(XY)=E(X)E(Y)$ 。

7.4.3　协方差和相关系数

1）协方差

协方差的定义：设 (X,Y) 是二维随机变量，如果 $E\{[X-E(X)]\,[Y-E(Y)]\}$ 存在，则称 $\operatorname{cov}(X,Y)\triangleq E\{[X-E(X)][Y-E(Y)]\}$ 为随机变量 X 和 Y 的协方差。

协方差反映了随机变量 X 和 Y 之间“协同”变化的关系，常用式（7-7）进行计算。

$$\operatorname{cov}(X,Y)=E(XY)-E(X)E(Y) \tag{7-7}$$

如果 Y 就是 X，则

$$\operatorname{cov}(X,X)=E(X^2)-[E(X)]^2 \tag{7-8}$$

式（7-8）与式（7-5）是一致的，这就是数学上把 $\operatorname{cov}(X,Y)$ 称为协方差的原因。

式（7-7）也可以表示为

$$\operatorname{cov}(x,y)=\frac{\sum_{i=1}^{n}(x_i-\overline{x})(y_i-\overline{y})}{n-1} \tag{7-9}$$

式中：$\overline{x}$ 和 $\overline{y}$——x 和 y 的均值。

协方差的性质如下：

设 X、Y、X_1 与 X_2 为任意的随机变量，c、k 和 l 为常数，则有

（1）$\operatorname{cov}(X,c)=0$ 。

（2）$\operatorname{cov}(X,Y)=\operatorname{cov}(Y,X)$ 。

（3）$\operatorname{cov}(kX,\ lY)=kl\operatorname{cov}(X,Y)$ 。

（4）$\operatorname{cov}(X_1+X_2,\ Y)=\operatorname{cov}(X_1,\ Y)+\operatorname{cov}(X_2,\ Y)$ 。

2）相关系数

相关系数的定义：设 (X,Y) 是二维随机变量，如果 $\operatorname{cov}(X,Y)$ 存在，且 $s(X)>0$，$s(Y)>0$，则称 $r(X,Y)\triangleq\dfrac{\operatorname{cov}(X,Y)}{\sqrt{s(X)}\sqrt{s(Y)}}$ 为随机变量 X 和 Y 的相关系数，也记作 r_{XY}。

相关系数不依赖原点与测量单位，对于任意常数 c_1、c_2、d_1、d_2（其中 $c_1>0$，$c_2>0$）有 $r(X,Y)=r(c_1X+d_1,c_2Y+d_2)$。实际上，相关系数并没有“相关”的含

义，当X、Y相互独立时，$r(X,Y)=0$，相反则不成立，也就是说Y是X的函数时，相关系数$r(X,Y)$也可能为0。

7.4.4 残差和自由度

计算n个量x_i（i=1，2，…，n）的平均值$\overline{x}$，用该平均值计算n个数的残差ε_i（i=1，2，…，n），按式（7-10）计算[1]。

$$\varepsilon_i = x_i - \overline{x} \tag{7-10}$$

对于大小为n的样本，n个残差的和等于零[1]，即

$$\sum_{i=1}^{n} \varepsilon_i = 0 \tag{7-11}$$

按式（7-11），残差是相互关联的，n个残差有n–1个自由度，自由度为

$$\nu = n - 1 \tag{7-12}$$

7.4.5 中心极限定理

测量误差可以用正态分布或近似正态分布来描述，其特征是中间高两边低，中心极限定理揭示了较大的随机误差出现的次数比较小的随机误差要少、正值和负值的随机误差出现概率几乎相等。

中心极限定理是相互独立的随机变量之和用正态分布近似的一类定理，最为著名的是列维-林德伯格中心极限定理。

列维-林德伯格中心极限定理：设随机变量序列X_1，X_2，…相互独立同分布，若$E(X_i)=\mu$，$D(X_i)=\sigma^2$，且$0<\sigma^2<+\infty$（i=1，2，…），则对任意实数x，有

$$\lim_{x \to \infty} P\left(\frac{\sum_{i=1}^{n} X_i - n\mu}{\sqrt{n}\sigma} \leqslant x \right) = \Phi(x)$$

式中：$\Phi(x)$——标准正态分布函数。

列维-林德伯格中心极限定理的直观意义：当 n 足够大时，可以近似认为$\sum_{i=1}^{n} X_i \sim N(n\mu, n\sigma^2)$，其概率$P\left(\sum_{i=1}^{n} X_i \leqslant a\right) = \Phi\left(\frac{a - n\mu}{\sqrt{n}\sigma}\right)$。

中心极限定理告诉我们，只要随机变量相互独立，每个随机变量对和的影响都是微小的，即使其分布类型不同，其和标准化后仍以标准正态分布为极限分布。这就解释了测量误差受到许多相互独立且微小的随机因素影响，每种影响都是非主导的，其总和造成的误差就近似地服从正态分布。

正态分布在误差领域的广泛应用正是基于中心极限定理。采用正态分布来描述误差不是希望测量误差呈现正态分布，而是要减小误差。

假设有一个正态分布的统计总体，从这个“母体”中抽取不同的样本，那么

通过这些样本计算得到的统计特征值会呈现正态分布特征。当从一个非正态分布的总体中，随机抽取元素组成样本，并计算样本的和，随样本数量的增加，和的分布曲线逐渐向正态分布逼近。

7.4.6　正态分布

正态分布是概率统计中最重要的一种分布，高斯在研究误差理论时首先用正态分布来刻画误差的分布，因此，正态分布也叫高斯分布。正态分布是最重要且最普遍的概率密度分布形式。其概率密度函数性质的解释如下。

（1）正态分布密度函数曲线是一条对称的钟形曲线，中间高，两边低，左右关于直线 $x = \mu$ 对称。

（2）当 $x = \mu$ 时，$f(x)$ 取最大值 $\dfrac{1}{\sqrt{2\pi}\sigma}$，而这个值随 σ 增大而减小。

（3）固定 σ，改变 μ 的值，则曲线沿 x 轴平移，但不改变其形状，所以参数 μ 又称为位置参数，如图 7-3（a）所示。

（4）固定 μ，改变 σ 的值，则曲线的位置不变，但 σ 的值越小，曲线越陡峭，所以参数 σ 又称为尺度参数，如图 7-3（b）所示。

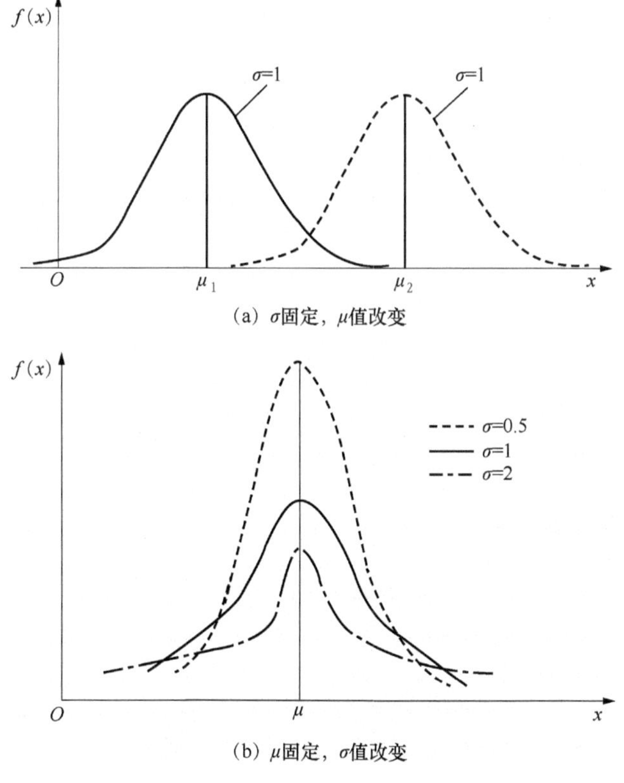

图 7-3　参数改变时的正态分布密度函数

正态概率分布由两个参数决定：均值μ及方差σ^2（或者标准差σ）。当μ=0，σ=1时，相应的正态分布称为标准正态分布，记为$x \sim N(0,1)$。设x为随机变量，概率密度函数$p(x)$具有如下形式：

$$p(x)=\frac{1}{\sigma\sqrt{2\pi}}\mathrm{e}^{-\frac{(x-\mu)^2}{2\sigma^2}} \quad (-\infty < x < +\infty) \tag{7-13}$$

标准正态分布，其概率密度函数为

$$p(x)=\frac{1}{\sqrt{2\pi}}\mathrm{e}^{-\frac{x^2}{2}} \quad (-\infty < x < +\infty) \tag{7-14}$$

如图7-4所示，在x轴上，距均值左右各1倍标准差（1σ）的两个位置之间包括曲线下68%的面积，而在2倍标准差（2σ）的位置之间（准确值为1.96σ）包括曲线下95%的面积。其中95%的区间就是测量中常用的置信概率95%，被测量值的真值会出现在$\pm2\sigma$之间。实际上，正态分布在$\pm3\sigma$以外的面积小于0.3%，这也是计量学中使用95%的原因。

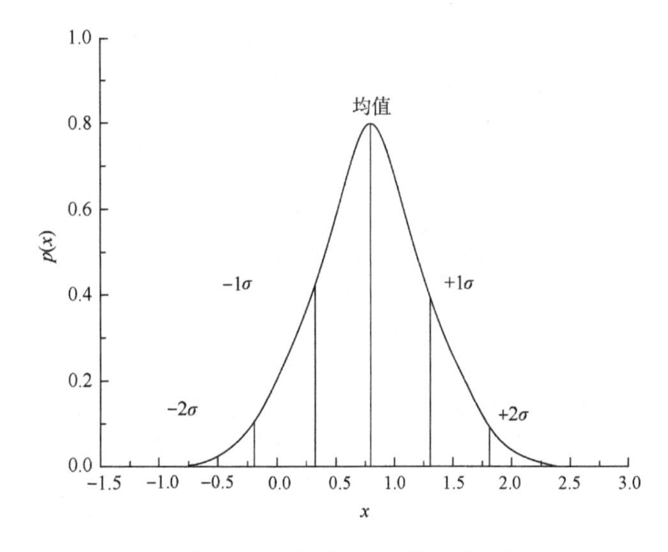

图7-4　均值0.8、标准差0.5的正态分布密度

7.4.7　均匀分布或矩形分布

均匀密度分布是概率密度分布最简单的特例，特点是某一特定区域内概率密度是正常数，区域以外的概率密度为零。设x为随机变量，对任意的两个实数a、b（$a<b$），概率密度函数为

$$p(x)=\begin{cases}\dfrac{1}{b-a} & a<x<b \\ 0 & 其他\end{cases} \tag{7-15}$$

数学期望为

$$\mu=\int_{-\infty}^{+\infty}xp(x)\mathrm{d}x=\frac{1}{b-a}\int_a^b x\mathrm{d}x=\frac{1}{b-a}\left[\frac{1}{2}x^2\right]_a^b=\frac{a+b}{2} \tag{7-16}$$

$E(x^2)$ 为

$$E(x^2)=\int_{-\infty}^{+\infty}x^2p(x)\mathrm{d}x=\frac{1}{b-a}\int_a^b x^2\mathrm{d}x=\frac{1}{b-a}\left[\frac{1}{3}x^3\right]_a^b=\frac{1}{3}(a^2+ab+b^2) \tag{7-17}$$

方差为

$$\sigma^2=E(x^2)-(E(x))^2=\frac{1}{3}(a^2+ab+b^2)-\left(\frac{a+b}{2}\right)^2=\frac{1}{12}(b-a)^2 \tag{7-18}$$

若矩形分布的“半宽度”是 ω，$\omega=\dfrac{b-a}{2}$，则其方差为

$$\sigma^2=\frac{\omega^2}{3} \tag{7-19}$$

标准差为

$$\sigma=\frac{\omega}{\sqrt{3}} \tag{7-20}$$

均匀概率分布是由对测量数据的舍入造成的，而不是测量数据本身所呈现的规律。例如，使用二等水银温度计对水温进行测量时，假设该温度计仅仅具有 6 位有效数字，显示值为 300.51℃。则实际的真值按照均匀概率分布的情况可能大致处于 300.505～300.515℃。相应的 $\omega=0.005$℃，由二等水银温度计有限的分辨率引起的标准不确定度为 $\omega/\sqrt{3}\approx0.0029$℃。

7.5　测 量 模 型

在锅炉热工性能试验中不确定度评定使用的测量模型为定值模型和连续变量模型。在测量参数平均值的求取上，定值模型可以使用算数平均值；连续变量模型参数的平均值可以使用积分平均值。

基于定值模型，算数平均值按式（7-21）计算，实验标准偏差按式（7-22）计算。

$$\overline{x}=\frac{1}{N}\sum_{i=1}^{N}x_i \tag{7-21}$$

$$s(x_k)=\sqrt{\frac{\sum_{i=1}^{N}(x_i-\overline{x})^2}{N-1}} \tag{7-22}$$

式中：x_i——第 i 次测量的所得值；

$\overline{x}$——N 次测量所得一组测得值的算术平均值；

N——测量次数；

$s(x_k)$——实验标准偏差。

基于连续变量模型，参数连续变化的分散值才是不确定度的来源。

7.6　测量不确定度的评定方法

测量值的分散性是通过标准偏差来量化的，标准偏差量化方法包括两类：一类是根据对 X_i 的一系列测得值 x_i 得到实验标准偏差的方法；另一类是根据有关信息估计的先验概率分布得到标准偏差估计值的方法。在量化的数值前面有一个“±”号，其真值可能包含于测量值±不确定度的数值范围内。不确定度单独表示时，不加“±”号。

如果某一砝码质量的测量值以（100.021 47±0.000 70）g 的表示式给出，其真值可能在 100.020 77g 和 100.022 17g 之间，不确定度为扩展不确定度 0.000 70g。本书与《测量不确定度评定与表示》（JJF 1059.1—2012）一致，凡是采用以上方式表示的不确定度，都是扩展不确定度。

《锅炉性能试验规程》（*Fired Steam Generators Performance Test Codes*，ASME PTC 4—2013）把误差产生的原因分为随机误差和系统误差，相应的不确定度评定方法为随机不确定度和系统不确定度。GUM 认为，测量过程中的随机效应及系统效应均会导致测量不确定度，但从不确定度评定方法上所做的 A 类评定、B 类评定的分类与产生不确定度的原因无任何联系，不能称为随机不确定度和系统不确定度。《冷凝锅炉热工性能试验方法》（NB/T 47066—2018）采用 GUM 和《测量不确定度评定与表示》（JJF 1059.1—2012）的测量不确定度分类方法，分为 A 类评定和 B 类评定。

A 类和 B 类不确定度评定方法本质上是相同的，使用不同名称的原因是区别其通过不同的方法进行分散性估计，A 类不确定度采用统计学方法得到，B 类不确定度采用非统计学方法得到。

7.6.1　测量不确定度的 A 类评定

我国《测量不确定度评定与表示》（JJF 1059.1—2012）中对 A 类评定的定义：对在规定测量条件下测得的量值用统计分析的方法进行的测量不确定度分量的评定。ASME PTC19.1—2005 强调在不确定度评定中与 ISO GUM 的协调，用角标“A”或“B”来指定 ISO GUM 评定类型。但 ASME PTC19.1—2005 依然用了两种不同于 ISO GUM 的分类方式，分别是“随机的”和“系统的”，并定义随机误差作为“随机标准不确定度”，定义系统误差作为“系统标准不确定度”。《测量不确定度评定与表示》（JJF 1059.1—2012）中认为，测量过程中的随机效应及系统效应均会导致测量不确定度，从不确定度评定方法上所做的 A 类评定、B 类评定的分类与产生不确定度的原因无任何联系，不能称为随机不确定度和系统不确定度。

《冷凝锅炉热工性能试验方法》（NB/T 47066—2018）使用"测量不确定度的 A 类评定"，这与 ISO GUM 和我国规范《测量不确定度评定与表示》（JJF 1059.1—2012）是一致的。但《冷凝锅炉热工性能试验方法》（NB/T 47066—2018）在 A 类评定中吸收了 ASME PTC 4—2008 中的部分理念，将单个参数的标准偏差进行了分类，如在某点的不同时间多次测量、某截面多点多次测量、同一时间的同项多点测量、全部份样所制样品的测量、单一测量或单一测量值之和等。

1. 单点多次测量

对于单点随时间进程的多次测量，可以使用贝塞尔公式。贝塞尔公式法[4]就是在重复性条件或复现性条件下对同一被测量独立重复观测 n 次，得到 n 个测得值 x_i（i=1，2，…，n），被测量 x 的最佳估计值是 n 个独立测得值的算术平均值 $\overline{x}$，按式（7-23）计算。单点随时间进程的多次测量量，如给水/进水的流量、温度和压力，回水的流量、温度和压力等。

$$\overline{x}=\frac{1}{n}\sum_{i=1}^{n}x_i \tag{7-23}$$

式中：$\overline{x}$——n 个独立测得值的算术平均值；

n——同一被测量独立重复观测次数；

i——次数；

x_i——第 i 次测量的所得值。

单个测得值 x_k 的实验方差 $s^2(x_k)$，按式（7-24）计算：

$$s^2(x_k)=\frac{1}{n-1}\sum_{i=1}^{n}(x_i-\overline{x})^2 \tag{7-24}$$

式中：$s^2(x_k)$——单个测得值 x_k 的实验方差。

单个测得值 x_k 的实验标准偏差 $s(x_k)$，按式（7-25）计算：

$$s(x_k)=\sqrt{\frac{1}{n-1}\sum_{i=1}^{n}(x_i-\overline{x})^2} \tag{7-25}$$

式中：$s(x_k)$——单个测得值 x_k 的实验标准偏差。

式（7-25）就是贝塞尔公式。自由度 ν 等于测量值的个数减去用这些测量值所决定的特征量的个数，即 $\nu=n-1$。实验标准偏差 $s(x_k)$ 表征了测得值 x 的分散性。

2. 积分平均参数

ASME PTC 4—2013 在对排烟温度和烟气成分进行测量不确定度评定时，使用了积分平均参数。在划定的测量网格中，在试验时间内多次测量，取每一网格

点多次测量的平均值作为烟气温度和烟气成分的测量值，即

$$x_i = \frac{1}{N}\sum_{j=1}^{N}(x_j)_i \tag{7-26}$$

式中：i——网格中的点；

N——测量次数；

x——被测量参数，如烟气成分、烟气温度等。

在 ASME PTC 4—2013 和《冷凝锅炉热工性能试验方法》(NB/T 47066—2018）中，其实验标准偏差、平均值的实验标准偏差及自由度是在每一网格点计算的，也就是把参数 x 作为定值进行处理，按照式（7-27）和式（7-28）进行计算。

积分平均参数的标准偏差为

$$u_A(\overline{x}) = s(\overline{x}) = \frac{1}{m}\left\{\sum_{i=1}^{m}\left[s(\overline{x}_i)\right]^2\right\}^{\frac{1}{2}} \tag{7-27}$$

式中：m——网格点数；

$s(\overline{x}_i)$——点 i 处参数的算术平均值标准偏差，按式（7-28）计算。

$$u_A(\overline{x}) = s(\overline{x}) = \frac{s(x_k)}{\sqrt{N}} \tag{7-28}$$

相关的自由度，可以按式（7-29）计算。

$$\nu = m(n-1) \tag{7-29}$$

对于 n 次重复测量实验标准偏差的自由度为 $n-1$，若有 m 个网格点，则其实验标准偏差的自由度为 $m(n-1)$。

3. 基于加权平均值的积分平均参数

在尾部烟道测量排烟温度及 O_2、CO、NO_x、CO_2 等烟气成分时，如果采用网格法，需要采用加权平均计算。加权因子采用流速比（测量点流速与平均流速比值)。流速比的计算值取决于烟气流速数据的采集量。ASME PTC 4—2013 把流速因子的选取方式，分为以下几种。

1）多点多次流速测量

在烟道横向截面上，网格点上多次测量排烟温度、烟气成分，ASME PTC 4—2013 规定一般需要至少 6 次测量，其数据才可用。用烟气成分中的氧量作为样例，排烟温度和其他烟气成分可以参考进行计算，即

$$x_{j,i} = \left(\frac{v_{j,i}}{\overline{v}}\right)\varphi(O_2)_{j,i} \tag{7-30}$$

式中：$v_{j,i}$——随时间进程某网格点上的烟气流速；

$\overline{v}$——烟气的平均流速；

$\varphi(O_2)$——烟气成分中的氧量。

$$x_{j,i} = \left(\frac{v_{j,i}}{\overline{v}}\right) t_{j,i} \tag{7-31}$$

式中：t——排烟温度。

计算标准偏差或 A 类不确定度和自由度，可用式（7-27）～式（7-29）计算。

2）单点（或少量点）多次流速测量

标准偏差或 A 类不确定度用单点多次测量数据进行计算。如果是单点，需要在此点同时测量烟气流速和排烟温度、烟气成分等。单点的选择不是随意的，需要经过标定，选取最接近烟气平均流速的位置进行多次测量，即

$$x_j = \left(\frac{v_j}{\overline{v}}\right) t_j \tag{7-32}$$

式中：v_j——单点（或少量点）上的烟气流速；

t_j——排烟温度。

$$x_j = \left(\frac{v_j}{\overline{v}}\right) \varphi(O_2)_j \tag{7-33}$$

式中：$\varphi(O_2)_j$——烟气成分中某点的氧量。

计算标准偏差或 A 类不确定度，可用式（7-28）计算。

4. 多股气流汇合的测量

1）燃料气的钢瓶取样

如果按照规定方法取样，如取样时间相等，可以认为混合样品的分析结果代表了平均值。

2）烟气取样

如果不是单点取样，在网格点上等速取样，将烟气送到混合罐，类似于烟气机械平均，那么过程中位置的影响视为方法产生的不确定度，而在网格点上随时间变化的标准偏差按式（7-28）计算，自由度按式（7-29）计算。

7.6.2　中间结果的标准偏差

有些测量参数，如流体质量流量和蒸汽焓等，都是通过测量其他物理量由公式转化而来。为了使读者更清晰地了解这个过程，特举例如下。

1. 形如差压式流量计的不确定度评定方法

蒸汽或给水的质量流量，通过测量差压来计算出质量流量，差压式流量计的质量流量[9]为

$$G = \alpha\varepsilon \frac{\pi d^2}{4} \sqrt{2\rho\Delta p} \tag{7-34}$$

式中：α——流量系数；

ε——被测工质膨胀校正系数；

d——工作温度下的节流装置孔径（对于孔板为孔口直径，对于喷嘴为喷口直径），m；

ρ——工质密度，kg/m^3；

Δp——节流装置压力降，Pa。

对于式（7-34），适用的条件是流体为不可压缩流体，密度为常数，将式（7-34）转变为

$$G = C\sqrt{\Delta p} \tag{7-35}$$

其中

$$C = \alpha\varepsilon\sqrt{2\rho}\frac{\pi d^2}{4} \tag{7-36}$$

式中：C——综合系数。

将被测量$(\Delta p)_i$转换成G_i，G的平均值由G_i进行计算，G的A类不确定度可由式（7-28）计算。

形如差压式流量计的计算公式，通过测量中间某一参数计算该参数，可参考本节进行不确定度评定。

2. 形如平均比热容的不确定度评定方法

烟气成分和空气的平均定压比热容为

$$c_p = \sum_{i=0}^{4} a_i T_k^i \tag{7-37}$$

式中：c_p——平均定压比热容；

T_k——工质温度；

a_i——系数。

实际上，烟气成分和空气的平均定压比热容是通过工质温度计算得到的，因此工质温度作为一个变量，$\bar{T}$的灵敏系数为

$$c_T = \frac{\partial c_p}{\partial T} = a_1 + 2a_2\bar{T} + \cdots + na_n\bar{T}^{n-1} \tag{7-38}$$

其平均值的实验标准偏差为

$$s(\bar{c}_p) = \sqrt{\left[c_T s(\bar{T})\right]^2} \tag{7-39}$$

3. 累积法测量的不确定度评定方法

对于使用累积法测量流量的，如使用称重箱等的流量测量，一般标准偏差可以忽略。

7.6.3　试验结果的标准偏差和自由度

如果试验结果是某一测量参数，如锅炉排烟温度、O_2、CO、CO_2、SO_2 等，则结果的标准偏差和自由度就是这些参数的标准偏差和自由度。对于由试验数据计算获得的试验结果，如锅炉效率等，则结果的标准偏差和自由度应由各个参数的对应值计算获得。

1. 灵敏系数

灵敏系数的定义为：被测量 R 与有关的输入量 X_i 之间的函数对于输入量的估计值 x_i 的偏导数，即

$$c_{x_i}=\frac{\partial R}{\partial x_i} \tag{7-40}$$

2. 灵敏系数的计算

以输入-输出法（正平衡法）计算无冷凝燃气锅炉效率，基于低位发热量的计算式见式（7-41），有冷凝的锅炉则增加冷凝受热面输出热量，即

$$\eta=100\times\frac{Mr_{\mathrm{CW.FL}}(H_{\mathrm{HW.Lv}}-H_{\mathrm{HW.En}})}{Vr_{\mathrm{F.FL.M}}Q_{\mathrm{net.ar}}} \tag{7-41}$$

式中：$Mr_{\mathrm{CW.FL}}$——热水锅炉循环水量，kg/h；

$H_{\mathrm{HW.Lv}}$——热水锅炉出水焓，kJ/kg；

$H_{\mathrm{HW.En}}$——热水锅炉进水焓，kJ/kg；

$Vr_{\mathrm{F.FL.M}}$——实际测量的燃料累积流量，m^3/h；

$Q_{\mathrm{net.ar}}$——燃料的低位发热量，kJ/m^3。

对式（7-41）进行不确定度评定，由于热水锅炉循环水量、进出水焓、燃料量、燃料的低位发热量在测量时彼此之间是相互独立的，因此有

$$u_{\eta}=\sqrt{\begin{aligned}&\left(\frac{\partial\eta}{\partial Mr_{\mathrm{CW.FL}}}u_{\mathrm{Mr_{CW.FL}}}\right)^2+\left(\frac{\partial\eta}{\partial H_{\mathrm{HW.Lv}}}u_{\mathrm{H_{HW.Lv}}}\right)^2+\left(\frac{\partial\eta}{\partial H_{\mathrm{HW.En}}}u_{\mathrm{H_{HW.En}}}\right)^2\\&+\left(\frac{\partial\eta}{\partial Vr_{\mathrm{F.FL.M}}}u_{\mathrm{Vr_{F.FL.M}}}\right)^2+\left(\frac{\partial\eta}{\partial Q_{\mathrm{net.ar}}}u_{\mathrm{Q_{net.ar}}}\right)^2\end{aligned}} \tag{7-42}$$

其中

$$\frac{\partial\eta}{\partial Mr_{\mathrm{CW.FL}}}u_{\mathrm{Mr_{CW.FL}}}=\frac{\eta}{Mr_{\mathrm{CW.FL}}}u_{\mathrm{Mr_{CW.FL}}}$$

$$\frac{\partial\eta}{\partial H_{\mathrm{HW.Lv}}}u_{\mathrm{H_{HW.Lv}}}=\frac{\eta}{H_{\mathrm{HW.Lv}}-H_{\mathrm{HW.En}}}u_{\mathrm{H_{HW.Lv}}}$$

$$\frac{\partial \eta}{\partial H_{\mathrm{HW.En}}}u_{H_{\mathrm{HW.En}}}=-\frac{\eta}{H_{\mathrm{HW.Lv}}-H_{\mathrm{HW.En}}}u_{H_{\mathrm{HW.En}}}$$

$$\frac{\partial \eta}{\partial Vr_{\mathrm{F.FL.M}}}u_{Vr_{\mathrm{F.FL.M}}}=-\frac{\eta}{Vr_{\mathrm{F.FL.M}}}u_{Vr_{\mathrm{F.FL.M}}}$$

$$\frac{\partial \eta}{\partial Q_{\mathrm{net.ar}}}u_{Q_{\mathrm{net.ar}}}=-\frac{\eta}{Q_{\mathrm{net.ar}}}u_{Q_{\mathrm{net.ar}}}$$

以上为灵敏系数的分析法，采用分析方法计算灵敏系数相当繁琐，因此通常采用扰动法，每次使其变化一微小量δx_i，保持其他参数不变，则灵敏系数为

$$c_{x_i}=\frac{\partial R}{\partial x_i}\approx\frac{\delta R}{\delta x_i}\tag{7-43}$$

δx_i是一微小量，可以采用$0.01x_i$、$0.001x_i$、$0.0001x_i$等。

3. 试验结果标准偏差和自由度

锅炉热效率计算结果的标准偏差由所有影响该结果参数的标准偏差按平方求和开平方的方法获得，即

$$u_A(\overline{R})=s(\overline{x})=\left\{\sum_{i=1}^{n}\left[c_{x_i}s(\overline{x}_i)\right]^2\right\}^{\frac{1}{2}}\tag{7-44}$$

自由度的推导过程见式（7-45）～式（7-53）。

Frenkel 给出了方差的抽样分布自身也可以用方差来呈现[10]，即

$$u^2(s^2)=\frac{2\sigma^4}{\nu}\tag{7-45}$$

式中：s^2——样本方差；

σ^2——总体方差。

按照锅炉热效率的计算公式，其实验标准偏差为式（7-44），也可写成

$$u_A^2(\overline{R})=s^2(\overline{x})=c_{x_1}^2s^2(\overline{x}_1)+c_{x_2}^2s^2(\overline{x}_2)+\cdots+c_{x_n}^2s^2(\overline{x}_n)\tag{7-46}$$

对于任意常数K，有

$$u_A^2(K\overline{R})=K^2u_A^2(\overline{R})\tag{7-47}$$

因此

$$u_A^2(s^2(\overline{x}))=c_{x_1}^4u_A^2(s^2(\overline{x}_1))+c_{x_2}^4u_A^2(s^2(\overline{x}_2))+\cdots+c_{x_n}^4u_A^2(s^2(\overline{x}_n))\tag{7-48}$$

式（7-45）中的s^2可以用式（7-48）中的$s^2(\overline{x}_1)$、$s^2(\overline{x}_2)$进行表示，因此式（7-45）表示为

$$u_A^2(s^2(\overline{x}))=\frac{2c_{x_1}^4\sigma_1^4}{\nu_1}+\frac{2c_{x_2}^4\sigma_2^4}{\nu_2}+\cdots+\frac{2c_{x_n}^4\sigma_n^4}{\nu_n}\tag{7-49}$$

式（7-49）中的σ_1^2等同于$s^2(\overline{x}_1)$，σ_n^2等同于$s^2(\overline{x}_n)$，因此式（7-49）也可以写成

$$u_A^2(s^2(\overline{x}))=\frac{2c_{x_1}^4 s^4(\overline{x}_1)}{\nu_1}+\frac{2c_{x_2}^4 s^4(\overline{x}_2)}{\nu_2}+\cdots+\frac{2c_{x_n}^4 s^4(\overline{x}_n)}{\nu_n} \tag{7-50}$$

设$u_A^2(s(\overline{x}))$的有效自由度为ν_{x_i}，把式（7-45）和式（7-50）合并，可得

$$u_A^2(s^2(\overline{x}))=\frac{2u_A^4(\overline{R})}{\nu_{x_i}}=\frac{2c_{x_1}^4 s^4(\overline{x}_1)}{\nu_1}+\frac{2c_{x_2}^4 s^4(\overline{x}_2)}{\nu_2}+\cdots+\frac{2c_{x_n}^4 s^4(\overline{x}_n)}{\nu_n} \tag{7-51}$$

式（7-51）可以写成

$$\nu_{x_i}=\frac{u_A^4(\overline{R})}{\dfrac{c_{x_1}^4 s^4(\overline{x}_1)}{\nu_1}+\dfrac{c_{x_2}^4 s^4(\overline{x}_2)}{\nu_2}+\cdots+\dfrac{c_{x_n}^4 s^4(\overline{x}_n)}{\nu_n}} \tag{7-52}$$

进一步整理，得

$$\nu_{x_i}=\frac{s^4(\overline{x})}{\sum\limits_{i=1}^{n}\dfrac{c_{x_i}^4 s^4(\overline{x}_i)}{\nu_i}} \tag{7-53}$$

7.6.4　测量不确定度的 B 类评定

我国规范《测量不确定度评定与表示》（JJF 1059.1—2012）中对 B 类评定的定义为：用不同于测量不确定度 A 类评定的方法对测量不确定度分量进行的评定。评定基于：权威机构发布的量值；有证标准物质的量值；校准证书；仪器的漂移；经检定的测量仪器的准确度等级；根据人员经验推断的极限值等[4]。

在大多数情况下，当用 B 类方法估计某一参数的不确定度时，由于 B 类不确定度通常是通过继承 A 类不确定度得到的，因此其 B 类标准不确定度可以表述为正态分布的标准差[1]。B 类不确定度的评定方法主要有正态分布法、均匀分布法、两点分布法、三角分布法、梯形分布法、反正弦分布法。在实际测试中，由于有大量的情况不能确定，使用均匀分布法的较多。

1. 正态分布法

按《测量不确定度评定与表示》（JJF 1059.1—2012）的规定：被测量受许多随机影响量的影响，当它们各自的效应同等量级时，不论各影响量的概率分布是什么形式，被测量的随机变化近似正态分布；如果有证书或报告给出的不确定度是具有包含概率为 0.95、0.99 的扩展不确定度 U_p（即给出 U_{95}、U_{99}），此时除非另有说明，可按正态分布来评定。

例 7-1　校准证书上给出标称值为 1000g 的不锈钢标准砝码质量 m_a 的校准值为 1 000.000 325g，且扩展不确定度为 24μg，包含概率为 0.95，求砝码的标准不

确定度和相对标准不确定度。

设为正态分布，包含概率为 0.95，查表得到 k=1.96。

$$u(m_s)=\frac{24\mu g}{1.96}=12\mu g \tag{7-54}$$

对应的相对标准不确定度：

$$\frac{u(m_s)}{m_s}=\frac{12\mu g}{1\,000.000\,325g}=1.2\times10^{-8} \tag{7-55}$$

2. 均匀分布法

按《测量不确定度评定与表示》（JJF 1059.1—2012）的规定：当利用有关信息或经验估计出被测量可能值区间的上限和下限，其值在区间外的可能几乎为零时，若被测量值落在该区间内的任意值处的可能性相同，则可假设为均匀分布（或称矩形分布、等概率分布）。对被测量的可能值落在区间内的情况缺乏了解时，一般假设为均匀分布。

例 7-2　某锅炉燃气流量测量值为 150m^3/h，燃气流量表的精度等级为 1.0 级，求燃气流量的标准不确定度。

根据例题提供的信息，设为均匀分布，燃气流量的 B 类标准不确定度为

$$u(V)=\frac{\frac{1.0}{100}}{\sqrt{3}}\times150m^3/h=0.87m^3/h \tag{7-56}$$

例 7-3　某二等标准水银温度计的分度值为 0.05℃，其读数分辨力为其分度值的 10%，分析标准水银温度计示值 t 的标准不确定度。

根据例题提供的信息，被测量可能值区间半宽为 0.0025℃，设为均匀分布，标准水银温度计示值 t 的标准不确定度为

$$u(t)=\frac{0.0025℃}{\sqrt{3}}=0.0014℃ \tag{7-57}$$

3. 三角分布法

按《测量不确定度评定与表示》（JJF 1059.1—2012）的规定：如果被测量值落在该区间中心的可能性最大，则假设为三角分布。

假设半宽为 a，服从三角分布，则标准不确定度为

$$u=\frac{a}{\sqrt{6}} \tag{7-58}$$

4. 梯形分布法

按《测量不确定度评定与表示》（JJF 1059.1—2012）的规定：已知被测量的

分布是两个不同大小的均匀分布合成时，可假设为梯形分布。

假设半宽为 a，服从梯形分布，则标准不确定度为

$$u=\frac{a\sqrt{1+\beta^2}}{\sqrt{6}} \tag{7-59}$$

5. 反正弦分布法

按《测量不确定度评定与表示》（JJF 1059.1—2012）的规定：如果被测量落在该区间中心的可能性最小，而落在该区间上限和下限的可能性最大，则可假设为反正弦分布。度盘偏心引起的测量不确定度、正弦振动引起的位移不确定度、无线电测量中失配引起的不确定度、随时间正弦或余弦变化的温度不确定度，一般假设为反正弦分布，也称为 U 形分布。

假设半宽为 a，服从反正弦分布，则标准不确定度为

$$u=\frac{a}{\sqrt{2}} \tag{7-60}$$

6. 仪表系统的标准不确定度

1）仪表本身

如果仪表系统的每一部分都有各自的 B 类标准不确定度，测量的组合标准不确定度为

$$u_{\mathrm{B}}=(u_{\mathrm{B}_1}^2+u_{\mathrm{B}_2}^2+\cdots+u_{\mathrm{B}_m}^2)^{\frac{1}{2}} \tag{7-61}$$

式（7-61）来源于 ASME PTC 4—2013。

例 7-4　给水流量测量的 B 类标准不确定度，其中一次元件标定设备相对标准不确定度 0.2%，压力偏差 0.15%，温度修正 0.15%，其他的可忽略，则

$$u_{\mathrm{B}}=(0.2\%^2+0.15\%^2+0.15\%^2)^{\frac{1}{2}}=0.29\% \tag{7-62}$$

2）同一仪器多次测量

用相同的仪器，在同一点进行多次测量时，参数平均值的 B 类标准不确定度为单次测量的仪表 B 类标准不确定度。如使用代表点法测量 NO_x 的浓度，NO_x 测量传感器的不确定度不因位置的变化而变化、不因测量次数多少而变化，因此用相同的仪器参数平均值的 B 类标准不确定度即为单次测量的仪表 B 类标准不确定度，与位置和测量次数无关。

3）多台仪表多次测量

在若干位置，使用多台仪表进行多次测量时，仪表不同回路中具有不同的 B 类标准不确定度，平均参数的仪表 B 类标准不确定度等于所有回路的仪表 B 类标

准不确定度的平均值，与测量次数、位置无关。

$$u_{\bar{B}_{xi}} = \frac{1}{N}\sum_{i=1}^{N} u_{B_{xi}} \tag{7-63}$$

式中：N——不同仪表回路的个数。

例 7-5 用网格法测量锅炉排烟温度，每个网格点使用 1 只热电偶，24 个网格点，其中 6 只热电偶的 B 类标准不确定度为 0.5%，8 只热电偶的 B 类标准不确定度为 0.4%，10 只热电偶的 B 类标准不确定度为 0.6%，则

$$u_{B} = \frac{6\times0.5\%+8\times0.4\%+10\times0.6\%}{24} \approx 0.51\% \tag{7-64}$$

7. 空间不均匀参数不确定度的 B 类评定

在锅炉热工性能试验过程中，锅炉排烟温度、排烟处烟气成分等在空间上都是不均匀的，实际测量中为了消除这些参数的空间不均匀，通常采用流量加权方法。但实际操作中，采用网格法进行测量，很难实现每一网格点上的流量测量。有时在锅炉热工性能试验中，由于流速加权产生的不确定度，较无流量加权的不确定度还要大，因为采用流量加权，流速数据测量会引起测量不确定度增大；如果不采用流量加权，测量方法将引起不确定度。

1）流量加权

流速和排烟温度、排烟处烟气成分等参数在同一位置、同时测量。采用流量加权的不确定度估计值为

$$u_{B_{t,FW}} = (\bar{t}_{UW} - \bar{t}_{FW})u_{B_v} \tag{7-65}$$

式中：$\bar{t}_{UW}$——排烟温度的未加权平均值；

$\bar{t}_{FW}$——排烟温度的加权平均值；

u_{B_v}——烟气流速的相对不确定度。

排烟处烟气成分等参数，如果采用流量加权法确定不确定度，参考式（7-65）。

2）不采用加权

在没有可靠流速测量数据的条件下，排烟温度的加权平均值为

$$\bar{t}_{FW} = \frac{1}{m}\sum_{i=1}^{m} \frac{T_i}{T} t_i \tag{7-66}$$

式中：$\bar{t}_{FW}$——排烟温度的加权平均值；

T_i——某一测量点的绝对温度，该测量点随时间变化测量温度的算术平均值；

T——测量点绝对温度的算术平均值；

t_i——某一测量点的摄氏温度，该测量点随时间变化测量温度的算术平均值。

排烟温度的 B 类标准不确定度估计值为加权与未加权平均值之差，即

$$u_{B_{t,FW}} = \overline{t}_{UW} - \overline{t}_{FW} \tag{7-67}$$

式中：$\overline{t}_{UW}$——排烟温度的未加权平均值；

$\overline{t}_{FW}$——排烟温度的加权平均值。

氧气浓度的 B 类标准不确定度

$$u_{B_{\varphi_{O_2},FW}} = \frac{u_{B_{t,FW}} \varphi_{\overline{O}_2}}{\overline{t}_{FW}} \tag{7-68}$$

式中：$\varphi_{\overline{O}_2}$——氧浓度的平均值。

8. B 类标准不确定度的自由度

将 Frenkel 公式进一步变换得到

$$u^2(s^2) = \left(\frac{\partial s^2}{\partial s}\right)^2 u^2(s) = 4s^2u^2(s) = \frac{2\sigma^4}{\nu} \tag{7-69}$$

$$\nu = \frac{\sigma^4}{2s^2u^2(s)} \tag{7-70}$$

如果样本方差接近总体方差，即 $s^2 = \sigma^2$，则式（7-70）可变换为

$$\nu = \frac{\sigma^4}{2s^2u^2(s)} = \frac{\sigma^4}{2\sigma^2u^2(s)} = \frac{1}{2}\left[\frac{\Delta[u(x_i)]}{u(x_i)}\right]^{-2} \tag{7-71}$$

式中：$\frac{\Delta[u(x_i)]}{u(x_i)}$——$u(x_i)$ 的相对标准不确定度。

B 类标准不确定度的自由度，表示对测量结果的不确定度进行估计时的可能性。

9. 合成标准不确定度

热效率试验结果（或其他的试验结果）的 A 类标准不确定度和 B 类标准不确定度，其合成标准不确定度为

$$u_c(R) = \left\{[u_A(R)]^2 + [u_B(R)]^2\right\}^{\frac{1}{2}} \tag{7-72}$$

试验结果的 A 类不确定度 $u_A(R)$ 的自由度和 B 类不确定度 $u_B(R)$ 的自由度分别为 $\nu_{u_A(R)}$ 和 $\nu_{u_B(R)}$，其合成标准不确定度的等效自由度按式（7-73）计算，推导过程见 A 类标准偏差和自由度。

$$\nu_{u_c(R)} = \frac{\left\{[u_A(R)]^2 + [u_B(R)]^2\right\}^2}{\frac{[u_A(R)]^4}{\nu_{u_A(R)}} + \frac{[u_B(R)]^4}{\nu_{u_B(R)}}} \tag{7-73}$$

有效自由度可以不是整数，但为了能够计算包含因子 k，有效自由度通常截断小数部分，也就是取整。

参 考 文 献

[1] 莱斯·柯卡普，鲍伯·弗伦克尔．测量不确定度导论［M］．曾翔君，骆一萍，申淼，译．西安：西安交通大学出版社，2011．

[2] International Organization Standarization. Uncertainty of measurement-Part 3：Guide to the expression of uncertainty in measurement（GUM：1995）[S/OL]. [2020-12-30].https://www.iso.org/obp/ui#iso: std: iso-iec: guide: 98-3: ed-1: v2: en.

[3] 王中宇，刘智敏，夏新涛，等．测量误差与不确定度评定［M］．北京：科学出版社，2008．

[4] 全国法制计量管理技术委员会．测量不确定度评定与表示：JJF 1059.1—2012［S］．北京：中国质检出版社，2012．

[5] 全国法制计量管理技术委员会．用蒙特卡洛法评定测量不确定度：JJF 1059.2—2012［S］．北京：中国质检出版社，2012．

[6] The American Society of Mechanical Engineers. Fired steam generators performance test codes：ASME PTC 4—2013［S］. New York：The American Society of Mechanical Engineers，2013．

[7] 同济大学数学系．概率论与数理统计［M］．北京：人民邮电出版社，2017．

[8] 威廉·费勒．概率论及其应用：卷 1［M］．胡迪鹤，译．3 版．北京：人民邮电出版社，2017．

[9] 林宗虎，徐通模．实用锅炉手册［M］．2 版．北京：化学工业出版社，2009．

[10] FRENKEL R B. The statistical background to the ISO Guide to expression of uncertainty in measurement [M]. Lindfield: CSIRO National Measurement Laboratory.

第8章　计算实例与说明

本章提供计算实例与说明，使有关测试人员能够深入了解燃气锅炉热工性能试验原理、方法及不确定度的具体评定过程。另外，高校和研究机构，如果进行试验研究，也可以参考本实例，进行试验结果的不确定度评定。

8.1　试验任务和要求

中国特种设备检测研究院受某锅炉股份有限公司委托对该厂生产的 SZS58-1.6/130/70-Q 型冷凝式燃气热水锅炉进行锅炉热工测试。

试验任务：按照《冷凝锅炉热工性能试验方法》（NB/T 47066—2018），测定额定负荷下的锅炉出力和锅炉热效率。

试验目的：为该锅炉产品定型提供能效测试报告。

8.2　设计数据综合表

SZS58-1.6/130/70-Q 型锅炉是强制循环全自动燃（油）气热水锅炉，设计为一种大型模块化分体式水管锅炉，分为锅炉炉膛辐射受热面组件、炉膛出口连接烟道（含金属膨胀节）、锅炉对流受热面组件、省煤器连接烟道、省煤器五部分。其具体设计数据见表 8-1。

表 8-1　锅炉综合设计数据

序号	名称		符号	单位	设计数据
1	（一）设计参数	锅炉设计额定出力	Q	MW	58
2		锅炉设计额定压力	p	MPa	1.6
3		出口介质温度	t_{ck}	℃	130.00
4		进口介质压力	p_{gs}	MPa	1.73
5		进口介质温度	t_{jk}	℃	70.00
6		设计介质循环量	G	kg/h	830 000.00
7		排烟温度	t_{py}	℃	89.00

续表

序号	名称		符号	单位	设计数据
8	（一）设计参数	排烟处过量空气系数	α_{py}		1.15
9		锅炉效率	η	%	96.30
10		燃料消耗量	B	m^3/h	6 250.00
11		稳定运行的工况范围		%	30～110
1	（二）锅炉主要特性	燃烧设备			燃天然气燃烧器
2		燃烧器型号			EC17GR
3		燃烧器数量		个	1
4		炉膛压力			正压
5		炉膛辐射受热面	A_f	m^2	142.50
6		对流受热面	A_d	m^2	672.00
7		省煤器受热面	A_{sm}	m^2	1 624.00
8		空气预热器受热面	A_{ky}	m^2	0.00
9		总受热面积	$\sum A$	m^2	2 438.50
10		锅炉散热表面积	F	m^2	312.00
1	（三）设计燃料特性	收到基甲烷	CH_4	%	96.83
2		收到基乙烷	C_2H_6	%	0.89
3		收到基丙烷	C_3H_8	%	0.18
4		收到基丁烷	C_4H_{10}	%	0.00
5		收到基戊烷	C_5H_{12}	%	0.00
6		收到基氢气	H_2	%	0.11
7		收到基氧气	O_2	%	0.00
8		收到基氮气	N_2	%	1.79
9		收到基一氧化碳	CO	%	0.10
10		收到基二氧化碳	CO_2	%	0.06
11		收到基硫化氢	H_2S	%	0.00
12		收到基不饱和烃	$\sum C_mH_n$	%	0.05
13		燃气所带的水量	M_d	%	0.00
14		气体燃料含灰量	μ_h	g/m^3	0.00
15		容积成分之和	$\sum K_i$	%	100.00
16		干气体燃料密度	ρ_d	kg/m^3	0.735 9
17		收到基密度	ρ_{ar}	kg/m^3	0.735 9
18		收到基低位发热量	$(Q_{net,v,ar})_q$	kJ/m^3	35 160.00

8.3 试验方案

1. 项目名称

燃天然气热水锅炉能效测试。

2. 项目任务

受锅炉使用单位委托，按照《冷凝锅炉热工性能试验方法》(NB/T 47066—2018）的要求对被测锅炉在额定负荷进行锅炉热效率测试。

3. 锅炉制造单位

××××锅炉股份有限公司。

4. 锅炉型号

SZS58-1.6/130/70-Q。

5. 测点布置图及项目所用设备

（1）测点布置如图 8-1 所示。

（2）所用测试仪器如表 8-2 所示。

表 8-2　测试仪器

序号	测试项目	测试仪器	精度
1	进水温度	铂电阻温度计	0.5 级
2	进水压力	压力表	1.0 级
3	循环水流量	超声波流量计	1.0 级
4	出水温度	铂电阻温度计	0.5 级
5	出水压力	压力表	1.6 级
6	排烟处烟气成分分析	烟气分析仪	O_2 1.0 级 CO 5.0 级 CO_2 1.0 级
7	排烟温度	K 型热电偶温度计	0.5 级
8	伴热烟气的相对湿度	湿敏电容	2.0 级
9	伴热烟气温度	K 型热电偶温度计	0.5 级
10	冷空气温度	铂电阻温度计	0.5 级
11	空气相对湿度	数字温湿度计	1.0 级
12	当地大气压力	数字式压力计	1.0 级

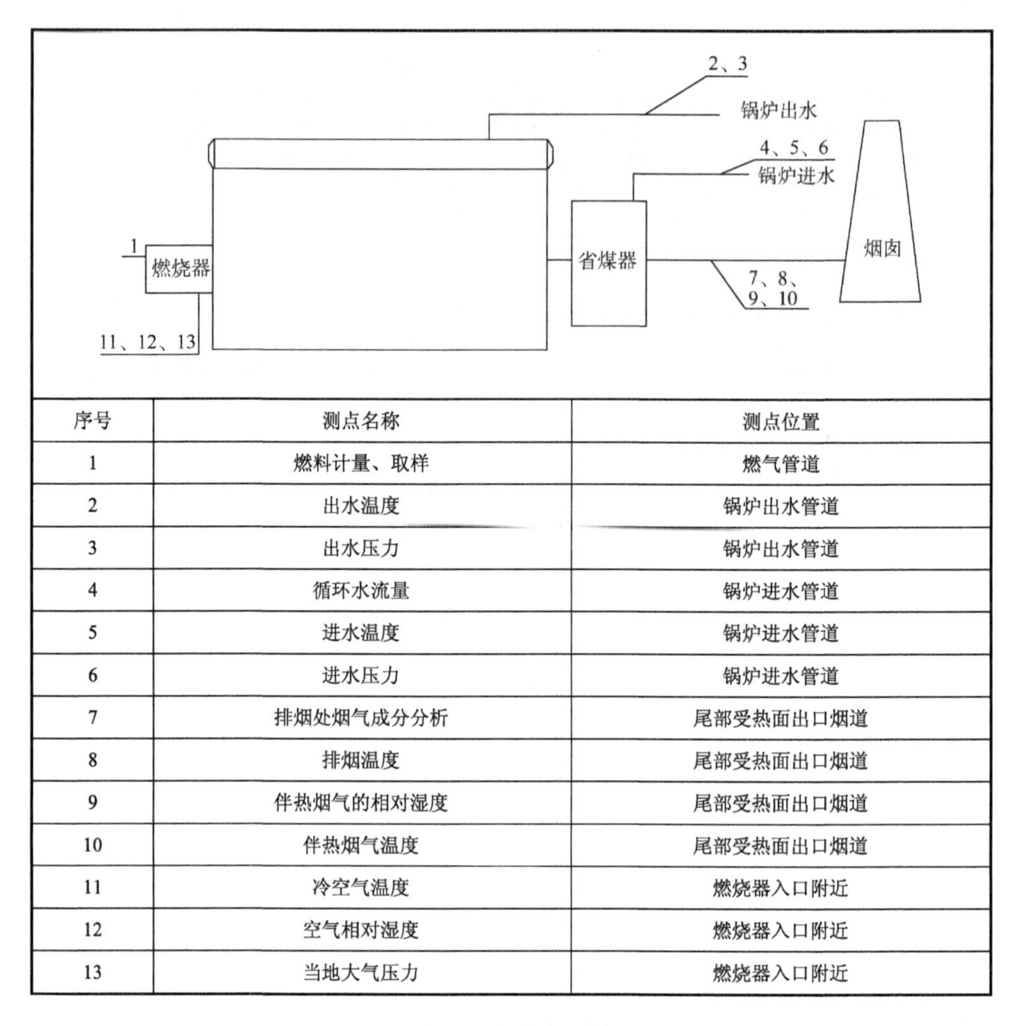

序号	测点名称	测点位置
1	燃料计量、取样	燃气管道
2	出水温度	锅炉出水管道
3	出水压力	锅炉出水管道
4	循环水流量	锅炉进水管道
5	进水温度	锅炉进水管道
6	进水压力	锅炉进水管道
7	排烟处烟气成分分析	尾部受热面出口烟道
8	排烟温度	尾部受热面出口烟道
9	伴热烟气的相对湿度	尾部受热面出口烟道
10	伴热烟气温度	尾部受热面出口烟道
11	冷空气温度	燃烧器入口附近
12	空气相对湿度	燃烧器入口附近
13	当地大气压力	燃烧器入口附近

图 8-1　测点布置图

6. 测试要求

1）试验条件

（1）试验前，锅炉系统应连续正常运行 48h 以上。

（2）正式试验应在锅炉热工况稳定和燃烧调整 1h 后开始进行。

（3）试验期间锅炉不得定期排污，安全阀不得起跳，不得有泄漏现象。

（4）在试验结束时，锅炉燃烧工况、燃料供应量、循环水流量、过量空气系数应与试验开始时一致。

2）锅炉运行参数要求

（1）锅炉出力波动范围：短期波动（峰谷值）在额定负荷的±10%的范围内；观察值与长期运行平均值的偏差在±3%的范围内。

（2）燃气量波动范围：短期波动（峰谷值）在长期运行平均值的±10%的范围内。

（3）锅炉出口烟气中氧气体积分数波动范围：短期波动（峰谷值）在±0.4%（绝对值）的范围内；观察值与长期运行平均值的偏差在±0.2%（绝对值）的范围内。

7. 测试人员安排

测试人员安排如表 8-3 所示。

表 8-3　测试人员安排

序号	人员	职责
1	××	负责整个测试和协调工作
2	××	负责燃料计量和取样
3	××	负责烟气分析，环境温度、大气压力和空气相对湿度记录
4	××	负责烟气温度测量，烟气含湿量测量和伴热温度记录
5	××	负责进出水温度、压力，循环水流量数据记录

注：测量项目记录时间：进出水温度 5 分钟记录一次，其他主要参数每 15 分钟测量一次。

8. 试验前期工作

（1）双方（测试单位和测试委托单位）协商试验的前期准备工作，包括测点的开设、试验前的调试、试验日期的确定等。

（2）参加试验人员熟悉试验大纲。

9. 预备性试验

如有必要，可进行一个预备性试验，在进行预备性试验前应对锅炉及辅机自控设备进行检查，确认一切正常，满足试验能正常进行的要求；对所有测试仪表进行检查，确定其能正常可靠工作；同时确定试验燃料符合设计要求。在一切测试条件具备后方可进行预备性试验。

预备性试验是在锅炉调试完毕并稳定运行 1h 后进行，其测试内容和所有测试要求同正式试验一样。预备性试验的目的是考核试验仪表设备，以及锅炉运行系统能否满足试验要求。如预备性试验顺利，能满足正式试验全部要求，经双方认可，可作为一次正式试验的工况。

10. 正式试验

在预备性试验完成后，确定一切正常，再进行正式试验。

11. 试验结束后的检查工作

应对锅炉（包括辅机及控制设备）测试仪器仪表进行检查，确认其在正常工作，并应做相应的记录，如发现问题，应提出补救措施，必要时，重新测试。

所有的记录表格应签上记录者的姓名。

12. 测试工作安排

（1）测试第一天上午：现场所有人员（含测试人员、调试人员、辅助人员）熟悉测试大纲和现场，安装测试仪表。

（2）测试第一天下午：锅炉调试和预备性测试。

（3）测试第二天上午：检查预备性测试情况，决定是否需进行整改或进行正式测试。

（4）测试第二天下午：两个工况测试完成后，检查锅炉、辅机和测试仪表工作是否正常。签字确认后测试完成。

8.4 数据测量及测量不确定度计算

获取数据的方法决定了试验的质量，对任一给定参数通常有若干种测量方法。每一种方法均有其固有的误差，包括被测过程及采用的测量系统所产生的误差，试验工程师在制订试验方案时必须考虑到所有这些因素。

一般来说，获取数据的方法涉及采用的测量系统，测量系统由四部分组成：

（1）一次元件。

（2）敏感器件。

（3）数据采集与测量装置。

（4）数据储存装置。

一次元件提供处理敏感器件检测信号的功能，一般是将其转换成一个等比例的电信号，然后再将该电信号转换为数字信号，储存或发送到图表记录器或模拟仪表显示。

一般地，应按最小试验不确定度来选择测量设备。关键参数尤其应采用足够精确的仪表来测量，以确保达到目标不确定度。

8.4.1 温度参数测量及测量不确定度计算

测量温度的仪表一般为热电偶温度计、热电阻温度计、温度表或玻璃水银温度计。由这些装置可直接得到读数，或者输出一个信号，通过手持显示仪器或数据记录仪读取。

温度测量时，必须保证测量装置在测量环境中达到热平衡，且应采取必要措施，防止温度测量仪表因受传导、对流和辐射影响，导致测量数据失真。采用热电偶测量温度时，热电偶导线不得与电源线平行放置，以避免电干扰；热电阻温度计测量范围较小，响应时间比热电偶长，但是更精确；玻璃水银温度计只能用于测量温度比水银沸点低的情况，并只能目视读数。每一装置均有其优点和限定使用条件，应根据测量项目选择合适的测温装置[1]。

计算温度测量的 B 类标准不确定度时，试验人员宜考虑（但不限于）下列潜在因素，同时列出的某些因素可能不适合所有的测量。

（1）热电偶类型。

（2）热电阻类型。

（3）校准。

（4）导线。

（5）热电偶套管的位置/形状/条件。

（6）焊点（绝热/非绝热）。

（7）流动流体分层。

（8）网格尺寸。

（9）网格位置。

（10）检测点的大气条件。

（11）仪表处的大气条件。

（12）中间节点。

（13）电子干扰噪声。

（14）热传导和热辐射。

（15）电压计/伏特表。

（16）基准点准确度。

（17）漂移。

（18）温度计的非线性。

（19）视差。

下面以锅炉进水温度和锅炉排烟温度为例进行温度测试数据处理和不确定度分析介绍。

1. 进水温度数据处理和不确定度分析

本示例说明如何测量进水温度及如何计算其不确定度。根据标准要求，本次进水温度测试采用 PT100 热电阻温度计测量，进水温度测点布置在锅炉省煤器进口附近的进水管道。图 8-2 展示了热电阻温度测量系统。

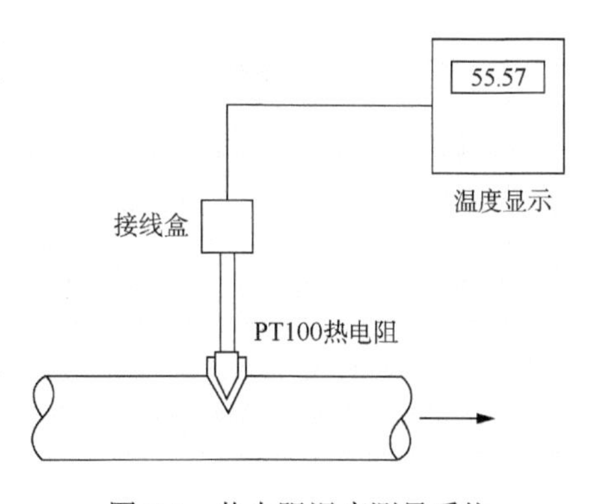

图 8-2　热电阻温度测量系统

在试验过程中，进水温度 25 个测量值的平均值和 A 类标准不确定度分别为 55.57℃和 0.0212℃。进水温度 A 类不确定度数据整理工作表可用于该项计算，表 8-4 为一完整的用于进水温度的测量数据整理工作表。

表 8-4　进水温度 A 类不确定度数据整理工作表

<table>
<tr><th>符号</th><th>测量进水温度/℃</th><th>修正系数</th><th>矫正后的进水温度/℃</th></tr>
<tr><td>a</td><td>55.65</td><td></td><td></td></tr>
<tr><td>b</td><td>55.66</td><td></td><td></td></tr>
<tr><td>c</td><td>55.75</td><td></td><td></td></tr>
<tr><td>d</td><td>55.73</td><td></td><td></td></tr>
<tr><td>e</td><td>55.73</td><td></td><td></td></tr>
<tr><td>f</td><td>55.72</td><td></td><td></td></tr>
<tr><td>g</td><td>55.70</td><td></td><td></td></tr>
<tr><td>h</td><td>55.66</td><td></td><td></td></tr>
<tr><td>i</td><td>55.65</td><td></td><td></td></tr>
<tr><td>j</td><td>55.63</td><td></td><td></td></tr>
<tr><td>k</td><td>55.58</td><td></td><td></td></tr>
<tr><td>l</td><td>55.54</td><td></td><td></td></tr>
<tr><td>m</td><td>55.56</td><td></td><td></td></tr>
<tr><td>n</td><td>55.53</td><td></td><td></td></tr>
<tr><td>o</td><td>55.51</td><td></td><td></td></tr>
<tr><td>p</td><td>55.49</td><td></td><td></td></tr>
<tr><td>q</td><td>55.46</td><td></td><td></td></tr>
<tr><td>r</td><td>55.45</td><td></td><td></td></tr>
<tr><td>s</td><td>55.46</td><td></td><td></td></tr>
<tr><td>t</td><td>55.44</td><td></td><td></td></tr>
<tr><td>u</td><td>55.45</td><td></td><td></td></tr>
<tr><td>v</td><td>55.48</td><td></td><td></td></tr>
<tr><td>w</td><td>55.48</td><td></td><td></td></tr>
<tr><td>x</td><td>55.49</td><td></td><td></td></tr>
<tr><td>y</td><td>55.48</td><td></td><td></td></tr>
<tr><td colspan="4">读取的数据量α=25</td></tr>
<tr><td colspan="4">平均值$\beta=\{[a]+[b]+\cdots+[y]\}/[\alpha]$=55.57</td></tr>
<tr><td colspan="4">实验标准偏差$\gamma=\left\{\left[\frac{1}{([\alpha]-1)}\right]\times\left[([a]-[\beta])^2+([b]-[\beta])^2+\cdots+([y]-[\beta])^2\right]\right\}^{\frac{1}{2}}$=0.1058</td></tr>
<tr><td colspan="4">A 类标准不确定度$\delta\gamma/\alpha^{\frac{1}{2}}$=0.0212</td></tr>
</table>

该测量的 B 类不确定度是通过评估如图 8-2 所示的测量系统来确定的。该示例需要评估以下各个偏差：

（1）热电阻。

（2）标定。

（3）流体分层。

（4）接点处的环境条件。

（5）电子干扰。

（6）偏移。

（7）电导率。

以上所列各 B 类不确定度中的多数数值很小，在计算中可以被忽略。表 8-5 进水温度 B 类不确定度数据整理工作表能用于总结偏差数据并计算本测量的 B 类不确定度[2]。

表 8-5　进水温度 B 类标准不确定度数据整理工作表

被测参数：进水温度/℃				
符号	B 类标准不确定度	B 类标准不确定度来源	示值误差	
			百分比*	单位
a	热电阻	校准数据	0.25	0
b	标定	包含在表 8-4 中 a 项	0	0
c	焊接点（绝热/未绝热）	可忽略	0	0
d	流体的分层	可忽略	0	0
e	接点处的环境条件	可忽略	0	0
f	电子干扰	可忽略	0	0
g	电导率	可忽略	0	0
h	漂移	工程判断	0	0.05
i	仪器系统	工程判断	0.1	0
进水温度测量的 B 类标准不确定度 $(a^2+b^2+c^2+\cdots)^{\frac{1}{2}}$			0.26	0.05

* 此为读数的百分比。

进水温度由 PT100 热电阻测量，此热电阻的 B 类标准不确定度为 0.25%，该数值由校准证书提供的扩展不确定度确定。根据工程判断和类似测量系统的经验，温度测点的位置、流体分层程度、热电阻接点盒的环境条件、电子干扰以及电导率的影响很小，可以忽略。测量后没有对热电阻进行重新标定，因此假定有 0.05℃的漂移。基于以上的各个 B 类标准不确定度，可以计算得到进水温度的总 B 类标准不确定度为 0.26%和 0.05℃。应注意的是，有若干可减少本示例 B 类标准不确定度的措施，包括试验后的标定，或者使用高等级的热电阻。

2. 排烟温度数据处理和不确定度分析

本示例说明如何测量排烟温度及如何计算其不确定度。由于烟道尺寸较大，本次排烟温度测试采用 3×2 网格法，共计 6 个测点，测量仪器为 6 个相同规格和精度的热电偶温度计，排烟温度测点布置在锅炉省煤器出口的烟道。

在试验过程中，排烟温度记录见表 8-6。排烟温度测量值的平均值和 A 类标准不确定度分别为 80.49℃和 0.3586℃。表 8-6 可用于该项计算，该表所示为一完整的用于网格法（非加权）排烟温度的测量数据整理工作表。

表 8-6　排烟温度 A 类不确定度数据整理工作表

不确定度评定——排烟温度 A 类不确定度数据整理工作表				
被测参数：排烟温度/℃				
测点位置	测量符号	测量数据	修正系数	矫正后的数据
1	a_1	80.33		
	b_1	83.93		
	c_1	85.73		
	d_1	87.63		
	e_1	80.43		
	f_1	87.33		
	g_1	87.73		
	h_1	85.33		
	i_1	85.93		
读取的数据量α_1=9				
点 1 处平均值 $\beta_1=\{[a_1]+[b_1]+\cdots+[i_1]\}/[\alpha_1]$ =84.93				
点 1 处实验标准偏差 $\gamma_1=\left\{\left[\frac{1}{([\alpha_1]-1)}\right]\times\left[([a_1]-[\beta_1])^2+([b_1]-[\beta_1])^2+\cdots+([i_1]-[\beta_1])^2\right]\right\}^{\frac{1}{2}}$ =2.8526				
点 1 处 A 类标准不确定度 $\delta_1=[\gamma_1]/[\alpha_1]^{\frac{1}{2}}=0.9509$				
2	a_2	78.93		
	b_2	82.63		
	c_2	83.63		
	d_2	87.23		
	e_2	77.93		
	f_2	86.53		
	g_2	84.83		

续表

测点位置	测量符号	测量数据	修正系数	矫正后的数据
2	h_2	82.43		
	i_2	82.63		
读取的数据量α_2=9				
点 2 处平均值 $\beta_2 = \left\{[2a]+[2b]+\cdots+[2i]\right\}/[\alpha_2] = 82.97$				
点 2 处实验标准偏差 $\gamma_2 = \left\{\left[\frac{1}{([\alpha_2]-1)}\right]\times\left[([a_2]-[\beta_2])^2+([b_2]-[\beta_2])^2+\cdots+([i_2]-[\beta_2])^2\right]\right\}^{\frac{1}{2}} = 3.1017$				
点 2 处 A 类标准不确定度 $\delta_2 = [\gamma_2]/[\alpha_2]^{\frac{1}{2}} = 1.0339$				
3	a_3	78.23		
	b_3	80.43		
	c_3	82.73		
	d_3	86.03		
	e_3	77.23		
	f_3	83.53		
	g_3	83.23		
	h_3	80.53		
	i_3	80.93		
读取的数据量 α_3=9				
点 3 处平均值 $\beta_3 = \left\{[a_3]+[b_3]+\cdots+[i_3]\right\}/[\alpha_3] = 81.43$				
点 3 处实验标准偏差 $\gamma_3 = \left\{\left[\frac{1}{([\alpha_3]-1)}\right]\times\left[([a_3]-[\beta_3])^2+([b_3]-[\beta_3])^2+\cdots+([i_3]-[\beta_3])^2\right]\right\}^{\frac{1}{2}} = 2.7486$				
点 3 处 A 类标准不确定度 $\delta_3 = [\gamma_3]/[\alpha_3]^{\frac{1}{2}} = 0.9162$				
4	a_4	75.73		
	b_4	78.63		
	c_4	79.63		
	d_4	81.73		
	e_4	75.53		
	f_4	81.53		
	g_4	81.73		
	h_4	79.73		
	i_4	80.53		
读取的数据量 α_4=9				

续表

测点位置	测量符号	测量数据	修正系数	矫正后的数据
点 4 处平均值 $\beta_4=\{[a_4]+[b_4]+\cdots+[i_4]\}/[\alpha_4]=79.42$				
点 4 处实验标准偏差 $\gamma_4=\left\{\left[\frac{1}{([\alpha_4]-1)}\right]\times\left[([a_4]-[\beta_4])^2+([b_4]-[\beta_4])^2+\cdots+([i_4]-[\beta_4])^2\right]\right\}^{\frac{1}{2}}=2.3945$				
点 4 处 A 类标准不确定度 $\delta_4=[\gamma_4]/[\alpha_4]^{\frac{1}{2}}=0.7982$				
5	a_5	74.13		
	b_5	76.93		
	c_5	78.53		
	d_5	79.73		
	e_5	75.13		
	f_5	79.83		
	g_5	78.53		
	h_5	79.23		
	i_5	80.03		
读取的数据量 $\alpha_5=9$				
点 5 处平均值 $\beta_5=\{[a_5]+[b_5]+\cdots+[i_5]\}/[\alpha_5]=78.01$				
点 5 处实验标准偏差 $\gamma_5=\left\{\left[\frac{1}{([\alpha_5]-1)}\right]\times\left[([a_5]-[\beta_5])^2+([b_5]-[\beta_5])^2+\cdots+([i_5]-[\beta_5])^2\right]\right\}^{\frac{1}{2}}=2.1475$				
点 5 处 A 类标准不确定度 $\delta_5=[\gamma_5]/[\alpha_5]^{\frac{1}{2}}=0.7158$				
6	a_6	71.53		
	b_6	75.83		
	c_6	76.53		
	d_6	77.33		
	e_6	72.93		
	f_6	78.23		
	g_6	77.33		
	h_6	76.53		
	i_6	79.13		
读取的数据量 $\alpha_6=9$				
点 6 处平均值 $\beta_6=\{[a_6]+[b_6]+\cdots+[i_6]\}/[\alpha_6]=76.15$				

续表

测点位置	测量符号	测量数据	修正系数	矫正后的数据
点 6 处实验标准偏差 $\gamma_6=\left\{\left[\frac{1}{([\alpha_6]-1)}\right]\times\left[([a_6]-[\beta_6])^2+([b_6]-[\beta_6])^2+\cdots+([i_6]-[\beta_6])^2\right]\right\}^{\frac{1}{2}}=2.4519$				
点 6 处 A 类标准不确定度 $\delta_6=[\gamma_6]/[\alpha_6]^{\frac{1}{2}}=0.8173$				
未加权平均值（算术平均值）$=\{[\beta_1]+[\beta_2]+\cdots+[\beta_m]\}/m=80.49$				
排烟温度的 A 类不确定度$=\frac{1}{m}\times\left[\delta_1^2+\delta_2^2+\cdots+\delta_m^2\right]^{\frac{1}{2}}=0.3586$				

该测量的 B 类不确定度是通过评估测量系统来确定的。该示例需要评估以下各个偏差：

（1）热电偶。

（2）标定。

（3）补偿导线。

（4）冰槽。

（5）热电偶套管位置。

（6）流体分层。

（7）接点处的环境条件。

（8）中间接点。

（9）电子干扰。

（10）偏移。

（11）电导率。

以上所列各 B 类不确定度中的多数数值很小，在计算中可以被忽略。表 8-7 能用于总结偏差数据并计算本测量仪表的总的 B 类不确定度。

表 8-7　排烟温度仪表 B 类标准不确定度数据整理工作表

被测参数：排烟温度/℃				
符号	B 类标准不确定度	B 类标准不确定度来源	示值误差	
			百分比*	单位
a	热电偶或者 RTD 类型	校准数据	0.25	0
b	标定	包含在 *a* 项	0	0
c	补偿导线	工程判断	0	0.05
d	冰槽	可忽略	0	0
e	热电偶套管位置	可忽略	0	0

续表

符号	B 类标准不确定度	B 类标准不确定度来源	示值误差	
			百分比*	单位
f	焊接点（绝热/未绝热）	可忽略	0	0
g	流体的分层	可忽略	0	0
h	接点处的环境条件	可忽略	0	0
i	热电偶的环境条件	可忽略	0	0
j	中间接点	可忽略	0	0
k	电子干扰	可忽略	0	0
l	电导率	可忽略	0	0
m	漂移	工程判断	0	0.05
n	仪器系统	工程判断	0.1	0
⋮	⋮	⋮	⋮	⋮
排烟温度测量的 B 类标准不确定度 $(a^2+b^2+c^2+\cdots)^{\frac{1}{2}}$			2A	2B
			0.27	0.07

＊ 此为读数的百分比。

排烟温度由 6 个相同规格和精度的热电偶温度计测量，热电偶温度计的 B 类标准不确定度为 0.25%，该数值由校准证书提供的扩展不确定度确定。根据工程判断和类似测量系统的经验，假定补偿导线的B类标准不确定度为0.05℃。温度测点的位置、流体分层程度、热电偶接点盒的环境条件、电子干扰以及电导率的影响很小，可以忽略。测量后没有对热电偶进行重新标定，因此假定有0.05℃的漂移。基于以上的各个 B 类标准不确定度，可以计算得到排烟温度的仪表的 B 类标准不确定度为 0.27%和 0.07℃（计算过程见表 8-7）。应注意的是，有若干可减少本示例 B 类标准不确定度的措施，包括试验后的标定，或者使用高等级的热电偶。

另外，由于排烟温度测量采用网格法进行，应考虑空间不均匀参数不确定度的 B 类评定，根据式（8-1）计算得加权温度平均值为 80.51℃。因此，排烟温度的空间不均匀参数 B 类标准不确定度为 0.02℃。根据式（8-2）计算得排烟温度测试的 B 类标准不确定度为 0.27%和 0.073℃。

$$\overline{t}_{\mathrm{FW}}=\frac{1}{m}\sum_{i=1}^{m}\frac{T_i}{T}t_i \tag{8-1}$$

$$u_{\mathrm{B}}=(u_{\mathrm{B_I}}^2+u_{\mathrm{B}_n}^2+u_{\mathrm{B_{t,FW}}}^2)^{\frac{1}{2}} \tag{8-2}$$

8.4.2 压力参数测量及测量不确定度计算

总压是静压与速度动压之和。静压的变化是基于流体平均状况和当地大气条件计算的。速度动压通常由流体平均速度与密度计算。

计算压力测量的 B 类标准不确定度时，试验人员宜考虑下列潜在因素。并非所有因素均列出，而且其中列出的某些因素可能不适合所有的测量。这些因素宜与表 8-15 中列出的因素综合考虑。

（1）表计类型。

（2）气压计类型。

（3）传感器类型。

（4）校准。

（5）测点位置/几何形状/流动影响。

（6）探头设计。

（7）流体分层。

（8）测量次数和位置。

（9）水柱。

（10）气压计液体的比重。

（11）传感器处的大气条件。

（12）表计处的大气条件。

（13）滞后。

（14）电子干扰/噪声。

（15）电位计/伏特计。

（16）漂移。

（17）传感器的非线性。

（18）视差。

下面以锅炉进水压力为例进行压力测试数据处理和不确定度分析介绍。本示例说明如何测量热水锅炉进水压力及如何计算其不确定度。根据标准要求，本次进水压力测试采用经校准的压力变送器测量，进水压力测点布置在锅炉省煤器进口附近的进水管道。图 8-3 展示了该压力测量系统。

在试验过程中，进水压力记录见表 8-8。该 9 个测量值的平均值和 A 类标准不确定度分别为 1.09 MPa 和 0.0029 MPa。本规程提供的测量数据整理工作表可用于实施该项计算。表 8-8 为一完整的用于进水压力的测量数据整理工作表。

该测量的 B 类不确定度是通过评估图 8-3 所示的测量系统来确定的。该示例需要评估以下各个偏差：

（1）变送器。

（2）标定。

（3）位置。

（4）变送器的环境条件。

（5）接点处的环境条件。

（6）电子干扰。

（7）漂移。

（8）静压和大气压力。

以上所列各 B 类不确定度中的多数是很小的，在计算中可以被忽略。表 8-8 进水压力 A 类不确定度数据整理工作表能用于总结偏差数据并计算本测量的 B 类不确定度。表 8-9 为一完整的进水压力 B 类标准不确定度数据整理工作表。

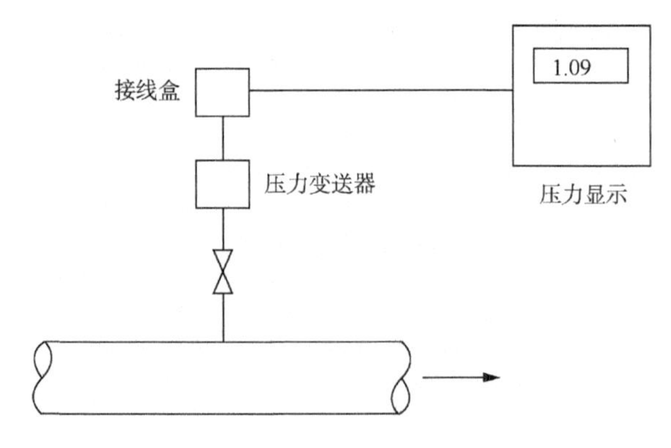

图 8-3　压力测量系统

表 8-8　进水压力 A 类不确定度数据整理工作表

被测参数：进水压力/MPa			
符号	测量数据	修正系数	矫正后的数据
a	1.10		
b	1.10		
c	1.09		
d	1.08		
e	1.08		
f	1.08		
g	1.08		
h	1.08		
i	1.08		
⋮	⋮		

续表

符号	测量数据	修正系数	矫正后的数据
读取的数据量α=9			
平均值$\beta = \{[a]+[b]+\cdots+[i]\}/[\alpha]$=1.09			
实验标准偏差$\gamma = \left\{\left[\frac{1}{([\alpha]-1)}\right]\times\left[([a]-[\beta])^2+([b]-[\beta])^2+\cdots+([i]-[\beta])^2\right]\right\}^{\frac{1}{2}}$=0.0088			
A 类标准不确定度$\delta=[\gamma]/[\alpha]^{\frac{1}{2}}$=0.0029			

表 8-9　进水压力 B 类不确定度数据整理工作表

被测参数：进水压力/MPa				
符号	B 类标准不确定度	B 类标准不确定度来源	示值误差	
			百分比*	测量单位
a	压力表或者变送器类型	校准数据	0.50	0
b	标定	包含在 a 项	0	0
c	取压口位置	可忽略	0	0
d	变送器的环境条件	制造商数据	0	0.005
e	接点处的环境条件	可忽略	0	0
f	电子干扰	可忽略	0	0
g	漂移	制造商数据	0	0.005
h	静压与大气压力	在标定中	0	0
进水压力测量的 B 类标准不确定度			2A	2B
$(a^2+b^2+c^2+\cdots)^{\frac{1}{2}}$			0.50	0.0071

* 此为读数的百分比。

进水压力由标准压力表来测量。此压力表的测量量程为 0～2.5MPa，基准精度 B 类标准不确定度为 0.50%，该数值由校准证书提供的精度等级确定。压力测点的位置、流体分层程度、变送器接点盒的环境条件以及电子干扰的影响很小，可以忽略。测量后没有对压力表进行重新标定，因此假定有 0.005MPa 的漂移。基于以上的各个 B 类标准不确定度，可以计算得到进水压力的总 B 类标准不确定度为 0.50%和 0.0071MPa。

8.4.3　流量测量及测量不确定度计算

流量通常间接测定（如根据测量的差压、压力和温度计算），因此，必须检查用于流量计算的各被测输入量的 B 类标准不确定度源，并组合为流量测量的

B 类标准不确定度。计算流量测试的 B 类标准不确定度时，试验人员需要考虑以下潜在偏差源，并非所有的来源均被列出，而且其中有些项目也可能不适用于所有测量[1]。

（1）一次元件标定（如孔板、喷管、文丘里管、机翼型以及差压传感器探头）。

（2）流体分层。

（3）温度偏差。

（4）压力偏差。

（5）安装。

（6）孔板或喷管状况。

（7）压力修正（补偿）。

（8）温度修正（补偿）。

（9）雷诺数修正。

（10）测量位置。

（11）风机/泵工作曲线。

（12）阀门位置。

（13）水平精度/差值。

（14）热平衡输入项。

（15）堰型。

（16）取压位置。

本示例说明如何测量循环水流量及如何计算其不确定度。图 8-4 展示了该流量测量系统。在试验过程中循环水流量测量使用累积法测试的，A 类标准不确定度可以忽略。

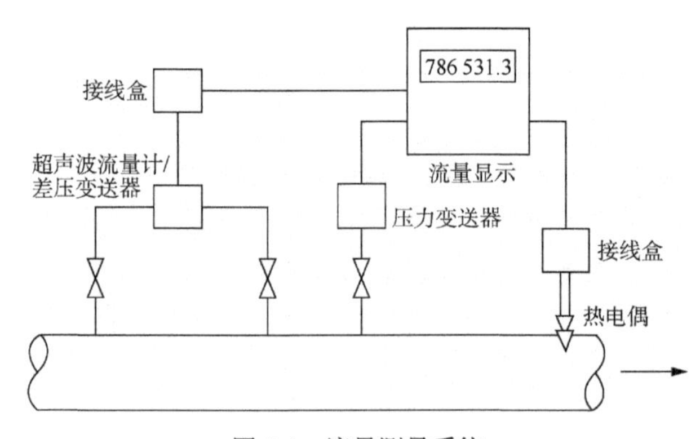

图 8-4　流量测量系统

该测量的 B 类不确定度是通过评估图 8-4 所示的测量系统来确定的。该示例需要评估以下各个偏差：

（1）一次元件的标定。

（2）流体分层。

（3）温度 B 类标准不确定度。

（4）压力 B 类标准不确定度。

（5）安装。

（6）喷嘴状况。

（7）压力修正（密度影响）。

（8）温度修正（密度影响）。

（9）雷诺数修正。

（10）测量位置。

以上所列各 B 类不确定度中的多数是很小的，在计算中可以被忽略。本规程提供的 B 类不确定度工作表能用于总结偏差数据并计算本测量的总的 B 类不确定度。表 8-10 为一已完成的循环水流量的 B 类不确定度数据整理工作表。

表 8-10　循环水流量 B 类不确定度数据整理工作表

不确定度评定——循环水流量 B 类不确定度数据整理工作表				
被测参数：循环水流量/（kg/h）				
符号	B 类标准不确定度	B 类标准不确定度来源	示值误差	
			百分比*	测量单位
a	一次元件标定	标定	0.5	0
b	流体分层	可忽略	0	0
c	安装	可忽略	0	0
d	压力修正	可忽略	0	0
e	温度修正	计算	0.01	0
f	雷诺数修正	可忽略	0	0
g	测量位置	可忽略	0	0
h	热膨胀	工程判断	0.1	0
i	系统误差	工程判断	0.1	0
j				
k				
l				
m				
n				
循环水流量测量的 B 类标准不确定度			2A	2B
$(a^2+b^2+c^2+\cdots)^{\frac{1}{2}}$			0.52	0.00

* 此为读数的百分比。

循环水流量由经标定的超声波流量计测量。测量前对超声波流量计进行检定，该超声波流量计的 B 类标准不确定度为 0.5%。测试过程的雷诺数与实验室标定工况接近，因此，可以考虑忽略该偏差。确定的进水压力的 B 类标准不确定度为 0.50%和 0.0071MPa，但该值对循环水密度的影响可以忽略不计。已确定的进水温度的 B 类标准不确定度为 0.27%和 0.05℃，对循环水密度的影响为 0.01%。因热膨胀造成的 B 类标准不确定度为 0.10%，并指定测量系统的 B 类标准不确定度为 0.10%。

基于以上各项 B 类标准不确定度，计算得到的循环水流量的总的 B 类标准不确定度为 0.51%。

应注意的是，有若干可减少本示例 B 类标准不确定度的措施，包括使用更精确的测量装置。

8.4.4　烟气分析及测量不确定度的计算

通过抽取烟气进行烟气分析的设备由两部分组成：样品采集与传输系统和烟气分析传感器。样品采集与传输系统由取样枪、取样管线、烟气混合设备、过滤器、凝结器或气体干燥器和抽气泵等组成。每个烟气分析传感器单独分析一种烟气成分。由于在烟气样品分析之前，要从抽取的样品中除去水分，因此，这类分析基于干燥基。未除湿或称为“就地”分析是基于湿基。烟气成分分析采用容积含量或摩尔含量，后者为被测成分的物质的量除以总物质的量。干燥基与湿基间的差别在于湿基在分母中包含干燥物质的物质的量与水蒸气的物质的量。

当前使用的各种分析仪有：连续电子分析仪和手工操作仪，如奥氏分析仪。虽然允许使用手工仪器，但操作技巧、化学剂的纯度和其他与手工仪器有关的因素将产生较大的 B 类标准不确定度。此外，推荐在整个试验过程中连续监测烟气成分。燃料变化、控制系统调整及其他因素均会造成烟气成分的变化。因此，代表性网格点上烟气成分的连续分析结果将能最真实地反映平均烟气成分[1]。

在确定烟气分析系统的 B 类标准不确定度时，需要考虑以下若干因素。可能的 B 类标准不确定度来源如下：

（1）烟气分析仪准确度。

（2）取样系统干扰。

（3）分析仪漂移。

（4）空间变化。

（5）时间变化。

（6）标定气体准确度。

（7）样品温度和压力对分析仪的影响。

（8）未发现的泄漏。

（9）干扰气体。

（10）大气温度对分析仪的影响。

（11）样品水分对分析仪的影响。

（12）稀释比率的准确度（如果采用）。

8.4.5　空气湿度测量及测量不确定度计算

锅炉效率计算中必须考虑进口空气所携带的水分。宜确定外界空气在锅炉机组进口处的干球和湿球温度。由于含湿率不随外界输入热量而改变（除非存在额外的水分），空气预热器出口的空气含湿率与进口相同。为了确定含湿率，需要测定干球温度和湿球温度，或干球温度和相对湿度。

当计算湿度的 B 类标准不确定度时，试验人员宜考虑下面几个可能的来源。以下并没有列出所有的来源，其中某些项也可能不适用于所有的测量。

（1）湿度计。

（2）干/湿球温度计类型。

（3）校准。

（4）漂移。

（5）温度计的非线性。

（6）视差。

8.5　锅炉效率计算及不确定度分析

本节按输入-输出法和能量平衡法分别计算案例中冷凝锅炉的效率，并对每一种方法进行了热效率不确定度分析。

8.5.1　由输入-输出法计算效率

本方法所需的数据包括确定输入能量和输出能量所必需的测量数据。输入能量由测定的燃料量及其燃料低位发热量计算，输出能量由测定的循环水流量和锅炉进出水焓值确定。表 8-11 和 表 8-12 分别为输入-输出法热效率计算表和输入-输出法热效率不确定度计算表。

表 8-11　输入-输出法热效率计算表（示例）

序号	名称	符号	单位	数据来源	测试数据
1	收到基甲烷	$\varphi_{CH_4\cdot g}$	%	化验数据	92.47
2	收到基乙烷	$\varphi_{C_2H_6\cdot g}$	%	化验数据	3.75

续表

序号	名称	符号	单位	数据来源	测试数据
3	收到基丙烷	$\varphi_{C_3H_8.g}$	%	化验数据	0.79
4	收到基丁烷	$\varphi_{C_4H_{10}.g}$	%	化验数据	0.31
5	收到基戊烷	$\varphi_{C_5H_{12}.g}$	%	化验数据	0.05
6	收到基氢气	$\varphi_{H_2.g}$	%	化验数据	0.08
7	收到基氧气	$\varphi_{O_2.g}$	%	化验数据	0.10
8	收到基氮气	$\varphi_{N_2.g}$	%	化验数据	0.98
9	收到基一氧化碳	$\varphi_{CO.g}$	%	化验数据	0.00
10	收到基二氧化碳	$\varphi_{CO_2.g}$	%	化验数据	1.46
11	收到基硫化氢	$\varphi_{H_2S.g}$	%	化验数据	0.00
12	收到基不饱和烃	$\varphi_{\sum C_mH_n.g}$	%	化验数据	0.01
13	燃气所带的水量	$V_{F.H_2O.g}$	%	化验数据	0.00
14	气体燃料含灰量	$V_{F.Ash.g}$	g/m^3	化验数据	0.00
15	收到基低位发热量	$Q_{net.ar}$	kJ/m^3	计算	36 636.21
16	热水锅炉循环水流量	$Mr_{CW.Fl}$	kg/h	试验数据	78 6531.3
17	热水锅炉进水温度	$t_{HW.En}$	℃	试验数据	55.57
18	热水锅炉出水温度	$t_{HW.Lv}$	℃	试验数据	117.95
19	热水锅炉进水压力	$p_{HW.En}$	MPa	试验数据	1.09
20	热水锅炉出水压力	$p_{HW.Lv}$	MPa	试验数据	1.03
21	热水锅炉进水焓	$H_{HW.En}$	kJ/kg	查表	233.62
22	热水锅炉出水焓	$H_{HW.Lv}$	kJ/kg	查表	495.73
23	输出热量	$Qr_{O.HW}$	MW	计算	57.27
24	燃料的体积流量	$Vr_{F.Fl}$	m^3/h	试验数据	5 763.4
25	燃料显热带来的基于低位发热量的外来热量	$q_{p.B.F.net}$	kJ/m^3	试验数据	0.00
26	输入热量	Qr_I	kJ/m^3	计算	36 636.21
27	正平衡效率	η_{EF}	%	计算	97.64

表 8-12　输入–输出法热效率不确定度计算表

序号	项目	平均值	B 类不确定度		B 类不确定度合成	读数次数	A 类标准不确定度	自由度	百分比变化	微小增量变化	重新计算热效率	灵敏系数	结果计算的 A 类不确定度	A 类不确定度贡献的自由度	B 类不确定度的自由度	结果的 B 类不确定度	B 类不确定度贡献的自由度
			%	测量单位	测量单位												
1	收到基甲烷	92.47	0.040	0.00	0.037 0	0	0.00	0	1	0.924 7	96.762 4	−0.944 84	0.00	0.00	3 125 000	−0.034 95	4.7734×10^{-13}
2	收到基乙烷	3.75	0.025	0.00	0.000 9	0	0.00	0	1	0.037 5	97.572 5	−1.695 68	0.00	0.00	8 000 000	−0.001 59	7.9832×10^{-19}
3	收到基丙烷	0.79	0.020	0.00	0.000 2	0	0.00	0	1	0.007 9	97.616 9	−2.427 92	0.00	0.00	12 500 000	−0.000 38	1.7324×10^{-21}
4	收到基丁烷	0.31	0.005	0.00	0.000 0	0	0.00	0	1	0.003 1	97.626 3	−3.157 68	0.00	0.00	2×10^{8}	-4.9×10^{-5}	2.8692×10^{-26}
5	收到基戊烷	0.05	0.005	0.00	0.000 0	0	0.00	0	1	0.000 5	97.634 1	−3.888 07	0.00	0.00	2×10^{8}	-9.7×10^{-6}	4.4634×10^{-29}
6	收到基氢气	0.08	0.005	0.00	0.000 0	0	0.00	0	1	0.000 8	97.635 8	−0.287 4	0.00	0.00	2×10^{8}	-1.1×10^{-6}	8.7333×10^{-33}
7	收到基氧气	0.10	0.005	0.00	0.000 0	0	0.00	0	1	0.001 0	97.636 1	0.00	0.00	0.00	2×10^{8}	0.00	0.00
8	收到基氮气	0.98	0.02	0.00	0.000 2	0	0.00	0	1	0.009 8	97.636 1	0.00	0.00	0.00	12 500 000	0.00	0.00
9	收到基一氧化碳	0.00	0.005	0.00	0.00	0	0.00	0	1	0.000 0	97.636 1	0.00	0.00	0.00	0.00	0.00	0.00
10	收到基二氧化碳	1.46	0.025	0.00	0.000 4	0	0.00	0	1	0.014 6	97.636 1	0.00	0.00	0.00	8 000 000	0.00	0.00
11	收到基硫化氢	0.00	0.005	0.00	0.00	0	0.00	0	1	0.000 0	97.636 1	0.00	0.00	0.00	0.00	0.00	0.00
12	收到基不饱和烃	0.01	0.005	0.00	0.000 0	0	0.00	0	1	0.000 1	97.636 1	0.00	0.00	0.00	2×10^{8}	0.00	0.00

续表

序号	项目	平均值	B 类不确定度		B 类不确定度合成	读数次数	A 类标准不确定度	自由度	百分比变化	微小增量变化	重新计算热效率	灵敏系数	结果计算的 A 类不确定度	A 类不确定度贡献的自由度	B 类不确定度的自由度	结果的 B 类不确定度	B 类不确定度贡献的自由度
			%	测量单位	测量单位												
13	燃气所带的水量	0.00	0.005	0.00	0.00	0	0.00	0	1	0.000 0	97.636 1	0.00	0.00	0.00	0.00	0.00	0.00
14	气体燃料含灰量	0.00	0.005	0.00	0.00	0	0.00	0	1	0.000 0	97.636 1	0.00	0.00	0.00	0.00	0.00	0.00
15	循环水流量	7 865 31.3	0.519 7	0.00	4 087.693 3	0	0.000 0	0	1	7 865.313 0	98.612 4	0.000 124	0.000 0	0.000 0	18 511.66	0.507 426	3.581 3×10^{-6}
16	进水温度	55.57	0.262 5	0.050 0	0.154 2	25	0.035 3	24	1	0.555 7	96.764 4	−1.568 56	−0.055 34	1.17×10^{-6}	64 938.62	−0.241 87	5.269 9×10^{-8}
17	出水温度	117.95	0.262 5	0.050 0	0.309 7	25	0.004 3	24	1	1.179 5	99.506 0	1.585 377	0.006 879	2.8×10^{-10}	72 531.11	0.490 968	8.011 0×10^{-7}
18	给水压力	1.09	0.500 0	0.007 1	0.007 6	9	0.222 8	8	1	0.010 9	97.632 3	−0.341 74	−0.076 14	4.2×10^{-6}	10 209.5	−0.002 61	4.523 1×10^{-15}
19	出水压力	1.03	0.500 0	0.007 1	0.050 3	9	0.002 9	8	1	0.010 3	97.643 5	0.723 302	0.002 126	2.56×10^{-12}	209.952 6	0.036 356	8.321 5×10^{-9}
20	燃料消耗量	5 763.4	0.500 0	0.00	28.817 0	0	0.000 0	0	1	57.634 0	96.669 4	−0.016 77	0.00	0.00	20 000	−0.483 35	2.729 0×10^{-6}
21	基本正平衡热效率					97.64											
22	结果的 A 类标准不确定度					0.08											
23	A 类不确定度自由度					11.27											
24	结果的 B 类标准不确定度					0.89											
25	结果的 B 类标准不确定度的自由度					87 721.11											
26	实验结果的整体自由度					50.86											
27	试验的整体自由度 t-分布（k）					2.00											
28	合成标准不确定度					0.89											
29	扩展不确定度					1.79											

8.5.2 能量平衡法计算锅炉的效率

表 8-13 和表 8-14 分别为能量平衡法热效率计算表和不确定度计算表。对基于能量平衡法的效率试验来说，确定锅炉输出能量所需的汽/水侧测量数据与输入-输出法相同。但是，通过以下不确定度计算结果能观察到，输出能量对由能量平衡法计算的效率的影响并不显著。因此，用来测量输出能量的仪表精度就不是很关键了。

能量平衡法测试不需要测量燃料量，所用燃料量均基于测量的输出能量和由计算的效率确定的燃料量。对燃料取样、分析的要求与输入-输出法相类似，除了测量燃料的发热量和密度外，还必须进行燃料的成分分析。除了输入-输出法所要求的测量数据外，空气和烟气数据为主要的数据。

表 8-13　能量平衡法热效率计算表

序号	名称	符号	单位	数据来源	数据
一、燃料特性					
1	燃料成分 CH_4	$\varphi_{CH_4\cdot g}$	%	化验数据	92.47
2	燃料成分 C_2H_6	$\varphi_{C_2H_6\cdot g}$	%	化验数据	3.75
3	燃料成分 C_3H_8	$\varphi_{C_3H_8\cdot g}$	%	化验数据	0.79
4	燃料成分 C_4H_{10}	$\varphi_{C_4H_{10}\cdot g}$	%	化验数据	0.31
5	燃料成分 C_5H_{12}	$\varphi_{C_5H_{12}\cdot g}$	%	化验数据	0.05
6	燃料成分 H_2	$\varphi_{H_2\cdot g}$	%	化验数据	0.08
7	燃料成分 O_2	$\varphi_{O_2\cdot g}$	%	化验数据	0.10
8	燃料成分 N_2	$\varphi_{N_2\cdot g}$	%	化验数据	0.98
9	燃料成分 CO	$\varphi_{CO\cdot g}$	%	化验数据	0.00
10	燃料成分 CO_2	$\varphi_{CO_2\cdot g}$	%	化验数据	1.46
11	燃料成分 H_2S 换算	$\varphi_{H_2S\cdot g}$	%	化验数据	0.00
12	不饱和烃成分	$\varphi_{\sum C_mH_n\cdot g}$	%	化验数据	0.01
13	燃气所带的水量	$V_{F.H_2O.g}$	%	化验数据	0.00
14	气体燃料含灰量	$V_{F.Ash.g}$	g/m^3	化验数据	0.00
15	燃料低位发热量	$Q_{net.ar}$	kJ/m^3	计算	36 636.21
16	热水锅炉循环水流量	$Mr_{CW.Fl}$	kg/h	试验数据	6 037.89
17	热水锅炉进水温度	$t_{HW.En}$	℃	试验数据	55.57
18	热水锅炉出水温度	$t_{HW.Lv}$	℃	试验数据	117.95
19	热水锅炉进水压力	$p_{HW.En}$	MPa	试验数据	1.09
20	热水锅炉出水压力	$p_{HW.Lv}$	MPa	试验数据	1.03

续表

序号	名称	符号	单位	数据来源	数据
21	热水锅炉进水焓	$H_{HW.En}$	kJ/kg	查表	233.62
22	热水锅炉出水焓	$H_{HW.Lv}$	kJ/kg	查表	495.73
23	输出热量	$Qr_{O.HW}$	MW	计算	57.27
24	燃料显热带来的基于低位发热量的外来热量	$q_{p.B.F.net}$	kJ/m^3	试验数据	0.00
25	输入热量	Qr_1	kJ/m^3	计算数据	36 636.21
26	锅炉热效率	η_{EF}	%	计算数据	97.20
27	燃料的体积流量	$Vr_{F.Fl}$	m^3/h	计算数据	5 789.43
二、热损失计算					
28	离开系统边界的烟气温度	$t_{fg.Cond.Lv}$	℃	试验数据	80.49
29	基准温度	$t_{fg.Cond.Re}$	℃	计算数据	25.00
30	烟气中二氧化碳的体积分数	$\varphi_{CO_2.fg}$	%	试验数据	10.44
31	二氧化碳的定压比热容	$c_{p.CO_2}$	kJ/（m^3 · ℃）	计算数据	1.68
32	烟气中氧气的体积分数	$\varphi_{O_2.fg}$	%	试验数据	2.61
33	氧气的定压比热容	$c_{p.O_2}$	kJ/（m^3 · ℃）	计算数据	1.31
34	烟气中一氧化碳的体积分数	$\phi_{CO.fg}$	%	试验数据	0.00
35	一氧化碳的定压比热容	$c_{p.CO}$	kJ/（m^3 · ℃）	计算数据	1.30
36	烟气中氢气的体积分数	$\varphi_{H_2.fg}$	%	试验数据	0.00
37	氢气的定压比热容	$c_{p.H_2}$	kJ/（m^3 · ℃）	计算数据	1.29
38	烟气中碳氢化合物的体积分数	$\varphi_{\sum C_mH_n.fg}$	%	试验数据	0.00
39	碳氢化合物的定压比热容	$c_{p.\sum C_mH_n}$	kJ/（m^3 · ℃）	计算数据	1.62
40	烟气中二氧化硫的体积分数	$\varphi_{SO_2.fg}$	%	试验数据	0.00
41	烟气中氮气的体积分数	$\varphi_{N_2.fg}$	%	计算数据	86.95
42	氮气的定压比热容	$c_{p.N_2}$	kJ/（m^3 · ℃）	计算数据	1.30
43	冷凝器出口干烟气的平均定压比热容	$c_{p.fg.d}$	kJ/（m^3 · ℃）	计算数据	1.35
44	燃用天然气的理论干空气量	$V_{a.d.th.g}$	m^3/m^3	计算数据	9.62
45	冷凝器出口每标准立方米燃料燃烧生成的干烟气体积	$V_{fg.d.Cond.Lv}$	m^3/m^3	计算数据	8.65
46	基于低位发热量的干烟气损失	$q_{p.L.fg.d.net}$	%	计算数据	1.77
47	冷凝器进口的烟气相对湿度	$h_{ab.fg.Cond.En}$	%	试验数据	21.05
48	伴热烟气 t_2 温度	t_2	K	试验数据	368.77
49	伴热温度下水蒸气饱和压力	$p_{st.Sat}$	hPa	计算数据	864.44
50	$\ln p_{st.Sat}$			计算数据	2.94

续表

序号	名称	符号	单位	数据来源	数据
51	当地大气压力	p_{at}	Pa	试验数据	101 100.00
52	冷凝器出口烟气的含湿量	$h_{ab.fg.Cond.Lv}$	kg/ kg	计算数据	0.14
53	对应每立方米燃料的冷凝器出口烟气中水蒸气含量	$V_{fg.Cond.H_2O.g}$	m^3/m^3	计算数据	1.96
54	水蒸气定压比热容	$c_{p.H_2O}$	kJ/（m^3・℃）	计算数据	1.50
55	基于低位发热量的烟气携带水蒸气损失	$q_{p.L.fg.Cond.net}$	%	计算数据	0.45
56	干燃料气体密度	$\rho_{F.g}$	kg/m^3	化验数据	0.73
57	气体燃料绝对湿度，指每千克干气体燃料中水蒸气的质量	$h_{ab.F}$	kg/kg	化验数据	0.00
58	每立方米干气体燃料所携带的水蒸气量	$V_{F.H_2O.g}$	kg/m^3	化验数据	0.00
59	按干、湿球温度查得的空气相对湿度	$h_{RH.a}$	%	试验数据	64.60
60	被测空气温度	t_a	℃	试验数据	1.22
61	空气温度下水蒸气分压力	$p_{st.Sat}$	Pa	计算数据	666.52
62	空气的绝对湿度，指每千克干空气中水蒸气的质量	$h_{ab.a}$	%	计算数据	0.00
63	烟气中过量空气系数	α		计算数据	1.14
64	空气携带的水蒸气量	$V_{a.H_2O.g}$	m^3/m^3	计算数据	0.05
65	每立方米干气体燃料中氢燃烧产生的水蒸气量	$V_{F.H_2.H_2O.g}$	m^3/m^3	计算数据	1.99
66	非冷凝烟气中的总水分	$V_{fg.H_2O.g}$	m^3/m^3	计算数据	2.04
67	冷凝器后烟气中的含水量	$V_{fg.Cond.H_2O.g}$	m^3/m^3	计算数据	1.96
68	冷凝器中烟气平均压力下的水蒸气汽化潜热	γ_{Cond}	kJ/kg	计算数据	2 306.82
69	冷凝下来的水蒸气量	$V_{fg.Cond.H_2O.l}$	m^3/m^3	计算数据	0.08
70	基于低位发热量的发生冷凝的水蒸气汽化潜热被吸收造成的损失	$q_{p.L.fg.Cond.net.l}$	%	计算数据	–0.38
71	基于低位发热量的烟气中一氧化碳、未燃碳氢物质造成的损失	$q_{p.L.fg.CO.Hc.net}$	%	计算数据	0.00
72	平面投影面积，锅炉散热面积	A_{Src}	m^2	计算数据	312.00
73	燃料的体积流量	$Vr_{F.Fl}$	m^3/h	计算数据	5 789.43
74	由表面辐射和对流引起的损失	$q_{r.L.Src.net}$	%	计算数据	0.25
75	基于燃料输入的热损失	q_{pL}	%	计算数据	2.09
	三、外来热量				
76	进入系统的干空气所携带的基于低位发热量的外来热量	$q_{p.B.a.d.net}$	%	计算数据	–0.71
77	空气中水分带来基于低位发热量的外来热量	$q_{p.B.H_2O.net}$	%	计算数据	0.00
78	燃料显热带来的基于低位发热量的外来热量	$q_{p.B.F.net}$	%	计算数据	0.00
79	辅机设备功率基于低位发热量的外来热量	$q_{p.B.X.net}$	%	计算数据	0.00
80	锅炉效率	η_{EF}	%	计算数据	97.20

表 8-14　能量平衡法不确定度计算表

序号	项目	平均值	B 类不确定度		B 类不确定度合成	读数次数	A 类标准不确定度	自由度	百分比变化	微小增量变化	重新计算热效率	灵敏系数	结果计算的 A 类不确定度	A 类不确定度贡献的自由度	B 类不确定度的自由度	结果的 B 类不确定度	B 类不确定度贡献的自由度
			%	测量单位	测量单位												
1	收到基 CH_4	92.47	0.04	0.000 0	0.037 0	0	0.000 0	0	1	0.924 7	97.198 3	0.001 4	0.000 0	0.000 0	3 125 000	$5.044\,8\times10^{-5}$	$2.072\,7\times10^{-24}$
2	收到基 C_2H_6	3.75	0.025	0.000 0	0.000 9	0	0.000 0	0	1	0.037 5	97.196 2	−0.024 6	0.000 0	0.000 0	8 000 000	$-2.303\,9\times10^{-5}$	$3.521\,9\times10^{-26}$
3	收到基 C_3H_8	0.79	0.02	0.000 0	0.000 2	0	0.000 0	0	1	0.007 9	97.196 7	−0.050 9	0.000 0	0.000 0	12 500 000	$-8.035\,8\times10^{-6}$	$3.335\,9\times10^{-28}$
4	收到基 C_4H_{10}	0.31	0.005	0.000 0	0.000 0	0	0.000 0	0	1	0.003 1	97.197 3	0.082 5	0.000 0	0.000 0	2.00×10^{8}	0.000 0	$1.336\,0\times10^{-32}$
5	收到基 C_5H_{12}	0.05	0.005	0.000 0	0.000 0	0	0.000 0	0	1	0.000 5	97.197 1	0.101 5	0.000 0	0.000 0	2.00×10^{8}	0.000 0	$2.073\,9\times10^{-35}$
6	收到基 H_2	0.08	0.005	0.000 0	0.000 0	0	0.000 0	0	1	0.000 8	97.197 1	0.029 3	0.000 0	0.000 0	2.00×10^{8}	0.000 0	$9.465\,0\times10^{-37}$
7	收到基 O_2	0.10	0.005	0.000 0	0.000 0	0	0.000 0	0	1	0.001 0	97.197 1	0.000 0	0.000 0	0.000 0	2.00×10^{8}	0.000 0	0.000 0
8	收到基 N_2	0.98	0.02	0.000 0	0.000 2	0	0.000 0	0	1	0.009 8	97.197 1	0.000 0	0.000 0	0.000 0	12 500 000	0.000 0	0.000 0
9	收到基 CO	0.00	0.005	0.000 0	0.000 0	0	0.000 0	0	1	0.000 0	97.197 1	0.000 0	0.000 0	0.000 0	0.000 0	0.000 0	0.000 0
10	收到基 CO_2	1.46	0.025	0.000 0	0.000 4	0	0.000 0	0	1	0.014 6	97.197 1	0.000 0	0.000 0	0.000 0	8 000 000	0.000 0	0.000 0
11	收到基 H_2S	0.00	0.005	0.000 0	0.000 0	0	0.000 0	0	1	0.000 0	97.197 1	0.000 0	0.000 0	0.000 0	0.000 0	0.000 0	0.000 0
12	收到基 C_mH_n	0.01	0.005	0.000 0	0.000 0	0	0.000 0	0	1	0.000 1	97.197 1	0.000 0	0.000 0	0.000 0	2.00×10^{8}	0.000 0	0.000 0
13	燃气所带的水量	0.00	0.005	0.000 0	0.000 0	0	0.000 0	0	1	0.000 0	97.197 1	0.000 0	0.000 0	0.000 0	0.000 0	0.000 0	0.000 0
14	气体燃料含灰量	0.00	0.005	0.000 0	0.000 0	0	0.000 0	0	1	0.000 0	97.197 1	0.000 0	0.000 0	0.000 0	0.000 0	0.000 0	0.000 0

续表

序号	项目	平均值	B类不确定度		B类不确定度合成	读数次数	A类标准不确定度	自由度	百分比变化	微小增量变化	重新计算热效率	灵敏系数	结果计算的A类不确定度	A类不确定度贡献的自由度	B类不确定度的自由度	结果的B类不确定度	B类不确定度贡献的自由度
			%	测量单位	测量单位												
15	循环水水流量	786 531.30	0.519 7	0.000 0	4 087.693 3	0	0.000 0	0	1	7 865.313 0	97.199 5	0.000 0	0.000 0	0.000 0	18 511.662 35	0.001 261	$1.365\ 3\times10^{-16}$
16	锅炉进水温度	55.57	0.262 5	0.050 0	0.154 2	25	0.021 2	24	1	0.555 7	97.195 0	−0.003 8	$-8.118\ 19\times10^{-5}$	$1.809\ 78\times10^{-18}$	64 938.615 78	−0.000 591 3	$1.883\ 1\times10^{-18}$
17	锅炉出水温度	117.95	0.262 5	0.050 0	0.313 6	25	0.133 7	24	1	1.179 5	97.201 7	0.003 9	0.000 521 873	$3.090\ 65\times10^{-15}$	70 724.375 27	0.001 224	$3.177\ 8\times10^{-17}$
18	锅炉进水压力	1.09	0.500 0	0.007 1	0.008 9	9	0.002 9	8	1	0.010 9	97.197 1	−0.000 9	$-2.530\ 41\times10^{-6}$	$5.124\ 75\times10^{-24}$	7 453.342 116	$-7.684\ 6\times10^{-6}$	$4.678\ 7\times10^{-25}$
19	锅炉出水压力	1.03	0.500 0	0.007 1	0.008 7	9	0.004 3	8	1	0.010 3	97.197 1	0.001 8	$7.861\ 7\times10^{-6}$	$4.775\ 03\times10^{-22}$	6 931.948 12	$1.585\ 0\times10^{-5}$	$9.103\ 7\times10^{-24}$
20	冷凝器后烟气温度	80.49	0.269 3	0.072 8	0.228 6	46	0.358 6	45	1	0.804 9	97.164 6	−0.040 3	−0.014 46	9.64×10^{-10}	61 972.857 17	−0.009 22	$1.165\ 3\times10^{-13}$
21	烟气成分 CO_2	10.44	0.500 0	0.000 0	0.052 2	9	0.033 8	8	1	0.104 4	97.196 6	−0.005 0	−0.000 170 462	$1.055\ 4\times10^{-16}$	20 000	−0.000 263 3	$2.403\ 5\times10^{-19}$
22	烟气成分 O_2	2.61	0.500 0	0.000 0	0.013 1	9	0.032 1	8	1	0.026 1	97.196 4	−0.026 4	−0.000 848 584	$6.481\ 7\times10^{-14}$	20 000	−0.000 345 0	$7.080\ 2\times10^{-19}$
23	烟气成分 CO	0.00	2.500 0	0.000 0	0.000 0	9	0.000 1	8	1	0.000 0	97.197 1	−2.977 9	−0.000 350 947	$1.896\ 16\times10^{-15}$	800	$-6.923\ 6\times10^{-5}$	$2.872\ 3\times10^{-20}$
24	烟气成分 H_2	0.00	2.500 0	0.000 0	0.000 0	9	0.000 0	8	1	0.000 0	97.197 1	0.000 0	0	0	0	0	0.000 0
25	烟气成分 CmHn	0.00	2.500 0	0.000 0	0.000 0	9	0.000 0	8	1	0.000 0	97.197 1	0.000 0	0	0	0	0	0.000 0
26	烟气成分 SO_2	0.00	1.000 0	0.000 0	0.000 0	9	0.000 0	8	1	0.000 0	97.197 1	0.000 0	0	0	0	0	0.000 0
27	伴热烟气的相对湿度	21.05	1.000 0	0.000 0	0.210 5	54	0.056 7	45	1	0.210 5	97.074 8	−0.580 9	−0.032 966 224	$2.637\ 94\times10^{-8}$	5000	−0.122 29	$4.472\ 6\times10^{-8}$

续表

序号	项目	平均值	B 类不确定度		B 类不确定度合成	读数次数	A 类标准不确定度	自由度	百分比变化	微小增量变化	重新计算热效率	灵敏系数	结果计算的 A 类不确定度	A 类不确定度贡献的自由度	B 类不确定度的自由度	结果的 B 类不确定度	B 类不确定度贡献的自由度
			%	测量单位	测量单位												
28	伴热烟气温度	95.62	0.250 0	0.000 0	0.239 1	54	0.067 3	47	1	0.956 2	96.759 5	−0.457 6	−0.030 810 608	$1.931\,3\times10^{-8}$	80 000	−0.109 398	$1.790\,4\times10^{-9}$
29	当地大气压力	101 100.00	0.012 5	0.000 0	12.637 5	9	28.867 5	8	1	1 011.000 0	97.315 4	0.000 1	0.003 377 164	$1.625\,99\times10^{-11}$	32 000 000	0.001 478 4	$1.493\,0\times10^{-19}$
30	气体燃料密度	0.73	1.000 0	0.000 0	0.007 3	0	0.000 0	0	1	0.007 3	97.197 1	0.000 0	0	0	5000	$-3.346\,2\times10^{-8}$	$2.507\,5\times10^{-34}$
31	气体燃料湿度	0.00	1.000 0	0.000 0	0.000 0	0	0.000 0	0	1	0.000 0	97.197 1	0.000 0	0	0	0	0	0.000 0
32	空气的相对湿度	64.60	1.000 0	0.000 0	0.646 0	9	0.258 7	8	1	0.646 0	97.199 4	0.003 6	0.000 919 84	$8.948\,67\times10^{-14}$	5000	0.002 297	$5.563\,9\times10^{-15}$
33	空气温度	1.22	0.250 0	0.000 0	0.003 1	9	0.449 3	8	1	0.012 2	97.197 6	0.046 1	0.020 706 187	$2.297\,79\times10^{-8}$	80 000	0.000 140 6	$4.878\,8\times10^{-21}$
34	平面投影面积	312.00	1.000 0	0.000 0	3.120 0	0	0.000 0	0	1	3.120 0	97.194 6	−0.000 8	0	0	5000	−0.002 450	$7.209\,6\times10^{-15}$
35	经验系数1670	1 670.00	20.000 0	0.000 0	334.000 0	0	0.000 0	0	1	16.700 0	97.194 6	5.816 9	0	0	12.5	1 942.856	$1.139\,9\times10^{12}$
36	基本反平衡热效率	97.197 1															
37	结果的 A 类标准不确定度	0.05															
38	A 类不确定度自由度	103.68															
39	结果的 B 类标准不确定度	0.16															
40	结果的 B 类标准不确定度的自由度	15 700.00															
41	实验结果的整体自由度	60.15															
42	试验的整体自由度 t-分布（k）	2.00															
43	合成标准不确定度	0.17															
44	扩展不确定度	0.34															

估计和计算 B 类标准不确定度是试验设计和选择仪表的关键步骤。与某特定测量有关的总的 B 类标准不确定度是由测量系统中若干 B 类标准不确定度导致的。对试验中的每一个参数，均应确定所有与该参数有关的测量系统的 B 类标准不确定度的可能来源，同时还要考虑影响测量的外界因素。例如，考虑漏入烟气分析仪中的空气，因为漏入的空气会稀释烟气样，该因素的影响属于单侧 B 类标准不确定度。显然，应找出所有的漏风点，并在试验前修理完善，尽管在试验期间仍可能存在少量漏气，或试验开始前可能不会发现很小的漏气。所有这些偏差必须要综合成该参数的单侧 B 类标准不确定度[1]。

许多仪表的说明书提供了基准准确度。该准确度仅是该仪表潜在 B 类标准不确定度的一部分。其他因素，如漂移、流体流动的不均匀性、振动以及假设水柱密度值与真实值的差异等，均能影响到测量值。通常一台仪表的基准准确度能通过校准得到改进。校准后，结合基准准确度和仪表重复性指标，能确定该仪表的新准确度。

确定合适的 B 类标准不确定度需要全面了解试验测量系统、被检测的过程以及可能影响测量 B 类标准不确定度的其他所有因素。试验工程师是评估这些因素的最好人选，他们可以将表 8-15 作为工具来辅助确定测量的 B 类标准不确定度。

表 8-15　温度和压力测试仪表的潜在 B 类标准不确定度

仪表类型	测试范围	B 类标准不确定度
数字数据采集器		可忽略
手持温度显示表		±0.25%
甲级 E 型热电偶	0～315℃	±1℃
	315～870℃	±0.40%
甲级 K 型热电偶	0～280℃	±2℃
	280～1260℃	±0.50%
普通 E 型热电偶	0～315℃	±3℃
	315～870℃	±0.50%
普通 K 型热电偶	0～280℃	±4℃
	280～1260℃	±0.80%
热电阻	0℃	±0.03%
	100℃	±0.08%
	200℃	±0.13%
	300℃	±0.18 %
	400℃	±0.23%
玻璃水银温度计		±0.5 刻度

续表

仪表类型	测试范围	B类标准不确定度
试验用压力表计		满量程的±0.25%
标准压力表计		满量程的±1%
压力计		±0.5 刻度
试验用传感器与变送器		满量程的±0.1%
标准传感器与变送器		满量程的±0.25%

参 考 文 献

[1] 美国机械工程师协会. ASME PTC 4—2013 锅炉性能试验规程 [S]. 孟勇，赵永坚，王国忠，等译. 北京：新华出版社，2019.

[2] 国家能源局. 冷凝锅炉热工性能试验方法：NB/T 47066—2018 [S]. 北京：新华出版社，2018.